高等教育系列教材

计算机图形学

陆　玲　李丽华　宋文琳　桂　颖　编著

机械工业出版社

本书介绍计算机图形学的基本原理及常用图形算法，主要内容包括：Visual C++ 6.0 简介、图形系统、二维图形生成算法、图形变换、图形裁剪、曲线与曲面的生成、消除隐藏线和隐藏面、真实感图形技术、分形图形的生成，以及三维植物造型应用实例等，其中三维植物造型应用实例包含作者的部分科研成果。书中附有常用图形算法的 VC++ 源程序代码。每章均配有习题，可指导读者深入地进行学习，附录为实验指导。

本书可作为计算机及相关专业本科生的教材，也可以作为研究生的参考书或上机指导书，还适用于计算机图形学的初学者。

本书配套授课电子课件，需要的教师可登录 www.cmpedu.com 免费注册，审核通过后下载，或联系编辑索取。微信：15910938545。电话：010-88379739。

图书在版编目（CIP）数据

计算机图形学 / 陆玲等编著. —北京：机械工业出版社，2017.3
（2021.8 重印）
高等教育系列教材
ISBN 978-7-111-56431-7

Ⅰ. ①计… Ⅱ. ①陆… Ⅲ. ①计算机图形学－高等学校－教材
Ⅳ. ①TP391.41

中国版本图书馆 CIP 数据核字（2017）第 063500 号

机械工业出版社（北京市百万庄大街 22 号　邮政编码 100037）
责任编辑：郝建伟　　　责任校对：张艳霞
责任印制：常天培
北京机工印刷厂印刷
2021 年 8 月第 1 版·第 2 次印刷
184mm×260mm·16.5 印张·399 千字
标准书号：ISBN 978-7-111-56431-7
定价：59.00 元

电话服务　　　　　　　　　　网络服务
客服电话：010-88361066　　　机　工　官　网：www.cmpbook.com
　　　　　010-88379833　　　机　工　官　博：weibo.com/cmp1952
　　　　　010-68326294　　　金　书　网：www.golden-book.com
封底无防伪标均为盗版　　　机工教育服务网：www.cmpedu.com

出 版 说 明

当前，我国正处在加快转变经济发展方式、推动产业转型升级的关键时期。为产业转型升级提供高层次人才，是高等院校最重要的历史使命和战略任务之一。高等教育要培养基础性、学术型人才，但更重要的是加大力度培养多层次、多样化的应用型、复合型人才。

为顺应高等教育迅猛发展的趋势，配合高等院校的教学改革，满足各院校对高质量教材的迫切需求，机械工业出版社邀请了全国多所高等院校的专家、一线教师及教务部门，通过充分的调研和讨论，针对相关课程的特点，总结教学中的实践经验，组织出版了这套"高等教育系列教材"。

本套教材具有以下特点：

1）符合高等院校的人才培养目标及课程体系设置，注重培养学生的应用能力，加大案例篇幅或实训内容，强调知识、能力与素质的综合训练。

2）针对多数学生的学习特点，采用通俗易懂的方法讲解知识，逻辑性强、层次分明、叙述准确而精炼、图文并茂，使学生可以快速掌握，学以致用。

3）凝结一线骨干教师的课程改革和教学研究成果，融合先进的教学理念，在教学内容和方法上做出创新。

4）为了体现建设"立体化"精品教材的宗旨，本套教材为主干课程配备了电子教案、学习与上机指导、习题解答、源代码或源程序、教学大纲、课程设计和毕业设计指导等资源。

5）注重教材的实用性、通用性，适合各类高等院校、高等职业学校及相关院校的教学，也可作为各类培训班教材和自学用书。

欢迎教育界的专家和老师提出宝贵的意见和建议。衷心感谢广大教育工作者和读者的支持与帮助！

机械工业出版社

前　言

计算机图形学主要研究计算机表示、处理和绘制图形的原理及算法，是人与计算机之间直观交互的高效手段。随着计算机的发展与应用，计算机图形学已渗透到各个领域，特别是在动画、游戏、可视化和虚拟现实等方面应用较广，是计算机应用的一个主要研究方向。

全国各大院校的计算机专业大都开设了"计算机图形学"这门课程，以满足时代的需求。"计算机图形学"的教材在国内外也较多，而且教材的内容也日益充实，逐渐从纯学术性、侧重于理论推导和分析，发展到增加了许多算法分析、编程指导及程序代码。本课程建议授课学时为 40 小时，实验学时为 20 小时，并要求先修 C 语言。本书中所介绍的程序都是在 Visual C++ 6.0 环境下调试运行通过的。

全书共分 10 章，内容包括 Visual C++ 6.0 简介（第 1 章）、图形系统（第 2 章）、二维图形生成算法（第 3 章）、图形变换（第 4 章）、图形裁剪（第 5 章）、曲线与曲面的生成（第 6 章）、消除隐藏线和隐藏面（第 7 章）、真实感图形技术（第 8 章）、分形图形的生成（第 9 章）和三维植物造型应用实例（第 10 章）。

本书力求做到以下几点。

1）重点介绍计算机图形学中各类基本图形的生成算法及程序设计，使读者学完本教材后能编程实现基本的二维图形到三维真实感图形。

2）详细介绍三维真实感图形生成的全部过程及程序设计。

3）结合作者的科研成果，将科研转化为教学内容，主要体现在第 10 章。

4）强调理论与实践相结合，动脑与动手相结合，附录中给出了实验指导。

本书由陆玲、李丽华、宋文琳、桂颖编著，得到东华理工大学重点教材资助。在此感谢学校的领导和老师给予的大力支持和帮助。受水平所限，书中的不足之处在所难免，恳请广大读者和专家提出宝贵意见。

目　录

第 1 章　Visual C++ 6.0 简介

Visual C++ 是微软公司开发的一个 IDE（集成开发环境），是一个功能强大的可视化软件开发工具。Visual C++ 应用程序的开发主要有两种模式，一种是 WIN API 方式，另一种是 MFC 方式。传统的 WIN API 方式比较烦琐，而 MFC 则是对 WIN API 的再次封装。MFC（Microsoft Foundation Class）库是一整套简化 Windows 编程的可重用的类库，提供了 Windows 编程常用类。MFC 库应用程序框架包含自己的应用程序结构，使用 MFC 库编写 Windows 程序，有利于代码的维护和增强。使用 MFC 类库，程序可以在任何时候调用 Win32 函数，可以最大程度地利用 Windows。本章介绍了使用 Visual C++ 开发图形应用程序的一些基本技术。

1.1　Visual C++ 开发环境窗口

1.1.1　进入和退出 Visual C++ 集成开发环境

启动并进入 Visual C++ 6.0 集成开发环境通常有 3 种方法。

1）单击“开始”按钮，选择“程序”→Microsoft Visual Studio 6.0→Microsoft Visual C++ 6.0 命令。

2）在桌面上创建 Microsoft Visual C++ 6.0 的快捷方式，直接双击该图标。

3）如果已经创建了某个 Visual C++ 工程，双击该工程的 dsw（Develop Studio Workshop）文件，也可以进入集成开发环境，并打开该工程。

选择“文件”→“退出”命令，可退出集成开发环境。

1.1.2　创建单文档应用程序

下面以单文档应用程序为例，说明如何创建一个简单的应用程序。

1）进入 Visual C++ 6.0 集成开发环境后，选择“文件”→“新建”命令，弹出“新建”对话框。选择“工程”选项卡，在其左边的列表框中选择 MFC AppWizard（exe）工程类型，在“工程名称”文本框输入工程名，在“位置”中选择工程路径（如选择 D 盘），则将在 D 盘下建立一个新的以工程名命名的目录。如果是第一个工程文件，则必须创建一个新的工作区，选择“创建新的工作空间”单选按钮，在“平台”列表框中选择 Win32，如图 1-1 所示。

2）单击“确定”按钮，弹出“MFC 应用程序向导-步骤 1”对话框，选择“单文档”单选按钮，如图 1-2 所示。

图 1-1　“新建”对话框

3）单击“完成”按钮，弹出如图 1-3 所示的“新建工程信息”对话框。

图 1-2 "MFC 应用程序向导-步骤 1"对话框　　　　　图 1-3 "新建工程信息"对话框

4）单击"确定"按钮，完成应用程序的自动生成，在指定的目录下生成了应用程序框架所必需的全部文件，并且可以直接运行，如图 1-4 所示。

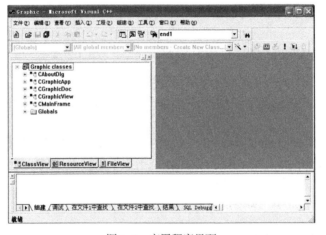

图 1-4 应用程序界面

5）选择"组建"→"执行"命令，如图 1-5 所示。因为是第一次执行，没有生成可执行文件.exe，提示是否生成（见图 1-6），单击"是"按钮，则系统进行编译及链接，生成可执行文件，并运行，如图 1-7 所示。

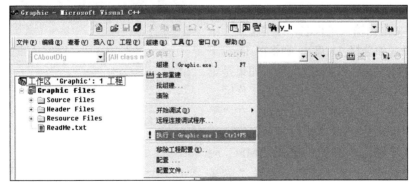

图 1-5 执行程序

图 1-6　提示是否生成执行程序

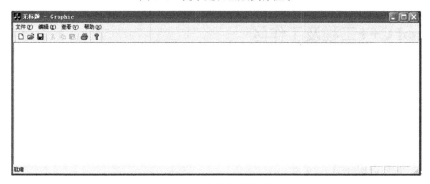

图 1-7　程序运行界面

用户可在此程序框架下添加自己的程序代码。

> 在 Visual C++中，代码主要有 4 种颜色：黑、蓝、绿和灰。黑色是普通代码的标志；蓝色标识关键字，包括 if、for 等程序流程关键字和 int、float 等数据类型关键字，但用 typedef 或#define 生成的新类型不被标识；绿色标识程序的注释，即在/*...*/之间的部分或以//开头的行；灰色的代码表示是由 Class Wizard 自动生成的代码，一般情况下不要修改。

1.1.3　添加简单程序代码

在窗口左边工作区的 FileView 选项卡中，选择 graphicView.cpp 文件，在 void CGraphicView::OnDraw（CDC* pDC）函数中添加如下代码（见图 1-8）。

```
pDC->SetPixel(100,100,RGB(0,0,0));     //在（100,100）坐标处绘制一个黑色点
pDC->MoveTo(50,200);                    //将画笔移到（50,200）处
pDC->LineTo(100,220);                   //从当前位置、用当前画笔画线到（100，220）
```

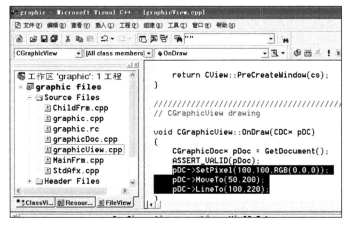

图 1-8　添加画点画线函数

运行程序，得到如图 1-9 所示的画点及画线结果。计算机图形学中的绘图算法都是在画点或画线的基础上进行的。

图 1-9   画点与画线的结果

📖 窗口的坐标原点一般默认在左上角。

1.2　Visual C++工程及工作区

从前面所示的过程可以看出，编写一个应用程序首先要创建一个工程（或项目），同时还要创建工作区。

1.2.1　工程

工程由一组相关的 C++源程序、资源文件及支撑这些文件的类的集合组成，全部在工程名的目录下，主要有以下几类文件。

*.dsp（Developer Studio Project）：工程配置文件，如工程包含哪个文件，编译选项是什么等，编译时是按照.dsp 的配置进行的。

*.dsw（Developer Studio Workspace）：工作区文件，用来配置工程文件。它可以指向一个或多个.dsp 文件。

*.clw：ClassWizard 信息文件。

*.opt：工程关于开发环境的参数文件，如工具条位置等信息。

*.rc：资源文件。位图或菜单之类的资源。

*.plg：编译信息文件，编译时的 error 和 warning 信息文件。

*.ncb（No Compile Browser）：无编译浏览文件。

*.cpp：源代码文件，按 C++语法编译处理。

*.h：头文件，一般用作声明和全局定义。

1.2.2　工作区

工作区用工作区文件.dsw 来描述，工作区文件保存了集成开发环境中应用程序的工程设置信息，一般用打开工作区名的方式打开指定的工程。

创建工程后，通过左边的工作区窗口可看到 3 个页面，这些页面将一个工程按照一定的逻辑关系分成几个部分。

1．ClassView（类视图）

选择 ClassView 选项卡，显示工程中的所有 C++类，如图 1-10 所示。单击类左边的"+"按钮可列出该类的成员变量和成员函数。这些类的定义都在 FileView 的文件中。

2．ResourceView（资源视图）

选择 ResourceView 选项卡，列出工程中的所有资源。单击资源类型左边的"+"按钮可展开文件夹。双击其中的资源可以打开对应的资源编辑

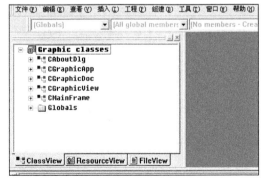

图 1-10   类视图

器，可以对资源进行编辑，如图 1-11 所示。

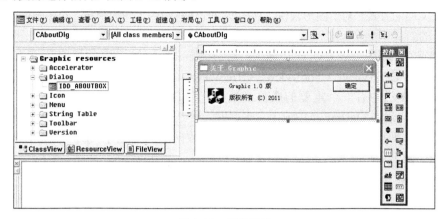

图 1-11　资源视图

3．FileView（文件视图）

选择 FileView 选项卡，列出工程中的所有文件及隶属关系。单击文件类型左边的"+"按钮可列出该类型的所有文件。双击其中的一个文件即可打开该文件，可对该文件进行编辑，如图 1-12 所示。

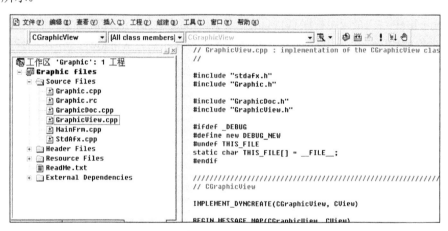

图 1-12　文件视图

1.2.3　关键类简介

本节介绍几个关键类。

1．文档类（Document）

对应图 1-10 中的 CGraphicDoc，其文件名中间的 Graphic 是工程文件名，它的定义在 FileView（见图 1-12）的 Header Files 类型文件的 GraphicDoc.h 中。文档类一般从 MFC 中的类 CDocument 中派生；如果支持 OLE 功能，可从 ColeDocument 或 ColeServerDoc 类中派生。由 CDocument 派生的类主要用于存储数据。CDocument 类用于相应数据文件的读取，以及存储 CView 类所需观察和处理的信息。

2．视图类（View）

对应图 1-10 中的CGraphicView，它的定义在 FileView（见图 1-12）的 Header Files 类型文

件的 GraphicView.h 中。视图相当于文档在应用程序中的观察窗口，确定了用户对文档的观察方式和用户编辑文档的方式。对于图形来说，视图就好比进行绘图工作的画布，对图形的操作都是在视图上进行的。

一般情况下，视图类从 CView 中派生；对于有特殊要求的视图，根据情况不同，还可以从类 CScrollView、CEditView、CFormView、CTreeView、CListView 或 CRichView 等中派生。

另外，视图类中有一个重要的成员函数——OnDraw() 函数。应用程序中，几乎所有"画"的动作都出现在 OnDraw() 中或由它来引发。该函数必须被重载。重载的 OnDraw() 函数要完成两件事，即调用相应的文档的函数获取文档数据，以及调用 GDI（图形设备接口）的函数在视图中画出文档数据。

3．主窗口类（Main Frame Window）

对应图 1-10 中的 CMainFrame，它的定义在 FileView（见图 1-12）的 Header Files 类型文件的 MainFrm.h 中。主窗口是 Windows 应用程序中限定其所有窗口范围的最外边框。应用程序中的所用其他窗口都直接或间接地是主窗口的子窗口，如标准菜单、工具条和状态条等。一个应用程序一般具有主窗口类。SDI 应用程序的主窗口类应从类 CFrameWnd 中派生，MIDI 程序的主窗口类应从类 CMDIFrameWnd 中派生。

4．应用类（Application）

对应图 1-10 中的 CGraphicApp，它的定义在 FileView（见图 1-12）的 Header Files 类型文件的 Graphic.h 中。一个应用程序有且只有一个应用类的对象，它控制着上述所有对象。一个应用程序对象就代表一个应用程序，当用户启动应用程序后，Windows 调用应用程序框架内置的 WinMain 函数，并且 WinMain 寻找一个由 CWinApp 派生的全局构造的应用程序对象，全局对象在应用程序之前构造。

1.2.4　图形设备简介

1．图形设备接口

图形设备接口（Graphic Device Interface，GDI）管理 Windows 应用程序在窗口中的所有绘图操作和与此有关的诸多方面，如图形设备的信息、坐标系和映射模式、绘图的当前状态（画笔、画刷、颜色和字体等），以及绘图的具体操作（如画线、画圆等）。

Windows 图形设备接口对象类型由 MFC 类库表示，这些类有一个共同的抽象基类：CGdiObject。Windows 图形设备接口对象由 CGdiObject 派生类的 C++对象来表示，这些对象有以下几个。

- CBitmap：位图对象。
- CBrush：画刷。用于表示区域填充的颜色和样式。
- CPen：画笔。用于指定线和边框的性质，如颜色、线宽和线形等。
- CFont：字体。具有一定大小和风格的一套字符集。

2．设备环境类

CDC 是 MFC 中最重要的类之一，更是绘图应用程序中最重要的类。CDC 提供的成员函数可以用于对设备环境的操作、绘图工具的使用和图形设备接口（GDI）对象的选择等。在使用 CDC 对象时，必须先构造一个 CDC 对象，然后才能调用它的成员函数。使用完成后，必须在适当的地方将其删除，在 Windows 环境中可获得的设备环境的数量是有限的。如果太多的 CDC 对象没有被删除，计算机的资源将很快被耗尽，VC++也会在调试窗口中报错。

1.3 Visual C++简单程序设计

本节重点介绍程序中的菜单及对话框的设计方法与过程。

1.3.1 菜单的设计

在单文档应用程序中设计菜单的方法如下。

1）选择 ResourceView 选项卡，展开 Menu 选项，双击其下的 IDR_MAINFRAME 文件，如图 1-13 所示，进入菜单编辑界面。

图 1-13　菜单编辑界面

2）在右边菜单空栏上右击，在弹出的快捷菜单中选择"属性"命令，弹出如图 1-14 所示的对话框。

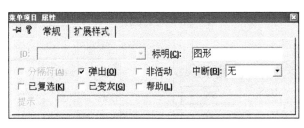

图 1-14　"菜单项目属性"对话框

3）在"图形"菜单的子菜单空栏处右击，在弹出的快捷菜单中选择"属性"命令，弹出如图 1-15 所示的对话框，设置其子菜单属性。

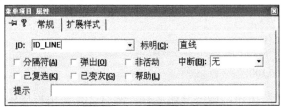

图 1-15　子菜单属性设置

4）在菜单编辑界面处右击，在弹出的快捷菜单中选择"建立类向导"命令，如图 1-16 所示。

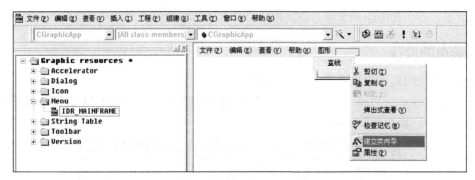

图 1-16　选择"建立类向导"命令

5）在弹出的类向导对话框中，进行如图 1-17 所示的选择。

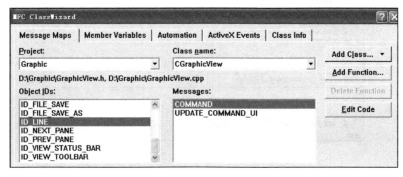

图 1-17　MFC ClassWizard 对话框

6）单击 Add Function 按钮，弹出如图 1-18 所示的对话框，添加一个成员函数。

7）单击 OK 按钮，回到如图 1-17 所示的界面，单击 Edit Code 按钮，进入如图 1-19 所示的代码编辑界面。

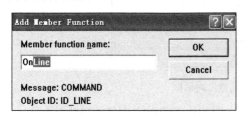
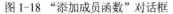

图 1-18　"添加成员函数"对话框

图 1-19　代码编辑界面

在"// TODO: Add your command handler code here"处输入自己的代码，例如：

```
CDC pDC=GetDC();
pDC->MoveTo (0,0);
pDC->LineTo (100,100);
```

单击工具栏中的"！"按钮，程序开始运行，然后选择应用程序中的"图形"→"直线"命令，就可以绘制出一条直线。

1.3.2 对话框的设计

如果直线的起点坐标与终点坐标需要用户在对话框中输入，则需要建立对话框，建立对话框的步骤如下。

1. 建立新对话框

选择 ResourceView 选项卡，选择 Dialog 选项并右击，在弹出的快捷菜单中选择"插入 Dialog"命令（见图 1-20），进入对话框编辑界面，如图 1-21 所示。

图 1-20 选择"插入 Dialog"命令

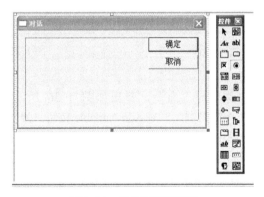

图 1-21 对话框编辑界面

2. 添加与修改按钮

在控件工具内选择"按钮"控件，拖入对话框中并右击，在弹出的快捷菜单中选择"属性"命令，修改 ID 值为 IDC_LINE，修改标题为"直线"。同时，删除已有的"确定"按钮，并将"取消"按钮的标题改为"退出"，如图 1-22 所示。

3. 添加静态文本与编辑框

在控件工具内选择"静态文本"控件，拖入对话框中并右击，在弹出的快捷菜单中选择"属性"命令，将标题改为"直线起点(x, y)"。再拖入一个静态文本，设置标题为"直线终点(x, y)"。

在控件工具内选择"编辑框"控件，拖入对话框中，共拖入 4 个编辑框，如图 1-23 所示。

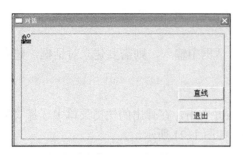
图 1-22 添加与修改按钮

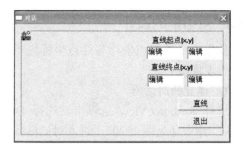
图 1-23 添加静态文本与编辑框

4. 建立新对话框类

双击对话框,弹出如图 1-24 所示"添加新类"对话框,单击 OK 按钮(默认值是建立一个新类),给新类添加信息,如图 1-25 所示,除了类名是用户输入外(这里输入的是 Cline),其他可使用默认值。最后单击 OK 按钮,完成新对话框的建立。这时在 Class name 区中增加了一个新类 line,在 FileView 区中增加了一个新文件 line.cpp 和 line.h。

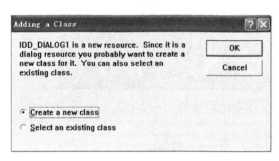
图 1-24 "添加新类"对话框

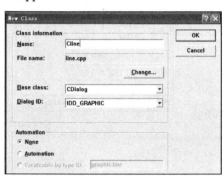
图 1-25 建立新类对话框

5. 建立控件的成员数据

选择"查看"→"建立类向导"命令,弹出如图 1-26 所示的对话框,选择 Member Variables 选项卡,再选择第 1 个编辑框,单击 Add Variable 按钮,弹出如图 1-27 所示的对话框。在 Member variable name 文本框中,输入对应的成员变量名(这里输入的是 m_x0)。在 Variable type 下拉列表框中选择 int 选项。对其他编辑框进行同样操作,最后结果如图 1-28 所示。单击"确定"按钮,完成成员变量的定义。

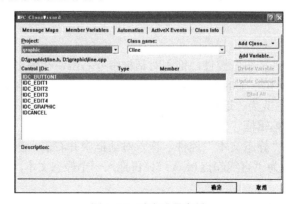
图 1-26 建立成员变量

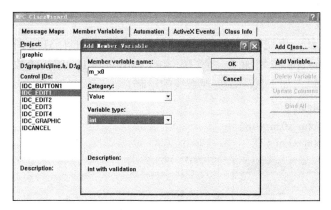

图 1-27　定义成员变量

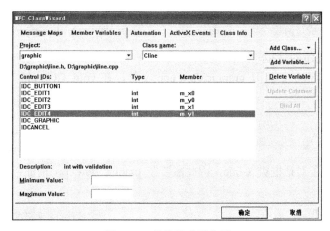

图 1-28　最终的成员变量

6. 获取编辑框的数据

当用户在编辑框输入数据或改变编辑框中的数据时，需要将控件中的数据传递给相应的成员数据，采用 UpdateData 函数实现。

双击第 1 个编辑框，弹出如图 1-29 所示的对话框，OnChangeEdit1( )为编辑框改变值的响应函数，单击 OK 按钮，进入程序编辑窗口，如图 1-30 所示，在编辑框的响应函数中写入如下代码。

```
UpdateData(true);
```

其他 3 个编辑框按同样方式处理。

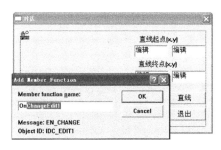

图 1-29　生成编辑框的响应函数

图 1-30　编辑框的响应函数

7. 按钮响应函数

双击"直线"按钮，出现响应该按钮的成员函数名（见图 1-31），单击 OK 按钮后，在 line 对话框类文件 line.cpp 中增加了一个空内容的 OnButtion1( )成员函数（见图 1-32），由用户完成内容。例如，输入如下代码，实现直线的绘制。

```
CDC.pDC=GetDC();
pDC->MoveTo(m_x0,m_y0);
pDC->LineTo(m_x1,m_y1);
```

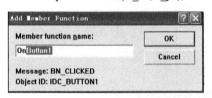

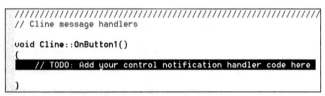

图 1-31　建立成员函数　　　　　　　　　　　图 1-32　按钮响应函数

8. 通过菜单项显示对话框

在 FileView 选项卡中，打开 graphicView.cpp 文件，在 void CGraphicView::OnLine( )函数中编写如下代码。

```
Cline dlg;          //定义对话框类对象 dlg
dlg.DoModal( );     //通过对话框类对象 dlg 的成员函数 DoModal( )显示对话框
```

由于程序中使用了对话框类 Cline，因此需要在 graphicView.cpp 前面包含该类的定义文件，代码如下。

```
#include "line.h"
```

程序运行结果如图 1-33 所示。

习题 1

1. 用对话框建立两个数的加法运算器。

2. 用 VC++ 6.0 编写绘制矩形的程序，要求用户输入矩形的左上角及右下角坐标。

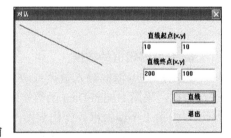

图 1-33　程序运行结果

3. 尝试在视图类的 OnDraw( )函数中输出字符串。

4. 尝试创建基本对话框程序（在如图 1-2 所示的对话框中选择"基本对话框"单选按钮）。

第 2 章　图 形 系 统

　　本章介绍计算机图形学的发展和应用、图形输入、显示与绘制设备，以及图形系统等方面的内容。通过学习本章知识，读者不仅能对计算机图形学的有关内容有一个概括性的了解，更重要的是对计算机图形学所涉及的有关硬件有较为全面的认识，从而能正确地选择合适的设备开展计算机图形学的研究及应用工作。

2.1　计算机图形学的发展及应用

　　计算机图形学是随着计算机及其外围设备而产生和发展起来的，它是近代计算机科学与雷达、电视及图像处理技术的发展汇合而产生的硕果。其在造船、航空航天、汽车、电子、机械、土建工程、影视广告、地理信息和轻纺化工等领域中的广泛应用，推动了计算机图形学的发展，而不断解决应用中提出的各类新课题，又进一步充实和丰富了这门学科的内容。计算机出现不久，为了在绘图仪和阴极射线管（CRT）屏幕上输出图形，计算机图形学随之诞生。现在它已发展成为对物体的模型和图像进行生成、存取与管理的新学科。

2.1.1　计算机图形学的发展简史

　　自 20 世纪 40 年代研制出世界上第一台电子计算机以来，由于计算机处理数据速度快、精度高，因此引起了人们的重视。许多国家纷纷投入人力和物力研制新的计算机，以及输出图形的软、硬件产品。

　　1950 年，美国麻省理工学院研制出了第一台图形显示器，作为旋风 1 号（Whirl Wind 1）计算机的输出设备。这台显示器在计算机的控制下第一次显示了一些简单图形，类似于示波器的 CRT，这就是计算机产生图形的最早萌芽。

　　1959 年，美国 CALCOMP 公司根据打印机原理研制出了世界上第一台滚筒式绘图仪。同年，GERBER 公司把数控机床发展成板式绘图仪。

　　20 世纪 50 年代末期，美国麻省理工学院在旋风 1 号计算机上开发了 SAVE 空中防御系统，它具有指挥和控制功能。这个系统能将雷达信号转换为显示器上的图形，操作者利用光笔可直接在显示屏上标识目标。这一功能的出现预示着交互式图形生成技术的诞生。

　　1962 年，美国麻省理工学院林肯实验室的伊凡·萨瑟兰德（Ivan E. Sutherland）发表了题为"Sketchpad：人机通信的图形系统"（Sketchpad：Man-Machine Graphical Communication System）的博士论文，首先提出了"计算机图形学"（Computer Graphics）这一术语，引入了分层存储符号的数据结构，开发出了交互技术，可用键盘和光笔实现定位、选项和绘图的功能，还正式提出了至今仍在沿用的许多其他基本思想和技术，从而奠定了计算机图形学的基础。

　　20 世纪 60 年代中期，美国、英国和法国的一些汽车、飞机制造业大公司对计算机图形学开展了大规模的研究。在计算机辅助设计（CAD）和计算机辅助制造（CAM）中，人们利用交互式计算机图形学实现了多阶段的自动设计、自动绘图和自动检测。在这一时期，计算机图形学输出技术也得到了很大的发展，开始使用随机扫描的显示器。这种显示器具有较高的分辨率和对比度，具有良好的动态性能，但是显示处理器必须至少以 30 次/秒的频率不断刷新屏幕上的图形才能避免闪烁。

20 世纪 60 年代后期出现了存储管式显示器，它不需要缓冲和刷新，显示大量信息也不闪烁，价格低廉，分辨率高，但是不具备显示动态图形的能力，也不能进行选择性删除。它的出现可使一些简单的图形实现交互处理。存储管式显示器的出现，对计算机图形学的发展起到了促进作用，但为满足计算机图形学中交互技术的需求，其功能还有待进一步完善和改进。

20 世纪 70 年代中期，出现了基于电视技术的光栅图形扫描器。在光栅显示器中，线段字符及多边形等显示图案均存储在刷新缓冲区存储器中，这些图案是按照构成像素的点的亮度存储的，这些点被称为像素。一个个像素构成了一条条光栅线。一系列光栅线构成了一幅完整的图像。它以 30 次/秒的频率对存储器进行读写操作，以实现图形刷新而避免闪烁。光栅图形显示器的出现使计算机图形生成技术和电视技术得以衔接，图形处理和图像处理相互渗透，使得生成的图形更加形象、逼真，因而更易于推广和应用。在图形输出设备不断发展的同时，出现了许多不同类型的图形输入设备，如从原有的光笔装置发展到图形输入板、鼠标、扫描仪和触摸屏。

20 世纪 80 年代以后，计算机图形学进一步发展，主要体现在以下 3 个方面：第一，几个著名的大型计算机图形系统相继问世。特别值得一提的是 GKS（Graphics Kernel System）核心系统，后于 1982 年由国际标准化组织 ISO 讨论和修改并定为准二维图形 ISO 标准系统。第二，随着硬件技术的发展，高分辨率图形显示器的研制成功，三维图形显示达到了更高水平，可动态显示物体表面的光照程度、颜色浓度和阴影变化，具有很强的真实感。第三，由于工程工作站的出现和微型计算机性能的不断提高，外设不断完善，图形软件功能不断增强，使得计算机图形系统在许多领域可以取代中、小型计算机系统，计算机图形学得到了更加广泛的应用。

20 世纪 90 年代，计算机图形学向着更高阶段发展，它的许多技术已成为当今最热门的多媒体技术的重要组成部分。在未来的计算机软、硬件发展中，计算机图形学将继续扮演着重要的角色。它的理论、方法和工具将有更大的发展，应用领域也会越来越广。

2.1.2 计算机图形学在我国的发展

我国开展计算机图形设备和计算机辅助几何设计方面的研究始于 20 世纪 60 年代中后期。进入 20 世纪 80 年代以来，随着我国建设事业的发展，计算机图形学无论在理论研究，还是在实际应用的深度和广度方面，都取得了令人可喜的成果。

在图形设备方面，我国陆续研制出多种系列和型号的绘图仪、坐标数字化仪和图形显示器，并已批量生产投放市场。国内许多公司均可批量生产具有高分辨率光栅图形显示器的个人计算机，如 Pentium 4 等及具有全色（24 个位面）的图形图像处理卡；国际上应用最广泛的 Sun SPARC 系列工作站，HP 9009 / 700、800 系列工作站，以及 SGI IRIS 系列工作站，在我国也有定点工厂生产；此外，鼠标和显示器交互设备也已在国内生产。这些硬件在国内的制造，为计算机图形学在我国的普及应用奠定了坚实的基础。

与计算机图形学有关的软件开发和应用都在迅速发展，大力普及。在国家攻关项目、863 高新技术和国家自然科学基金项目中有不少关于计算机图形软件研究开发的课题，其中二维交互绘图系统已进入商品化阶段，并可以在国内市场上和美国 Autodesk 公司的 AutoCAD 二维交互绘图软件相媲美。三维几何造型系统在国内有几个比较实用的版本，无论是基于平面多面体表示、非均匀有理 B 样条（NURBS）表示，还是混合表示模式，这几个几何造型系统均可以支持有限元分析、数控加工等对产品和工程建模的要求。在图形生成和显示算法方面，我国在向量线段及其多边形的裁剪、计算机辅助几何设计、用光线跟踪和辐射度算法产生真实图形，以及科学计算的可视化等领域，都已取得了被国内外同行高度重视的成果。

与计算机图形学有关的学术活动在我国也很活跃。在计算机学会、工程图学学会、自动化学会和电子学会等国家一级学会下面都设有与计算机图形学有关的二级分会。在我国也有多种与计算机图形学有关的学术刊物，如《计算机辅助设计与图形学学报》《工程图学学报》及《计算机辅助工程》等。我国学者在国际上与计算机图形学有关的刊物上发表的论文也越来越多。越来越多的国内论文被国际会议或国际刊物录用，也说明了我国计算机图形学的研究水平正在不断提高。

计算机图形学在我国的应用从 20 世纪 70 年代起步，经过 40 多年的发展，至今已开始在电子、机械、航空航天、建筑、造船、轻纺和影视等部门的产品设计、工程设计和广告影视制作中得到了初步应用，取得了明显的经济效益和社会效益。但图形学在国内的应用与发达国家相比还相差甚远，除了图形设备和系统价格比较昂贵外，更主要或更直接的原因是我国在这方面人才缺乏，掌握计算机图形学的工程技术人员不多，或知之不深，因而影响了计算机图形学这门新型学科在我国的推广应用。采取多种途径、多种渠道和多种方式培训计算机图形学的技术人才，建立一支群众性的计算机图形学应用技术的队伍是摆在人们面前的一项非常紧迫而又非常有意义的任务。随着计算机图形学专门人才的成长，计算机图形学在国民经济各个领域中将发挥越来越大的作用，取得越来越大的经济效益和社会效益。

2.1.3　计算机图形学的应用

由于计算机图形设备的不断更新和图形软件功能的不断扩充，同时也由于计算机硬件功能的增强和系统软件的日趋完善，计算机图形学在 30 多年内得到了广泛的应用。目前，主要的应用领域有以下几个方面。

- 用户接口。用户接口是人们使用计算机的第一观感。过去传统的软件中约 60%以上的程序是用来处理与用户接口有关的问题和功能的，因为用户接口的好坏直接影响着软件的质量和效率。如今在用户接口中广泛使用了图形和图标，大大提高了用户接口的直观性和友好性，也提高了相应软件的执行速度。
- 计算机辅助设计与制造（CAD / CAM）。这是一个最广泛、最活跃的应用领域。计算机图形学被用来进行土建工程、机械结构和产品的设计，包括设计飞机、汽车、船舶的外形，发电厂、化工厂的布局，以及电子线路、电子器件等。有时着眼于产生工程和产品相应结构的精确图形，然而更常用的是对所设计的系统、产品和工程的相关图形进行人机交互设计与修改，经过反复的迭代设计，便可利用结果数据输出零件表、材料单、加工流程与工艺卡，或者数控加工代码的指令。在电子工业中，计算机图形学应用到集成电路、印制电路板、电子线路和网络分析方面的优势十分明显。一个复杂的大规模或超大规模集成电路板图根本不可能用手工设计和绘制完成，用计算机图形系统不仅能进行设计和画图，而且可以在较短的时间内完成，把其结果直接送至后续工艺进行加工处理。在飞机工业中，美国波音飞机公司已用有关的 CAD 系统实现波音 777 飞机的整体设计和模拟，其中包括飞机外形、内部零部件的安装和检验。

- 科学、技术及事务管理中的交互绘图。计算机图形学可用来绘制数学的、物理的或表示经济信息的各类二、三维图表。如统计用的直方图、扇形图、工作进程图，仓库和生产的各种统计管理图表等，所有这些图表都可用简明的方式提供形象化的数据和变化趋势，以利于人们增加对复杂对象的了解并协助做出决策。
- 绘制勘探、测量图形。计算机图形学被广泛地用来绘制地理的、地质的及其他自然现象的高精度勘探、测量图形，如地理图、地形图、矿藏分布图、海洋地理图、气象气流图、人口分布图、电场及电荷分布图，以及其他各类等值线和等位面图。
- 过程控制及系统环境模拟。用户利用计算机图形学实现与其控制或管理对象间的相互作用。例如，石油化工、金属冶炼或电网控制的有关人员可以根据设备关键部位的传感器送来的图像和数据，对设备运行过程进行有效的监视和控制；机场的飞行控制人员和铁路的调度人员可通过计算机产生运行状态信息来有效、迅速、准确地调度，调整空中交通和铁路运输。
- 电子印刷及办公自动化。图文并茂的电子排版制版系统代替了传统的铅字排版，这是印刷史上的一次革命。随着图、声、文结合的多媒体技术的发展，可视电话、电视会议及文字、图表等的编辑和硬拷贝正在家庭、办公室普及。伴随计算机和高清晰度电视结合的产品的推出，其普及率已越来越高，进而改变了传统的办公和家庭生活方式。
- 艺术模拟。计算机图形学在艺术领域中的应用成效越来越显著，除了广泛用于艺术品的制作，如制作各种图案、花纹或用于工艺外形设计，以及制作传统的油画、中国国画和书法外，还成功地用来制作广告、动画片，甚至电视电影。目前国内外不少单位正在研制人体模拟系统，这使得在不久的将来把历史上早已去世的著名影视明星重新搬上新的影视片成为可能。
- 科学计算的可视化。传统的科学计算的结果是数据流，这种数据流不易理解也不易于检查其中的对错。科学计算的可视化通过对空间数据场构造中间几何图素或用体绘制技术在屏幕上产生二维图像。近年来这种技术已用于有限元分析的后处理、分子模型构造、地震数据处理、大气科学及生物化学等领域。
- 工业模拟。这是一个十分庞大的应用领域。在产品和工程设计、数控加工等领域迫切需要对各种机构的运动模拟和静、动态装配模拟。它需要运用的主要是计算机图形学中的产品造型、干涉检测和三维形体的动态显示技术。
- 计算机辅助教学。计算机图形学已广泛应用于计算机辅助教学系统中，它可以使教学过程形象、直观、生动，极大地提高了学生的学习兴趣和教学效果。由于个人计算机的普及，计算机辅助教学系统已深入到家庭和幼儿教育。

还有许多其他的应用领域。例如，农业上利用计算机对作物的生长情况进行综合分析、比较时，就可以借助计算机图形生成技术来保存和再现不同种类和不同生长时期的植物形态，模拟植物的生长过程，从而合理地进行选种、播种、田间管理及收获。在轻纺行业，除了用计算机图形学来设计花色外，服装行业也用它进行配料、排料、剪裁，甚至是三维人体的服装设计。在医学方面，可视化技术为准确地诊断和治疗提供了更为形象和直观的手段。在刑事侦破方面，计算机图形学被用来根据所提供的线索和特征，如指纹，再现当事人的图像及犯罪场景。总之，交互式计算机图形学的应用极大地提高了人们理解数据、分析趋势、观察现实或想象形体的能力。随着个人计算机和工作站的发展，随着各种图形软件的不断推出，计算机图形学的应用前景将更加广阔。

2.1.4 计算机图形学的发展动向

计算机图形学是通过算法和程序在显示设备上构造出图形的一种技术。这同用照相机拍摄一幅照片的过程比较类似。当用照相机拍摄一个物体,如一幢建筑物的照片时,只有在现实世界中有那么一幢建筑物存在,才能通过照相的原理拍摄出一张照片来。与此类似,要在计算机屏幕上构造出三维物体的一幅图像,首先必须在计算机中构造出该物体的模型。这一模型是用一批几何数据及数据之间的拓扑关系来表示的,这就是造型技术。有了三维物体的模型,在给定了观察点和观察方向以后,就可以通过一系列的几何变换和投影变换在屏幕上显示出该三维物体的二维图像。为了使二维图像具有立体感,或者尽可能逼真地显示出该物体在现实世界中所观察到的形象,就需要采用适当的光照模型,以便尽可能准确地模拟物体在现实世界中受到各种光源照射时的效果。这些就是计算机图形学中的真实图形生成技术。三维物体的造型过程和绘制过程需要在一个操作方便、易学易用的用户界面下进行,这就是人机交互技术。造型技术、真实图形生成技术及人机交互技术构成了计算机图形学的主要研究内容。

1. 造型技术的发展

计算机辅助造型技术按所构造的对象来划分,可以分为规则形体造型技术和不规则形体造型技术。规则形体是指可以用欧式几何进行描述的形体,如平面多面体、二次曲面体和自由曲面体等,由它们构成的模型统称为几何模型。构造几何模型的理论、方法和技术称为几何造型技术,它是计算机辅助设计的核心技术之一。早在20世纪70年代,国际上就对几何造型技术进行了广泛而深入的研究,目前已有商品化的几何造型系统提供给用户使用。由于非均匀有理B样条(Nonuniform Rational B Spline)具有可精确表示圆锥曲线的功能,以及具有对控制点进行旋转、比例、平移及透视变换后曲线形状不变的特点,因而为越来越多的曲面造型系统所采用。同时,将线框造型、曲面造型及实体造型结合在一起,并不断提高造型软件的可靠性也是造型技术的重要研究方向。

虽然几何造型技术已得到广泛应用,但是它只是反映了对象的几何模型,而不能全面反映产品的形状、公差和材料等信息,从而使得计算机辅助设计/制造的一体化难以实现。在这样的背景下,就出现了特征造型技术,它将特征作为产品描述的基本单元,并将产品描述成特征的集合。例如,它将一个机械产品用形状特征、公差特征和技术特征3部分来表示,而形状特征的实现又往往是建立在几何造型的基础之上的。目前,特征造型技术在国内外均处于起步阶段。

近几年来,由于发展动画技术的需要,提出了基于物理的造型技术。几何造型最终的模型是由物体的几何数据和拓扑结构来表示的。但是在复杂的动画技术中,模型及模型间的关系相当复杂,既有静态的,也有动态的。这时,靠人来定义物体的几何数据和拓扑关系是非常繁杂的,有时甚至是不可能的。在这种情况下,模型可以由物体的运动规律自动产生,这就是基于物理的造型技术的基本概念。显然,它是比几何造型层次更高的造型技术。目前,这种基于物理的造型技术不仅可在刚体运动中实现,而且已经用于柔性物体。

与规则形体相反,不规则形体如山、水、树、草、云、烟、火及自然界中丰富多彩的其他物体是不能用欧式几何加以定义的。如何在计算机内构造出表示它们的模型,是近年来研究工作的另一个重点。与规则形体的造型技术不同,不规则形体的造型大多采用过程式模拟,即用一个简单的模型及少量的易于调节的参数来表示一大类物体,不断改变参数,递归调用这一模型,一步一步地产生数据量很大的物体,因而这一技术也称为数据放大技术。国际上提出的基于分形理论的随机插值模型、基于文法的模型,以及粒子系统模型等都是应用这一技术的不规则形体造型方法，并已取得了良好的效果。

2．真实图形生成技术的发展

真实图形生成技术是根据计算机中构造好的模型生成与现实世界一样的逼真图像。在现实世界中，往往有多个不同的光源，在光源照射下，根据物体表现的不同性质产生反射和折射、阴影和高光，并相互影响，构造出丰富多彩的世界。早期的真实图形生成技术用简单的局部光照模型模拟漫反射和镜面反射，而将许多没有考虑的因素用一个环境光来表示。20 世纪 80 年代以后，陆续出现了以光线跟踪算法和辐射度算法为代表的全局光照模型，使得图像的逼真程度大为提高，但是又带来了另一个问题，就是计算时间很长。目前，在许多高档次的工作站上，已经配备了由硬件实现光线跟踪及辐射度算法的功能，从而大大提高了逼真图形的生成速度。

3．人机交互技术的发展

直至 20 世纪 80 年代初期，在设计计算机图形生成软件时，一直将如何节约硬件资源（计算时间和存储空间）作为重点，以提高程序本身的效率作为首要目标。随着计算机硬件价格的降低和软件功能的增强，提高用户的使用效率逐渐成为首要目标。为此，如何设计高质量的用户接口成为计算机图形软件的关键问题。

高质量的用户接口的设计目标应该是易于学习、易于使用、出错率低，以及易于回忆起如何重新使用这一系统并对用户有较强的吸引力。20 世纪 80 年代中期以来，国际上出现了很多符合这一目标的人机交互技术。例如，屏幕上可以开一个窗口或者多个窗口；从以键盘实现交互发展到以鼠标实现交互；将菜单放在屏幕上而不是放在台板上；不仅有静态菜单而且有动态菜单；不但用字符串作为菜单而且用图标作为菜单；图标可以表示一个对象，也可以表示一个动作，从而使菜单的含义一目了然。

如何在三维空间实现人机交互一直是计算机图形技术的一个研究热点。近年来，虚拟环境技术的出现使三维人机交互技术有了重要进展。所谓虚拟环境，是指完全由计算机产生的环境，但它具有与真实物体同样的外表、行为和交互方式。目前，典型的应用是用户头戴立体显示眼镜，头盔上装有一个敏感元件以反映头部的位置及方向，并相应改变所观察到的图像，手戴数据手套实现三维交互，并有一个麦克风（送话器）用来发出声音命令。

2.2 图形生成硬件设备

2.2.1 图形输入设备

图形输入设备从逻辑上分为 6 种，如表 2-1 所示。但实际的图形输入设备往往是某些逻辑输入功能的组合。下面介绍几种常用的图形输入设备。

表 2-1 图形输入设备的逻辑分类

名　称	相应的典型设备	基本功能
定位（Locator）	叉丝、指拇轮	输入一个点的坐标
笔画（Stroke）	图形输入板	输入一系列点的坐标
数值（Valuator）	数字键盘	输入一个整数或实数
选择（Choice）	功能键、叉丝、光笔选择菜单项	由一个整数得到某种选择
拾取（Pick）	用光笔或叉丝接触屏幕上已显示的图形	通过一种拾取状态来判别一个显示的图形
字符串（String）	字符键盘	输入一串字符

1. 鼠标

鼠标是一种移动光标和做选择操作的计算机输入设备，除了键盘外，它已成为人们使用计算机的主要输入工具。鼠标的基本工作原理是：当移动鼠标时，它把移动距离及方向的信息转换成脉冲送给计算机，计算机再把脉冲转换成鼠标光标的坐标数据，从而达到指示位置的目的。鼠标价格便宜，操作方便，是目前图形交互时使用得最多的图形输入设备。鼠标有光电式和机械式两种。

光电式鼠标利用发光二极管与光敏晶体管来测量位移。前、后位置的夹角使二极管发光，经鼠标板反射至光敏晶体管，由于鼠标板均匀间隔的网格使反射光强弱不均，反射光的变化便转化为表示位移的脉冲。

机械式鼠标内有 3 个滚轴，即空轴、x 向滚轴和 y 向滚轴，它还有 1 个滚球。x 向和 y 向滚轴带动译码轮，译码轮位于两个传感器之间且有一圈小孔，二极管发向光敏晶体管的光因被译码轮阻断而产生反映位移的脉冲，两脉冲相位成 90° 角。

目前常用的鼠标有二键、三键和四键式，在不同的使用中相应软件定义鼠标按键的操作方式及其功能含义各不相同。鼠标按键一般有下述 5 种操作方式。

- 单击：按下一键，立即释放。
- 按住：按下一键，不释放。
- 拖动：按下一键，不释放，并且移动鼠标。
- 同时按住：同时按下 2 个或 3 个键，并且立即释放。
- 改变：不移动鼠标，连续单击同一个键 2 次或 3 次。

2. 跟踪球和空间球

跟踪球可以通过手指或掌心旋转使得屏幕光标移动，附加的电压计量器用来测量球的旋转量和方向。跟踪球通常安装在键盘或其他设备上，它是进行二维定位的设备。空间球是用于三维定位和选择操作的，它提供了 6 个自由度。与跟踪球不同的是，空间球实际并不转动。当在不同方向上推拉球体时，张力标尺测量施加于空间球的压力，从而提供空间定位和方向输入。

3. 操纵杆

操纵杆是由小的垂直杆（称手杆）安装在一个基座上构成的，它用于对屏幕光标的环绕操纵。多数操纵杆以手杆的实际移动来选择屏幕位置，而其他操作则对杆上的压力进行响应。

手杆从其中心位置向任意方向移动的距离，对应于屏幕光标向该方向的移动量。安装在操纵杆底部的电压计量器测量移动量，并且在释放手杆时，该手杆跳回到中心位置。可以对一个或多个按钮进行编程以将其作为输入开关，从而在一旦选定屏幕位置时给出某些操作信号。

在另一类可移动操纵杆中，手杆用来激活开关，从而引起屏幕光标在选定方向上以恒定速度移动。有时提供 8 个开关并排成一圈，因此手杆可以选择 8 个方向中任一方向来使光标移动。压力感应式操纵杆有一个不可移动的手杆，由张力标尺测量施于手杆的压力，并转换为指定方向上的光标移动量。

4. 数据手套

数据手套可以用来抓住"虚拟"对象。手套由一系列检测手和手指运动的传感器构成。发送天线和接收天线之间的电磁耦合，可以提供关于手的位置和方向的信息。发送天线和接收天线各由一组 3 个互相垂直的线圈构成，形成三维笛卡儿坐标系统。来自手套的输入可用来定位或操纵虚拟场景中的对象。该场景的二维投影可在视频监视器上观察，或者使用头套观察三维投影。

5．光笔

光笔是一种检测装置，确切地说是能检测出光的笔。光笔的形状和大小像一支圆珠笔，笔尖处开有一个圆孔，让荧光屏上的光通过光孔进入光笔。光笔的头部有一组透镜，把所收集的光聚集至光导纤维的一个端面上，光导纤维再把光引至光笔另一端的光电倍增管，从而将光信号转换成电信号，经过整形后输出一个有合适信噪比的逻辑电平，并作为中断信号送给计算机和显示器的显示控制器。光笔的结构如图2-1所示。

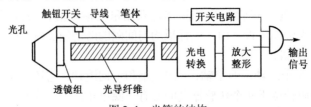

图 2-1　光笔的结构

还有一种光笔是将光电转换器件和放大整形电路都装在笔体内，这样可省去光导纤维，光笔直接输出电脉冲信号。光笔具有定位、拾取和笔画跟踪等多种功能。

光笔不再像以前那样普及，因为同其他输入设备相比，光笔有其不足之处。其一，当光笔指向屏幕时，手和笔迹将遮挡屏幕图像的一部分，而且长时间使用光笔，会造成手腕的疲劳。其二，对于某些应用，光笔需要专门的工具，因为它不能检测黑暗区域内的位置。为了使光笔能选择任何屏幕区域的位置，应该将每个屏幕像素都设定为非零亮度。另外，有时由于房间的发光背景，光笔会产生误读现象。

6．触摸屏

触摸屏是一种定位设备，它是一种对于物体触摸能产生反应的屏幕。当人的手指或其他物体触到屏幕的不同位置时，计算机能接收到触摸信号并按照软件要求进行相应的处理。根据采用技术的不同，触摸屏分为电阻式、电容式、红外线式和声表面波式几种。

- 电阻式触摸屏。电阻式触摸屏使用一种由两层导电和高透明度的物质制作而成的薄膜涂层涂在玻璃或塑料表面上，再安装到屏幕上，或直接涂到屏幕上。这两个透明涂层之间约有 0.0025mm 的距离，当手指触到屏幕时，在接触点产生一个电接触，使该处的电阻发生变化，在屏幕的 x、y 方向上分别测得电阻的改变量就能确定触摸的位置。

- 电容式触摸屏。电容式触摸屏使用一个接近透明的金属涂层覆盖在一个玻璃表面上，当手指接触到这个涂层时，由于电容的改变，使得连接在一角的振荡器频率发生变化，测量出频率改变的大小即可确定触摸的位置。

- 红外线式触摸屏。红外线式触摸屏通常是在屏幕的一边用红外器件发射红外光，而在另一边设置接收装置检测光线的遮挡情况。这里可用两种方式：一种是直线式光束扫描系统，它是利用互相垂直排列的两列红外发光器件在屏幕上方与屏幕平行的平面内组成一个网格，而在相对应的另外两边用光电器件接收红外光，检查红外光的遮挡情况，当手指触在屏幕上时，就会挡住一些光束，光电器件就会因为接收不到光线而发生电平变化。另一种是倾斜角光束扫描系统，它利用扇形的光束从屏幕两角照射屏幕，在和屏幕平行的平面内形成一个光平面，产生触摸时，通过测量投射在屏幕其余两边的阴影覆盖范围来确定手指的位置。这种方式产生的数据量大，要求有较高的处理速度，但其分辨率要比直线式的高。

当屏幕是曲面时，由于光束组成的平面与屏幕有一定的距离，特别是在屏幕边缘处距离较大，在人的手指还没有接触到屏幕时就已产生了一个有效的选择，这会给人一种突发的感觉。

- 声表面波式触摸屏。声表面波式（SAW）触摸屏由传感器、反射器和触摸屏器件组成。它们可以固定在一块平的或弯曲的玻璃表面上，也可直接固定在一台显示器的玻璃表面上。传感器和反射器一起工作，当发射的声波穿过玻璃表面时，一只手指触到 SAW 触摸屏，则在触及到的地方声波发生衰减，这一信号的衰减被接收并被转换成 x、y 坐标传给计算机。SAW 触摸屏通常采用压电传感器。传感器被固定在玻璃表面的一个小的用环氧化物制作而成的压力模块上，此压力模块是为了减少表面波进入到玻璃里面而设置的，并使传感器以一个合适的角度安装在屏幕上。压电传感器在 SAW 控制器的控制下用 5.53MHz 的石英振荡器驱动，把电能转换为高频振荡，高频声能沿着玻璃表面传送。反射器沿着屏幕的顶部与右边排列，每一个反射器以一个合适的角度反射掉一小部分正在传送的声波。当被反射的声波到达屏幕相对的另一边时，又被另一个反射器反射并送到位于屏幕右下角的接收传感器。这个传感器把声波转换成电信号，SAW 控制器把这些电信号转换成 x、y 和 z 坐标，并把这些坐标传送给计算机。这些传过屏幕不同位置的声波已经从 x、y 传感器以相应的一段时间传送了一段距离，用此时间可计算出触摸的位置。为弥补声波在传播过程中的衰减，反射器做成了排在一起的间距累进式闭路器，间隔为整数倍波长，最小间隔为 1 个波长，而最大间隔则依据阵列的长度。每个阵列单元的宽度为半个波长。SAW 触摸屏中的表面波是压力波和横向波的混合波，选用这种波的一个因素是这种波能在传送介质表面的一个椭圆形区域中移动，这比其他具有上下或者往复运动特性的波要好。目前 SAW 触摸屏的分辨率比红外线式触摸屏的分辨率高，且比较实用。上述几种触摸屏的特性比较如表 2-2 所示。

表 2-2　各类触摸屏特性比较

有关性能	电阻、电容式	红外线式	SAW 式
对触觉的反应	好	不太好	好
屏幕灰尘的影响	能引起错误	用软件校正	用软件校正
图像透明度	减小	完美	完美
使用中受损	脆弱的	不易受伤	不易受伤
元件失效	能引起错误	用软件校正	能引起错误
触控定位飘移	能发生	不会发生	能发生
在 VDU（视频显示器）上安装	通常容易	比较困难	容易
价格	昂贵	很便宜	便宜
区分多个触摸	通常不能	容易区分	通常不能
触摸尺寸确定	通常不明确	容易确定	容易确定
分辨力	充分	比较充分	很充分
视差错误	微不足道	能被注意到	能被注意到
戴手套的手指	有时失效	无关的	无关的

7. 坐标数字化仪

坐标数字化仪是一种能把图形转变成计算机能接收的数字形式的专用设备，它采用的是电磁感应技术。通常在一块布满金属栅格的绝缘平板上放置一个可移动的定位设备，当有电流通过该定位设备上的电感线圈时，便会产生相应的磁场，从而使其正下方的金属栅格产生相应的感应电流。根据已产生电流的金属栅格的位置，就可以判断出定位设备当前所处的几何位置。将这种位置信息以坐标的形式传送给计算机，就实现了数字化的功能。

标准的坐标数字化仪有两个主要部分，一个是竖固的、内部布有金属栅格阵列的图板，在它上面可以对图形进行数字化；另一个是定位器，它提供图形的位置信息。图板和定位器内有相应的控制电路。定位器可以是光笔，也可以是多键的鼠标，常用的有 4 键乃至 16 键，每个键都可以赋予特定的功能。坐标数字化仪的主要性能指标有以下几项。

- 最大有效幅面：指能够有效地进行数字化操作的最大面积，一般按工程图纸的规格来划分，如 A4、A3、A2 和 A1。
- 数字化的速率：有每秒几点到每秒几百点，大多采用可变方式，可由用户选择。
- 最高分辨率：分辨率是指数字化仪的输出坐标显示值增加 1 的最小可能距离，一般在每毫米几十线到几百线之间。最高分辨率取决于电磁技术，即对电磁感应信号的处理方法。

坐标数字化仪还提供多种工作方式供用户选择，如点方式、连续方式（流方式）和相对坐标方式等。这样，用户可方便地获取不同图形的坐标数据。坐标数字化仪与计算机的连接大多采用标准的 RS232C 串行接口，数据传送的速率（波特率）采用可变方式，最低为 150 或 300bit/s，最高为 9600 或 19200bit/s，数据位、停止位和奇偶校验位等也都可以进行设置，以便最大限度地满足各种不同的传送速率的要求。目前常用的坐标数字化仪如图 2-2 所示。

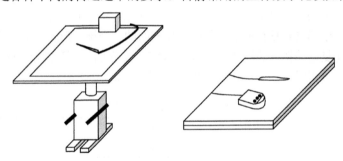

图 2-2 坐标数字化仪示意图

2.2.2 图形显示设备

图形显示设备是计算机图形学中必不可少的装置。多数图形设备中的监视器（也称为显示器）采用的是标准的阴极射线管（CRT），也有采用其他技术的显示器。现在液晶显示器已逐渐增多。

1. 阴极射线管

阴极射线管一般是利用电磁场产生高速的、经过聚焦的电子束，偏转到屏幕的不同位置轰击屏幕表面的荧光材料而产生可见图形的。其主要组成部分有以下几个。

- 阴极——当它被加热时，发射电子。
- 控制栅——控制电子束偏转的方向和运动速度。
- 加速电极——用以产生高速的电子束。
- 聚焦系统——保证电子束在轰击屏幕时，汇聚成很细的点。
- 偏转系统——控制电子束在屏幕上的运动轨迹。
- 荧光屏——当它被电子束轰击时发出亮光。

所有这些部件都封装在一个真空的圆锥形玻璃壳内，其结构如图 2-3 所示。

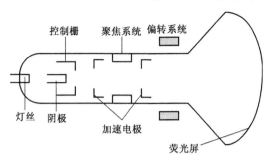

图 2-3　阴极射线管结构示意图

阴极射线管的技术指标主要有两个，一是分辨率，二是显示速度。一个阴极射线管在水平和垂直方向单位长度上能识别出的最大光点数称为分辨率。光点也称为像素。分辨率主要取决于阴极射线管荧光屏所用荧光物质的类型、聚焦和偏转系统。显然，对于相同尺寸的屏幕，点数越多，距离越小，分辨率越高，显示的图形就越精细。常用的 CRT 的分辨率在 1024×1024 左右，即屏幕水平和垂直方向上各有 1024 个像素点。高分辨率的图形显示器分辨率能达到 4096 像素×4096 像素。分辨率的提高除了 CRT 自身的因素外，还与确定像素位置的计算机字长、存储像素信息的介质、模数转换的精度及速度有关。衡量 CRT 显示速度的指标一般用每秒显示向量线段的条数来表示。显示速度取决于偏转系统的速度、CRT 向量发生器的速度及计算机发送显示命令的速度。CRT 采用静电偏转速度快，满屏偏转只需要 3μs，但结构复杂，成本较高；采用磁偏转速度较慢，满屏偏转需要 30μs。通常 CRT 所用荧光材料的刷新频率在 20～30 帧/秒。

2．彩色阴极射线管

CRT 能显示不同颜色的图形是通过把发出不同颜色的荧光物质进行组合而实现的。常用射线穿透法和影孔板法实现彩色显示。影孔板法广泛用于光栅扫描的显示器中（包括家用电视机），这种 CRT 屏幕内部涂有很多组呈三角形的荧光材料，每一组有 3 个荧光点。当某组荧光材料被激发时，分别发出红、绿、蓝 3 种光，混合后即产生不同颜色。例如，关闭红、绿电子枪就会产生蓝色；以相同强度的电子束去激发全部 3 个荧光点，就会得到白色。廉价的光栅图形系统中，电子束只有发射和关闭两种状态，因此只能产生 8 种颜色，而比较复杂的显示器可以产生中间等级强度的电子束，因而可以达到几百万种颜色。

3．随机扫描图形显示器

随机扫描图形显示器中电子束的定位和偏转具有随机性，在某一时刻，显示屏上只有一个光点发光，因而可以画出线很细的图形，故又称为画线式显示器或向量式显示器。它的基本工作过程是从显示文件存储器中取出画线指令或显示字符指令、方式指令（如高度、线型等），送到显示控制器，由显示控制器控制电子束的偏转，轰击荧光屏上的荧光材料，从而出现一条发亮的图形轨迹。由于这类显示器一般使用低余辉的荧光粉，因此这个过程需以每秒至少 30 次的频率重复进行，否则图形就会出现闪烁。随机扫描图形显示器的逻辑框图如图 2-4 所示。

DFT：显示文件转换器
DPU：显示处理单元

图 2-4　随机扫描图形显示器的逻辑框图

4．存储管式图形显示器

随机扫描图形显示器使用了一个独立的存储器来存储图形信息，然后不断地取出这些信息来刷新屏幕。由于存取信息速度的限制，使得显示稳定图形时的画线长度有限，且造价较高。针对这些问题，20 世纪 70 年代后期发展了利用存储管本身来存储信息的技术，这就是存储管技术。从表面上看，存储管的特性极像是一个有长余辉的 CRT，一条线一旦画在屏幕上，在 1h 之内都将是可见的。从内部结构上看，存储管也类似于 CRT，因为它们都有类似的电子枪和聚焦偏转系统，在屏幕上都有类似的荧光涂层。然而这种显示器的电子束不是直接打在荧光屏上，而是先用写入枪将图形信息"写"在一个细网栅格（存储栅，每英寸有250 条细丝）上，栅格上涂有绝缘材料。栅网装在靠近屏幕的后面，其上有由写入电子枪画出的正电荷图形。还有一个独立的读出电子枪，有时称为泛流枪，它发出的连续低能电子流把存储在栅网上的图形"重写"在屏幕上。这种显示器的一般结构如图 2-5 所示。

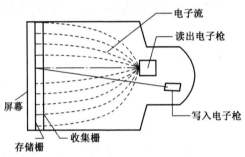

图 2-5　存储管式显示器结构示意图

紧靠着存储栅后面的第 2 栅级，也称为收集栅。它是一种细的金属网，其主要作用是使读出的电子流均匀，并以垂直方向接近屏幕。这些电子以低速度流经收集栅，并被吸引到存储栅的正电荷上去（即相当于存储图形信息的部分），而被存储栅的其余部分所排斥。被吸引过去的电子直接通过存储栅并轰击荧光材料。为了增加低速电子流的能量并产生一个明亮的图形，在屏幕背面的镀铝层上维持了一个较高的正电位（约 10 kV）。

显示图形时，由 x 和 y 输入信号来偏转写入电子束，存储栅表面被写入电子束轰击的地方就会发生二次电子发射。于是在写入电子束经过的表面就产生正电荷。擦去图形的一般方法是给存储栅加一个正脉冲，持续 1～400ms 或更长时间。这时存储栅表面充电直到电压与收集栅一样。读出电子被带正电荷的存储栅表面吸引过去，使存储栅放电到等于读出电子枪的阴极电压，即低电位，图形就被擦去了。当加在存储栅上的脉冲向负值变化时，这时存储栅与读出电子彼此排斥，存储栅的电位将保持在负值上，为重新画图做好准备。

显示时通过存储栅网的电子流移动速度相当慢，因此不会影响网上的电荷图形。但这也带来一个问题，即难以局部清除存储的电荷以擦去部分图形，从而妨碍了产生动态图形的可能。缺乏有选择的擦去图形的能力，是存储管式显示器最严重的缺点；其次，因为不是连续刷新图形，就不能用光笔；其三是屏幕的反差较弱，这是由于加到电子流上的加速电势相对比较低的缘故，并且当背景辉光积累时，图形亮度会逐渐下降。而辉光是由于少量排斥的流动电子沉积在存储栅网上引起的，1h 以后图形就看不清楚了。由于存储管式显示器有这些问题，而使其推广应用受到较大的限制。

5．光栅扫描式图形显示器

随机扫描图形显示器和存储管式图形显示器都是画线设备，在屏幕上显示一条直线是从屏幕上的一个可编地址点直接画到另一个可编地址点。光栅扫描式图形显示器（简称光栅显示器）是画点设备，可看作是一个点阵单元发生器，并可控制每个点阵单元的亮度。它不能直接从单元阵列中的一个可编地址的像素画一条直线到另一个可编地址的像素，而只能用尽可能靠近这条直线路径的像素点集来近似地表示这条直线。显然，只有画水平、垂直及正方形对角线时，像素点集在直线路径上的位置才是准确的，其他情况下的直线均呈台阶状，或称为锯齿线，如图 2-6 所示。采用反走样技术可适当减轻台阶效果。

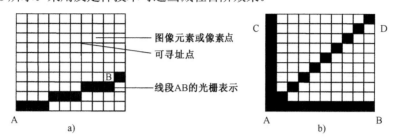

图 2-6　光栅画的直线

黑白光栅显示器的结构图如图 2-7 所示，其中帧缓存是一块连续的计算机存储器。黑白单灰度显示器每个像素点需一位存储器，一个由 1024 × 1024 像素组成的黑白单灰度显示器所需要的最小帧缓存是 1 048 576 位，并要在一个位面上。图形在计算机中是一位一位地产生的，计算机中的每一个存储位只有 0 或 1 两个状态，一个位面的帧缓存因此只能产生黑白图形。帧缓存是数字设备，光栅显示器是模拟设备，要把帧缓存中的信息在光栅显示器屏幕上输出，必须经过数字/模拟转换，在帧缓存中的每一位像素必须经过存取转换才能在光栅显示器上产生图形。

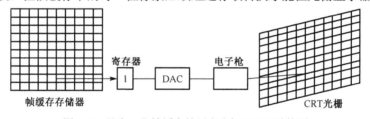

图 2-7　具有 1 位帧缓存的黑白光栅显示器结构图

在光栅图形显示器中需要用足够的位面与帧缓存结合起来，才能反映图形的颜色和灰度等级。图 2-8 所示是一个具有 N 位面灰度等级的帧缓存。显示器上每个像素点的亮度是由 N 位面中对应的每个像素点位置的内容控制的，即每一位的二进制值（0 或 1）被存入指定的寄存器中，该寄存器中二进制的数被译成灰度等级，其范围在 $0 \sim 2^N - 1$ 之间。显示器的像素点地址通常以左下角的点为屏幕（或称为设备）坐标系的原点（0, 0）。对于由 $n \times n$ 个像素构成的显示器，其行、列的编址范围是 $0 \sim N - 1$。亮度等级经数模转换器（DAC）变成驱动显示器电子束的模拟电压。对于有 3 个位面分辨率是 1024 × 1024 像素阵列的显示器，它需要 3 × 1024 × 1024（3 145 728）位的存储器。为了节制帧缓存的增加，可通过颜色查找表来提高灰度等级，如图 2-9 所示。此时可把帧缓存中的位面号作为颜色查找的索引，颜色查找表必须有 2^N 项，每一项具有 W 位字宽。当 W 大于 N 时，可以有 2^W 个灰度等级，但每次只能有 2^N 个不同的灰度等级可用。若要用 2^N 以外的灰度等级，需要改变颜色查找表中的内容。在图 2-9 中 W 是 4 位，N 是 3 位，通过设置颜色查找表中最左位的值（0 或 1）可以使只有 3 位的帧缓存产生 16 种颜色。

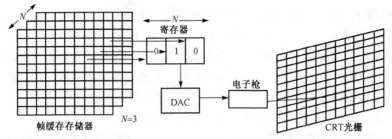

图 2-8 具有 N 位帧缓存的黑白灰度光栅显示器结构图

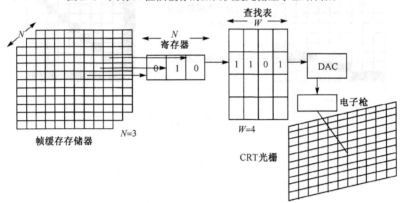

图 2-9 具有 N 位帧缓存和 W 位颜色查找表的光栅显示器结构图

图 2-10 所示是彩色光栅显示器的逻辑图，对于红（R）、绿（G）、蓝（B）三原色有 3 个位面的帧缓存和 3 个电子枪。每个位面的帧缓存对应一个电子枪，即对应一种原色，3 个颜色位面的组合色如表 2-3 所示。对每个颜色的电子枪可以用增加帧缓存位面的方式来提高颜色种类的灰度等级。如图 2-11 所示，每种原色电子枪有 8 个位面的帧缓存和 8 位的数模转换器，每种原色可有 256（2^8）种亮度（灰度等级），3 种原色的组合将是（2^8）$^3 = 2^{24}$，即 16 777 216 种颜色。

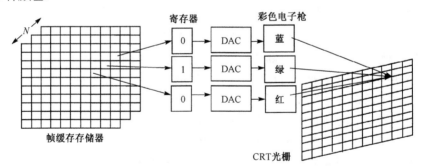

图 2-10 一个简单的彩色光栅显示器

表 2-3 具有 3 个位面帧缓存的颜色表

组合色	红（R）	绿（G）	蓝（B）	组合色	红（R）	绿（G）	蓝（B）
黑（Black）	0	0	0	黄（Yellow）	1	1	0
红（Red）	1	0	0	青（Cyan）	0	1	1
绿（Green）	0	1	0	紫（Magenta）	1	0	1
蓝（Blue）	0	0	1	白（White）	1	1	1

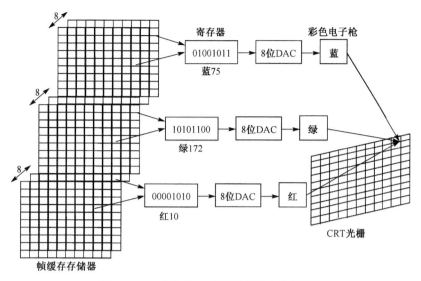

图 2-11　一个具有 24 位面的彩色光栅显示器

这种显示器称为全色光栅图形显示器，其帧缓存称为全色帧缓存，这类帧缓存的位数 N 至少是 24 位。为了进一步提高颜色的种类，可以对每组原色配置一个颜色查找表，如图 2-12 所示，这里颜色查找表的位数 W 是 10 位，可以产生 1 073 741 824（2^{30}）种颜色，帧缓存的位数 N 是 24 位。

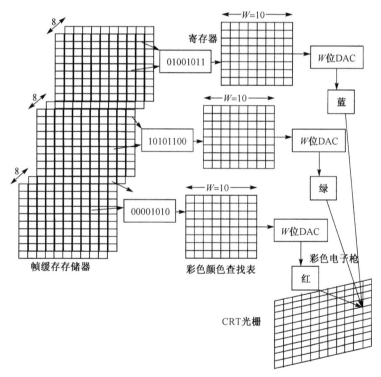

图 2-12　一个具有 24 位面彩色帧缓存和 10 位颜色查找表的光栅显示器结构图

由于刷新帧缓存需要时间，目前光栅显示器的分辨率还不可能做得太高。如果每个像素的存取时间是 200ns（200×10^{-9} s），对于 1024×1024 的像素阵列的存取时间约为 0.21s，即每秒钟只能刷新 5 帧屏幕。显然其距离不闪烁图形需要 30 帧/s 的速度，相差甚远。若显示器的分辨率是 4096×4096，则每一个位面有 16.78 兆位的像素，此时每次存取全部像素的时间需要 3s，若要保证具有 4096×4096 的像素阵列显示器能产生不闪烁图形，即 30 帧/s，则要求存取每个像素的时间要少于 2ns，这相当于光通过 2 英尺距离的时间。目前，一般的硬件速度还不可能达到这么高。可以通过采取其他措施，如把屏幕像素进行分组来实现。若把 16、32 或 64 个像素作为一组进行存取，这样可减少屏幕像素的存取时间，从而使实时图形显示成为可能。采用并行处理技术和并行处理硬件是当前能够使光栅显示图形达到实时的重要手段。

6．液晶显示器（LCD）

液晶显示器（Liquid Crystal Display，LCD）与前面介绍的几种显示器不同，它是由 6 层薄板组成的平板式显示器，如图 2-13 所示。其中第 1 层是垂直电极板；第 2 层是邻接晶体表面的垂直网格线组成的电解层；第 3 层是液晶层；第 4 层是与晶体另一面邻接的水平网格线层；第 5 层是水平电极板；第 6 层是反射层。液晶材料是由长晶线分子构成的，各个分子在空间的排列通常处于极化方向相互垂直的位置。光线进入第 1 层时和极化方向垂直。当光线通过液晶显示器时，极化方向和水平方向的夹角是 90°，这样光线可以通过水平极板到达两个极板之间的液晶层。晶体在电场作用下将排列成行并且方向相同。晶体在这种情况下不改变穿透光的极化方向。若光在垂直方向被极化，就不能穿透后面的电极板。光被遮挡，在表面会看到一个黑点。在液晶显示器的表面，在其相应的矩阵编址中如何使（x_1，y_1）点变黑？通常是在水平网格 x_1 处加上负电压（–V），在垂直网格 y_1 处加上正电压（+V），并称为触发电压。如–V 或 +V 及它们的电压差都不够大，晶体分子将仍排成行，这时光仍然可以穿过点（x_1，y_1）且不改变极化方向，即仍然保持垂直极化方向，入射光不能穿过晶体到达尾部极板，从而在（x_1，y_1）处产生黑点。要显示（x_1，y_1）到（x_2，y_2）的一条直线，就需要连续地、一个接一个地选择需要显示的点。在液晶显示器中，晶体分子一旦被极化，它将保持此状态达几百毫秒，其至当触发电压切断后仍然保持这种状态不变，这对图形的刷新速度影响极大。为了解决这个问题，在液晶显示器表面的网格点上有一个晶体管，通过晶体管的开关作用可以快速改变晶体状态，同时也可以控制状态改变的程度。晶体管还可用来保存每个单元的状态，从而可随刷新频率的变化而周期性地改变晶体单元的状态。这样 LCD 可用来制造连续色调的轻型电视机和显示器。

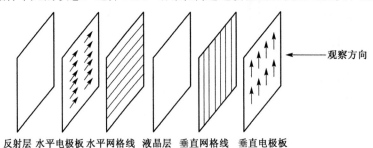

反射层　水平电极板　水平网格线　液晶层　垂直网格线　垂直电极板

图 2-13　液晶显示器的 6 层结构

7．等离子显示器

等离子显示器是用许多小氖气灯泡构成的平板阵列制作成的，每个灯泡处于"开"或"关"状态。等离子板不需要刷新。等离子显示器一般由 3 层玻璃板组成。在第 1 层的里面是涂有导电材料的垂直条，中间层是灯泡阵列，第 3 层是表面涂有导电材料的水平条。要点亮某个地址的灯泡，开始要在相应行上加较高的电压，等该灯泡点亮后，可用低电压维持氖气灯泡的亮度。要关掉某个灯泡，只要将相应的电压降低即可。灯泡开关的周期时间是 15ms。通过改变控制电压，可以使等离子板显示不同灰度的图形。等离子显示器的优点是平板式、透明、显示图形无锯齿现象，也不需要刷新缓冲存储器。等离子显示器的 3 层结构如图 2-14 所示。

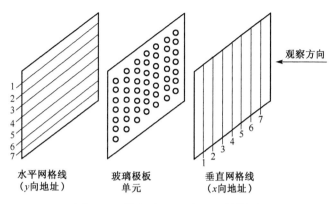

图 2-14　等离子显示器的 3 层结构图

2.2.3　硬拷贝输出设备

图形显示设备只能在屏幕上产生各种图形，但在计算机图形学中还必须把图形画在纸上，常用的图形绘制设备也称为硬拷贝输出设备，有打印机和绘图仪两种。

打印机是廉价的产生图纸的硬拷贝设备，从机械动作上常分为撞击式和非撞击式两种。撞击式打印机使成型字符通过色带印在纸上，如行式打印机、点阵式打印机等。非撞击式打印机常用的技术有喷墨技术、激光技术等，这类打印设备速度快，噪声小，已逐渐替代以往的撞击式打印机。

1．喷墨打印机

喷墨打印机既可用于打印文字，又可用于绘图（实质是打印图纸）。喷墨打印机的关键部件是喷墨头，通常分为连续式和随机式。连续式打印机的喷墨头射速较快，但需要墨水泵和墨水回收装置，机械结构比较复杂。随机式打印机墨滴的喷射是随机的，只有在需要印字（图）时才喷出墨滴，墨滴的喷射速度较低，无需墨水泵和回收装置。若采用多喷嘴结构，也可以获得较高的印字（图）速度。随机式喷墨方式常用于普及型便携式打印机，连续式喷墨方式多用于喷墨绘图仪。常用的喷墨头有 4 种。

- 压电式：这种喷墨头使用压电器件代替墨水泵的压力，根据印字（图）的信息对压电器件用电压压迫墨水喷成墨滴进行印字（印图）。这种喷墨头是早期喷墨打印机采用得最多的一种，并一直沿用至今，但这种喷墨头要想进一步提高分辨率，会受到压电器件尺寸的限制。
- 气泡式：气泡式喷墨头在喷嘴内装有发热体，在需要印字（印图）时，对发热体加电使墨水受热而产生气泡，随着温度的升高气泡膨胀，将墨水挤出喷嘴进行印字（印图）。

上述两种喷墨头由于机械尺寸所限，难以进一步提高分辨率。由于都使用水性墨水，墨水容易干涸，从而造成微细喷嘴的阻塞。

- 静电式：静电式喷墨头采用高沸点的油性墨水，利用静电吸引力把墨水喷在纸上。
- 固体式：固体式喷墨头采用固体墨，有 96 个喷嘴，其中 48 个喷嘴用于黑色印字（印图），青、黄、品红三原色各用 16 个喷嘴，其分辨率可达 300dpi。印制彩色图像时的输出速度比上述喷墨头都快。

2．激光打印机

激光打印机既可用于打印字符，又可用于绘图，主要由感光鼓、碳粉盒、打底电晕丝和转移电晕丝组成，如图 2-15a 所示。激光打印机开始工作时，感光鼓旋转，通过打底电晕丝，使整个感光鼓的表面带上电荷，如图 2-15b 所示。打印数据从计算机传至打印机，经处理送至激光发射器。在发射激光时，激光打印机中的一个六面体反射镜开始旋转，此时可以听到激光打印机发出特殊的嘶嘶声。反射镜的旋转和激光的发射同时进行，依照打印数据决定激光的发射或停止。每个光点打在反射镜上，随着反射镜的转动，不断变换角度，将激光点反射到感光鼓上，感光鼓上被激光照到的点将失去电荷，从而在感光鼓表面形成一幅肉眼看不到的磁化图像。感光鼓旋转到碳粉盒，其表面被磁化的点将吸附碳粉，从而在感光鼓上形成将要打印的碳粉图像，如图 2-15c 所示。下面将要把图像传到打印机上。打印纸从感光鼓和转移电晕丝中通过，转移电晕丝将产生比感光鼓上更强的磁场，碳粉受吸引从感光鼓上脱离，向转移电晕丝方向移动，然后在不断向前运动的打印纸上形成碳粉图像，如图 2-15d 所示。打印纸继续向前运动，通过高达 204℃高温的熔凝部件，碳粉定型在打印纸上，产生永久图像。同时，感光鼓旋转至清洁器，将所有剩余在感光鼓上的碳粉清除干净，开始新一轮的工作。

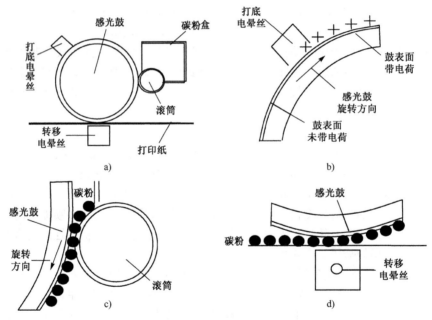

图 2-15　激光打印机的工作原理图

3．静电绘图仪

静电绘图仪是一种光栅扫描设备，它利用的是静电同极相斥、异极相吸的原理。图 2-16 所示是单色静电绘图仪的运行原理图。单色静电绘图仪把像素化后的绘图数据输出至静电写头上，一般静电写头是双行排列，头内装有很多电极针。写头随输入信号控制每根电极针放出高电压，绘图纸正好横跨在写头与背板电极之间，纸通过写头时，写头便把图像信号转换到纸上。带电的绘图纸经过墨水槽时，因为墨水的碳微粒带正电，所以墨水被纸上的电子吸附，在纸上形成图像。彩色静电绘图的原理与单色静电绘图的原理基本相同，不同之处是彩色绘图需要把纸来回往返几次，分别套上紫、黄、青、黑 4 色，这 4 种颜色分布在不同位置可形成 4000 多种色彩图。目前，彩色静电绘图仪的分辨率可达 800 dpi，绘出的彩色图片比彩色照片的质量还要好，但高质量的彩色图像需要高质量的墨水和纸张。

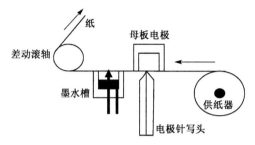

图 2-16　单色静电绘图仪结构

4. 笔式绘图仪

笔式绘图仪分为滚筒式和平板式两种。顾名思义，平板式笔式绘图仪是在一块平板上画图，绘图笔分别由 x、y 两个方向进行驱动。而滚筒式笔式绘图仪是在一个滚筒上画图，图纸在一个方向（如 x 方向）滚动，而绘图笔在另一个方向（如 y 方向）移动。两类绘图仪都有各自的系列产品，其绘图幅面有 $A_3 \sim A_0$ 及 A_0 加长等几种。笔式绘图仪的主要性能指标包括最大绘图幅面、绘图速度和精度、优化绘图，以及绘图所用的语言。

各绘图仪生产厂家在推销自己的产品时，往往把速度放在第一位。由于绘图仪是一种慢速设备，其速度快就会提高整个系统的效率。绘图仪给出的绘图速度仅是机械运动的速度，不能完全代表绘图仪的效率。机械运动速度的提高必然要受各种机电部件性能的限制，甚至还会受绘图笔性能的限制，所以各厂家十分重视绘图优化。

绘图仪的速度与主机数据通信的速度相差很大，不可能实现在主机发送数据的同时，绘图仪完成图形数据的绘制任务。一般是由绘图缓冲存储器先把主机发送来的数据存下来，然后再让绘图仪"慢慢地"去画。绘图缓冲存储器容量越大、存的数据越多、访问主机的次数越少，相应的绘图速度越快。绘图优化是固化在绘图仪里的一个专用软件，它只能搜索和处理已经传送到绘图缓冲存储器中的数据，对于那些还存放在主机中的数据却无能为力。

与绘图仪精度有关的指标有相对精度、重复精度、机械分辨率和可寻址分辨率。相对精度一般统称为精度，它取绝对精度和移动距离百分比精度二者中更大的值。机械分辨率是指机械装置可能移动的最小距离。可寻址分辨率则是指图形数据增加一个最小单位所移动的最小距离。可寻址分辨率一定比机械分辨率大。在主机向绘图仪发送数据的同时，还要发送指挥绘图仪实现各种动作的命令，如拾笔、落笔、画直线和画圆弧等。然后由绘图仪去解释这些命令并执行。这些命令格式便称为绘图语言。在每种绘图仪中都固化有自己的绘图语言，其中 HP 公司的 HPGL 绘图语言应用得最为广泛，并有可能成为各种绘图仪未来的标准语言。常用笔式绘图仪的示意图如图 2-17 所示。

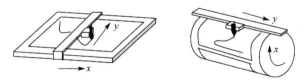

图 2-17　笔式绘图仪

2.3 图形软件系统

2.3.1 图形软件的组成

图形软件系统应该具有良好的结构，要有合理的层次结构和模块结构。应把整个图形软件分为若干层次，每一层次又分为若干模块，使得整个系统容易设计、调试和维护，便于扩充和移植。表 2-4 所示为图形软件的各层次。

表 2-4　图形软件的各层次

基本图形软件	三级图形软件
	二级图形软件
	一级图形软件
	零级图形软件
	图形设备指令/功能、命令集、计算机操作系统

1. 零级图形软件

零级图形软件是最底层的软件，主要解决图形设备与主机的通信、接口等问题，又称为设备驱动程序，是一种最基本的输入、输出子程序。由于使用频繁，程序质量要求尽可能高，因此常用汇编语言，甚至机器语言，或接近机器语言的高级语言编写。零级图形软件是面向系统的，而不是面向用户的。

2. 一级图形软件

一级图形软件又称基本子程序，包括生成基本图形元素和对设备进行管理的各程序模块。它可以用汇编语言编写，也可以用高级语言编写，编写时要从程序的效率与容易编写、调试、移植等方面考虑。一级图形软件既面向系统，又面向用户。

3. 二级图形软件

二级图形软件也称功能子程序，它是在一级图形软件基础上编制的，其主要任务是建立图形数据结构（图形档案），定义、修改和输出图形并建立各图形设备之间的联系，要具有较强的交互功能。二级图形软件是面向用户的，要求使用方便、容易阅读，便于维护和移植。

4. 三级图形软件

三级图形软件是为解决某种应用问题而编写的图形软件，是整个应用软件的一部分。通常由用户编写或系统设计者与用户一起编写。

一般把零级到二级图形软件称为基本图形软件，或称支撑软件，而把三级图形软件称为应用图形软件。

2.3.2 基本图形软件

1. 基本图形软件的内容

基本图形软件作为图形系统的支撑软件，其功能可根据需要而有所不同，但其基本内容一般应包括以下几项。

- 系统管理程序。
- 定义和输出基本图素及复合图素图形的程序。
- 图形变换（包括几何变换、开窗和裁剪等）程序。

- 实时输入处理程序。
- 交互处理程序。

2．建立基本图形软件的方法

通常可采用以下 3 种方法来建立基本图形软件。

1）图形程序包，是以某种高级语言为基础，加上扩充处理图形功能的子程序包。这种方法实现起来比较容易，一般不用或很少修改原来高级语言的编译程序，容易调试，便于修改及扩充。但是由于一般高级语言并不是为处理图形而设计的，因此用其来处理图形总有不适应之处。

2）修改高级语言，是在某种高级语言基础上，经修改其编译系统而实现的。一般是修改其编译系统，扩充一些处理图形的语言和数据类型，改变原高级语言某些不适应图形处理的缺点。但是修改某语言的编译系统并非易事，而且难以彻底解决高级语言不适应图形处理的问题。

3）专用高级图形语言，是一种从语句、数据结构到输入、输出等方面都按照处理图形的需要来设计的高级图形语言，它必须有自己独立的编译器。设计和实现这种编译器十分困难，因为这既要具备一般高级语言的功能，又要扩充许多新的图形处理功能。

前两种方法都有大量可以利用的软件资源、程序库及相关资料，这对一些已十分熟悉高级语言的人来说，要学习的新东西不多。目前，国内外通用的图形软件系统绝大多数采用前两种方法，特别是图形程序包的方法。但是从长远的观点看，设计一种性能良好的专用高级图形语言还是十分重要的。

习题 2

1．简述计算机图形系统的硬、软件环境。
2．图形硬件设备主要包括哪些？
3．简述基本图形软件的组成。
4．简述计算机图形学的应用。

第 3 章　二维图形生成算法

本章介绍基本图形的扫描转换问题，包括一维线框图形（如直线、圆和椭圆）的扫描转换问题，二维图形（多边形）的填充问题，字符的表示及输入、输出问题，以及图形的裁剪和反走样问题。

图形的扫描转换一般分为两个步骤：先确定有关像素，再用图形的颜色或其他属性对像素进行某种写操作。后者通常是通过调用设备驱动程序来实现的。所以扫描转换的主要工作是确定最佳逼近图形的像素集。对于一维图形，在不考虑线宽时，用 1 个像素宽的直/曲"线"（即像素序列）来显示图形。二维图形的光栅化，即区域的填充，必须确定区域所对应的像素集，并用所要求的颜色或图案显示（即填充）。

对图形进行光栅化时，很容易出现走样现象。将 1 条斜向的直线扫描转换为 1 个像素序列时，像素排列成锯齿状。显示器的空间分辨率越低，这种走样现象就越严重。提高显示器的空间分辨率可以减轻走样问题，但提高了设备的成本。实际上，当显示器的像素用多亮度显示时，可以通过精编算法自动调整图形上各像素的亮度来减轻走样问题。

3.1　直线图形

在数学上，理想的直线是没有宽度的由无数个点构成的集合。当对直线进行光栅化时，只能在显示器所给定的有限个像素中，确定最佳逼近该直线的一组像素。用写点方式对像素进行写操作，这就是通常所说的用显示器绘制直线，或直线的扫描转换。如图 3-1 所示，直线经过扫描转换后用 9 个暗色的像素点表示。

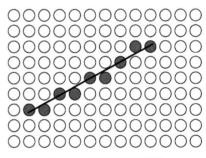

图 3-1　直线的扫描转换

由于一个图中可以包含成千上万条直线，所以要求绘制算法尽可能简捷。在一些情况下，需要绘制 1 个像素宽的直线；而在另一些情况下，则需要绘制以理想直线为中心线的不同线宽的直线，有时还需要用不同的颜色和线型来画线。

本节将介绍直线的 3 种常用算法[数值微分算法、中点画线算法和 Bresenham（布兰森汉姆）画线算法]，以及直线的线宽处理。

3.1.1　数值微分算法

数值微分算法（Digital Differential Analyzer，DDA）的本质是用数值方法解微分方程，即通过同时对 x 和 y 各增加一个小增量，计算下一步的 x、y 的值。

1．DDA 的公式推导

为了推导公式方便，将像素点间距放大，如图 3-2 所示，设直线的起点为（x_s, y_s），终点为（x_e, y_e），直线的斜率为

$$k =\Delta y/\Delta x =(y_e-y_s)/(x_e-x_s)$$

下面从直线的起点（x_s, y_s）开始，确定最佳逼近直线的点坐标（x, y）。

设 $\Delta x > \Delta y > 0$，让 x 从起点到终点变化，每步递增 1 个像素点间距，利用直线方程计算对应的 y 坐标。

$$y=kx+b$$

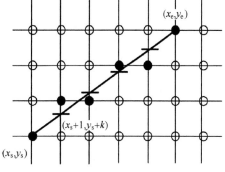

图 3-2　DDA 直线扫描转换示意图

由于 y 的计算结果不一定是整数，因此要用四舍五入方法进行取整。这种方法直观可行，但效率较低。每步运算都需用一个浮点乘法与一个加法运算。

可将计算简化，对 x、y 坐标进行离散化处理。设当前点为（x_i, y_i），下一个点为

$$x_{i+1}=x_i+1$$
$$y_{i+1}=kx_{i+1}+b=k(x_i+1)+b=kx_i+b+k=y_i+k$$

即当 x 递增 1 时，y 递增 k（即直线斜率）。可以写出直线（$\Delta x > \Delta y > 0$）扫描转换的数值微分算法。

$$k=(y_e-y_s)/(x_e-x_s) \qquad x_0=x_s, \; y_0=y_s$$
$$x_{i+1}=x_i+1, y_{i+1}=y_i+k \qquad (i = 0, 1, 2,\cdots, x_e-x_s)$$

当 $0<\Delta x<\Delta y$ 时，每步中 y 递增 1 个像素点间距（$y_{i+1}=y_i+1$），需计算对应的 x 坐标。

$$x_{i+1}=(y_{i+1}-b)/k=[(y_i+1)-b]/k=y_i/k+1/k-b/k=(y_i-b)/k+1/k=x_i+1/k$$

2．任意方向直线的 DDA 公式

根据以上公式推导，可将任意方向直线分为以下 4 类。

$\Delta x>0$，$|\Delta x|>|\Delta y|$：　$x_{i+1}=x_i+1$，$y_{i+1}=y_i+k$

$\Delta x>0$，$|\Delta x|<|\Delta y|$：　$y_{i+1}=y_i+1$，$x_{i+1}=x_i+1/k$

$\Delta x<0$，$|\Delta x|>|\Delta y|$：　$x_{i+1}=x_i-1$，$y_{i+1}=y_i-k$

$\Delta y<0$，$|\Delta x|<|\Delta y|$：　$y_{i+1}=y_i-1$，$x_{i+1}=x_i-1/k$

3．DDA 画线程序设计

以下为绘制 $\Delta x > \Delta y > 0$ 方向黑色直线 DDA 的 VC 关键代码。

```
k=(ye-ys)/(xe-xs);            //(xs,ys)和(xe,ye)为直线的两个端点坐标
y=ys;
for(x=xs;x<=xe;x++)
{   pDC->SetPixel(x,(int)y,RGB(0,0,0));   //在(x,y)处画黑色点
    y=y+k;
}
```

其中的 CDC 是 MFC 的 DC 的一个类，定义的是设备上下文对象的类型。CDC 对象提供处理显示器或打印机等设备上下文的成员函数，以及处理与窗口客户区对应的显示上下文的成员。通过 CDC 对象的成员函数可进行所有的绘图。画点采用 CDC 的 SetPixel 成员函数，该函数的第 3 个参数是 COLORREF 数据类型，表示一个 32 位的 RGB 颜色。

任意方向应用 DDA 绘制直线的函数设计如下。

```
//参数：pDC 为设备环境，(xs,ys)为直接线段起点坐标，(xe,ye)为直接线段终点坐标，color 为直线颜色
void Line1(CDC *pDC,int xs,int ys,int xe,int ye,COLORREF color)
{int dx,dy,t;     float k,x,y;
 if(xs>xe)
        {t=xe,xe=xs,xs=t;   t=ye,ye=ys,ys=t; }
 dx=xe-xs,dy=ye-ys;   k=(float)dy/dx;
 if(abs(dx)>=abs(dy))
 { y=ys;
   for(x=xs;x<=xe;x++)
      pDC->SetPixel((int)x,(int)y,color)， y=y+k;
 }
 else
 {   if(ye>ys)
     {x=xs;
      for(y=ys;y<=ye;y++)
            pDC->SetPixel((int)x,(int)y,color)，x=x+1/k;
      }
     else
        {x=xs;
      for(y=ys;y>=ye;y--)
            DC->SetPixel((int)x,(int)y,color)，x=x-1/k;
      }
   }
 }
```

📖 本书中的所有图形输出的窗口的坐标系都采用默认坐标系，原点在左上角，向下为纵坐标的正方
　　向，向右为横坐标的正方向。

当 $x_0 = 10$, $y_0 = 10$, $x_1 = 150$, $y_1 = 120$ 时，该程序的
运行效果如图 3-3 所示。

在 DDA 中，y 与 k 必须用浮点数表示，不利于硬
件实现。下面讨论的中点画线算法可以解决这个问题。

3.1.2 中点画线算法

1. 中点画线算法的基本原理

为了讨论方便，假定直线斜率在 0～1 之间。

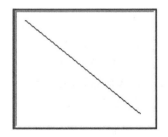

图 3-3　应用 DDA 绘制直线效果示意图

如图 3-4 所示，设已确定像素点 P 与直线最近，坐标为 (x_p, y_p)，那么下一个与直线最近的
像素点只能是正右方的 $P_1(x_p+1, y_p)$ 或右上方的 $P_2(x_p+1, y_p+1)$ 两者之一。

用 M 表示 P_1 与 P_2 的中点，即 M 的坐标为 $(x_p+1, y_p+0.5)$。

设 Q 是理想直线与垂直线 $x = x_p+1$ 的交点。显然，若 M 在 Q 的下方，则 P_2 离直线最
近，应取 P_2 为下一个像素点；若 M 在 Q 的上方，应取 P_1 为下一个像素点。

2. 中点画线算法的基本判别式

假设直线的起点为 (x_s, y_s)，终点为 (x_e, y_e)，则直线方程为

$$F(x, y) = y - kx - b = 0$$

在直线上的点，满足 $F(x, y) = 0$；在直线上方的点，满足 $F(x, y) > 0$；在直线下方的点，满足 $F(x, y) < 0$。因此，要判断 Q 在 M 的上方还是下方，只要把 M 代入 $F(x, y)$ 的表达式，并判断表达式的符号即可。构造判别式

$$d_i = F(M) = F(x_i+1, y_i+0.5) = (y_i+0.5) - k(x_i+1) - b$$

当 $d_i < 0$ 时，M 在直线下方（即在 Q 的下方），P_2 更接近理论直线，故应取 P_2 作为下一个像素。而当 $d_i > 0$ 时，则应取 P_1 作为下一个像素。当 $d_i = 0$ 时，可以取 P_1 或 P_2，这里约定取 P_1。

对每一个像素计算判别式 d_i，根据它的符号确定下一个像素，但是计算 d_i 的式子中有乘法，不利于硬件实现，且运算效率不高。由于 d_i 是 x_i 和 y_i 的线性函数，可采用增量计算，提高运算速度。

3．中点画线算法的递推公式

在 $d_i \geqslant 0$ 的情况下，取正右方像素 P_1。要判断下一个像素，如图 3-5 所示，应计算

$$d_{i+1} = F(x_i+2, y_i+0.5) = (y_i+0.5) - k(x_i+2) - b = (y_i+0.5) - k(x_i+1) - b - k = d_i - k$$

在 $d_i < 0$ 的情况下，则取右上方像素 P_2。要判断下一个像素，如图 3-5 所示，则要计算

$$d_{i+1} = F(x_i+2, y_i+1.5) = (y_i+1.5) - k(x_i+2) - b = (y_i+0.5) - k(x_i+1) - b + 1 - k = d_i + 1 - k$$

显然，第 1 个像素应取 (x_s, y_s)，d_i 的初始判别式值为

$$d_0 = F(x_s+1, y_s+0.5) = (y_s+0.5) - k(x_s+1) - b = y_s - kx_s - b + 0.5 - k = F(x_s, y_s) + 0.5 - k$$

由于 (x_s, y_s) 在直线上，故 $F(x_s, y_s) = 0$。因此，d_i 的初始值为 $d_0 = 0.5 - k$。

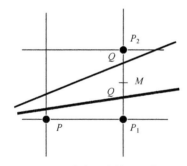

图 3-4　中点画线算法示意图

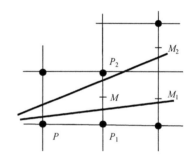

图 3-5　中点画线算法判别式递推示意图

4．消除小数运算

由于仅需判别 d_i 的符号，可以消除计算 d_i 中的小数，对判别式 $d_0 = 0.5 - k$ 两边同时乘 $2(x_e - x_s)$

$$2(x_e-x_s)d_0 = 2(x_e-x_s)[0.5 - (y_e-y_s)/(x_e-x_s)]$$
$$= (x_e-x_s) - 2(y_e-y_s)$$

设 $D_0 = 2(x_e-x_s)d_0$，$\Delta x = x_e-x_s$，$\Delta y = y_e-y_s$，则上式变为 $D_0 = \Delta x - 2\Delta y$。

同理，在 $d_i \geqslant 0$ 的情况下，$d_{i+1} = d_i - k$ 变为

$$2(x_e-x_s)d_{i+1} = 2(x_e-x_s)d_i - 2(x_e-x_s)(y_e-y_s)/(x_e-x_s)$$
$$= 2(x_e-x_s)d_i - 2(y_e-y_s)$$

即 $D_{i+1} = D_i - 2\Delta y$。

在 $d_i < 0$ 的情况下，$d_{i+1} = d_i + 1 - k$ 变为

$$2(x_e-x_s)d_{i+1}=2(x_e-x_s)d_i+2(x_e-x_s)-2(x_e-x_s)(y_e-y_s)/(x_e-x_s)$$
$$=2(x_e-x_s)d_i+2(x_e-x_s)-2(y_e-y_s)$$

即 $D_{i+1}=D_i+2\Delta x-2\Delta y$。

最后仍将 D_i 用 d_i 表示，仅包含整数运算的中点画线算法如下。

设 $x_0=x_s$，$y_0=y_s$，$\Delta x=x_e-x_s$，$\Delta y=y_e-y_s$，$d_0=\Delta x-2\Delta y$；当 $d_i\geqslant0$ 时，$x_{i+1}=x_i+1$，$y_{i+1}=y_i$，$d_{i+1}=d_i-2\Delta y$；当 $d_i<0$ 时，$x_{i+1}=x_i+1$，$y_{i+1}=y_i+1$，$d_{i+1}=d_i+2\Delta x-2\Delta y$ $(i=0,1,2,\cdots,\Delta x)$。

5．中点画线算法程序设计

斜率在 0～1 之间的第 1 象限直线的中点画线算法 VC 主要代码如下。

```
CDC *pDC=GetDC();
dx=xe-xs; dy=ye-ys; y=ys;
dxx=dx+dx; dyy=dy+dy; d=dx-dyy;
for(x=xs;x<=xe;x++)
{    pDC->SetPixel (x,y,RGB(0,0,0));
    if(d<0)
        y=y++, d=d+dxx;
    d=d-dyy;
}
```

上述算法仅包含整数运算，适合硬件实现。

6．中点画线算法绘制直线实例

【例 3-1】 已知直线的起点为 $(0,0)$，终点为 $(5,2)$，用中点画线算法求出线段中各像素点坐标值。

直线的起点（第 1 个像素点）$x=0$，$y=0$，$\Delta x=5$，$2\Delta x=10$，$\Delta y=2$，$2\Delta y=4$，$d_0=5-4=1$。

$d_0=1>0$，$x=1$，$y=0$，直线的第 2 个像素点坐标为 $(1,0)$，$d_1=d_0-4=-3$。

$d_1<0$，$x=2$，$y=1$，直线的第 3 个像素点坐标为 $(2,1)$，$d_2=d_1+10-4=3$。

$d_2>0$，$x=3$，$y=1$，直线的第 4 个像素点坐标为 $(3,1)$，$d_3=d_2-4=-1$。

$d_3<0$，$x=4$，$y=2$，直线的第 5 个像素点坐标为 $(4,2)$，$d_4=d_3+10-4=5$。

$d_4>0$，$x=5$，$y=2$，直线的第 6 个像素点坐标为 $(5,2)$。

该直线的光栅化结果示意图如图 3-6 所示。

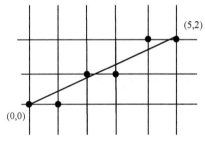

图 3-6　中点画线算法光栅化结果示意图

3.1.3　Bresenham 画线算法

Bresenham（布兰森汉姆）画线算法是计算机图形学领域中使用最广泛的直线扫描转换算法。该算法最初是为数字绘图仪设计的。由于它也适用于光栅图形显示器，因此后来被广泛用于直线的扫描转换及其他一些应用。为了讨论方便，本节假定直线的斜率在 0～1 之间，其他情况可类似处理。

与中点画线算法类似，Bresenham 画线算法也是通过在每列像素点中确定与理想直线最近的像素点来进行直线的扫描转换。

1．Bresenham 画线算法的原理

由于假定直线的斜率在 0～1 之间，因此在 x 方向上每步增加一个单位长度，而 y 方向是否增加一个单位长度，则根据计算误差项确定。

如图 3-7 所示，设 (x_s, y_s) 像素已确定，下一个像素的 x 坐标为 $x_s + 1$，y 坐标为 y_s 或者为 $y_s + 1$，y 的取值取决于如图 3-7 所示的误差项 d 的值。

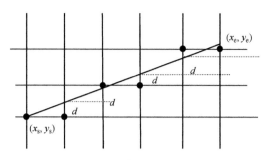

图 3-7　Bresenham 画线算法所用误差项的几何意义

2．Bresenham 画线算法的基本判别式

因为直线的起始点在像素上，所以误差项 d 的初始值为 0。从图 3-7 中可以看出，x 每增加 1，d 的值相应递增直线的斜率值，即 $d=d+k$，$k=(x_e-x_s)/(y_e-y_s)$。当 $d \geq 1$ 时，说明 y 需增加 1，这时 d 应该减 1，使 d 始终在 0～1 之间，因此误差项 d 的界限定为 0.5。

当 $d > 0.5$ 时，直线接近当前像素 (x, y) 的右上方像素 $(x+1, y+1)$，下一个点取 $(x+1, y+1)$，由于 y 递增 1，则相应地，d 要减 1，使 d 始终在 0～1 之间。

当 $d < 0.5$ 时，直线接近正右方像素 $(x+1, y)$，下一个点取 $(x+1, y)$。

当 $d = 0.5$ 时，下一个点可取 $(x+1, y+1)$ 或 $(x+1, y)$，约定取 $(x+1, y+1)$。

因此，Bresenham 画线算法为：

设 $x_0=x_s$，$y_0=y_s$，$d_0=0$。当 $d_i<0.5$ 时，$x_{i+1}=x_i+1$，$d_{i+1}=d_i+k$；当 $d_i \geq 0.5$ 时，$x_{i+1}=x_i+1$，$y_{i+1}=y_i+1$，$d_{i+1}=d_i+k-1$（$i = 0, 1, 2, \cdots, x_e-x_s$）。

3．消除小数运算

（1）消除判别条件的小数

令 $e=d-0.5$，则 $d_i \geq 0.5$ 变为 $e_i \geq 0$，e 的初始值为 -0.5。Bresenham 画线算法变为：

设 $x_0=x_s$，$y_0=y_s$，$e_0=-0.5$。当 $e_i<0$ 时，$x_{i+1}=x_i+1$，$e_{i+1}=e_i+k$；当 $e_i \geq 0$ 时，$x_{i+1}=x_i+1$，$y_{i+1}=y_i+1$，$e_{i+1}=e_i+k-1$（$i = 0, 1, 2, \cdots, x_e-x_s$）。

（2）消除判别式的小数

上述 Bresenham 画线算法在计算 e 时用到小数与除法，为了便于硬件计算，可以改用整数并避免除法。由于算法中只用到误差项的符号，因此类似中点画线算法，用 $2e\Delta x$ 替换 e。

$$e = 2e\Delta x$$

整数 Bresenham 画线算法为：

设 $x_0=x_s$，$y_0=y_s$，$\Delta x=x_e-x_s$，$\Delta y=y_e-y_s$，$e_0=-\Delta x$。当 $e_i<0$ 时，$x_{i+1}=x_i+1$，$e_{i+1}=e_i+2\Delta y$；当 $e_i \geq 0$ 时，$x_{i+1}=x_i+1$，$y_{i+1}=y_i+1$，$e_{i+1}=e_i+2\Delta y-2\Delta x$（$i = 0, 1, 2, \cdots, \Delta x$）。

4．Bresenham 画线算法程序设计

直线的斜率在 0～1 之间的 Bresenham 画线算法的 VC 主要代码如下。

```
CDC *pDC=GetDC();
dx=xe-xs; dy=ye-ys;          //( xs,ys)和(xe,ye)为直线的两个端点坐标
e=-dx; y=ys;
dxx=dx+dx; dyy=dy+dy;
for(x=xs;x<=xe;x++)
{    pDC->SetPixel(x,y,RGB(0,0,0));
        if(e>=0)
```

```
                y=y++, e=e-dxx;
           e=e+dyy;
      }
```

3.1.4 直线线宽的处理

在实际应用中，除了使用单像素宽的线条，还经常使用指定线宽的直线。产生具有宽度的线的方法有多种，这里介绍一种"刷子"的方法，即顺着扫描所生成的单像素线条轨迹，移动一把具有一定宽度的"刷子"。"刷子"的形状可以是一条线段或一个正方形。

1）垂直线刷子：适用于直线斜率在[-1, 1]区间。把线刷子放置成垂直方向，中点对准直线的一个端点，然后让线刷子的中点往直线的另一端移动，即可"刷出"具有一定宽度的线段。图 3-8 所示是线宽为 5 的线段。

实现方法：在直线的扫描转换中，计算出与直线最近的像素点后，在绘制点的同时分别向上和向下多绘制几个点，即可实现垂直线刷子的宽度线。以下代码中添加的字体加粗的语句实现的线宽为 3 个像素。

```
CDC *pDC=GetDC();
dx=xe-xs; dy=ye-ys;            //( xs,ys)和(xe,ye)为直线的两个端点坐标
e=-dx; y=ys;
dxx=dx+dx; dyy=dy+dy;
for(x=xs;x<=xe;x++)
{     pDC->SetPixel(x,y,RGB(0,0,0));
          pDC->SetPixel(x,y-1,RGB(0,0,0));
          pDC->SetPixel(x,y+1,RGB(0,0,0));
          if(e>=0)
                y=y++, e=e-dxx;
          e=e+dyy;
}
```

2）水平线刷子：适用于直线斜率不在[-1, 1]区间的情况。把线刷子放置成水平方向，中点对准直线的一个端点并往直线的另一端移动，可"刷出"具有一定宽度的线段，如图 3-9 所示。

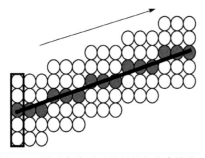 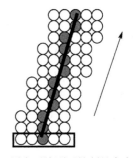

图 3-8　用垂直线刷子绘制具有宽度的线　　　图 3-9　用水平线刷子绘制具有宽度的线

实现方法：在直线的扫描转换中，计算出与直线最近的像素点后，在绘制点的同时分别向左和向右多绘制几个点，即可实现水平刷的宽度线。

线刷子算法简单、效率高。但有以下几个缺点。

● 线的始末端总是水平或垂直，当线宽较大时，看起来很不自然。

- 两条线的汇合处外角将有缺口，如图 3-10 所示。
- 斜线与水平（或垂直）线的宽度不一致。对于水平线或垂直线，刷子与线条垂直，其粗细程度与指定线宽相等。而对于 45° 斜线，刷子与线条成 45° 角，粗细仅为指定线宽的 $1/\sqrt{2}(\approx 0.7)$。
- 当线宽为偶数个像素点时，线宽与中心轴不对称。

3）方形刷子：把正方形（边长为指定线宽）的中心沿直线做平行移动，即可获得具有线宽的线条。图 3-11 所示为用方形刷子绘制的具有宽度的线条。

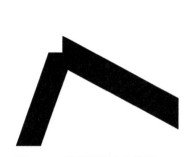

图 3-10 线刷子所产生的缺口

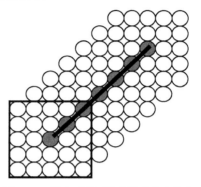

图 3-11 用方形刷子绘制具有宽度的线

与线刷子类似，用方形刷子绘制的线条线宽与线条方向有关。与线刷子的情形相反，对于水平线与垂直线，线宽最小；而对于斜率为 1 或-1 的线条，线宽最大，为垂直（或水平)线宽度的 $\sqrt{2}$ 倍。

实现方形刷子最简单的办法是把方形中心对准单像素宽的线条上的各个像素，并把方形内的像素全部置成线条颜色。由于相邻像素的两个方形会有许多像素重叠，这种方法会重复地写像素，效率不高，但也可以通过计算判定重复写过的像素。

3.2 圆与椭圆图形

3.2.1 简单方程产生圆弧

圆的参数方程为

$$x=x_0+r\cos\theta, \quad y=y_0+r\sin\theta$$

式中，x_0 和 y_0 为圆心的坐标值，r 为圆的半径。

对以上方程进行离散化，设当前点为

$$x_i=x_0+r\cos\theta_i, \quad y_i=y_0+r\sin\theta_i$$

则下一个点为

$$x_{i+1}=x_0+r\cos\theta_{i+1}, \quad y_{i+1}=y_0+r\sin\theta_{i+1}$$

这里关键的问题是 θ_{i+1} 与 θ_i 的关系，即 $\theta_{i+1} = \theta_i + \Delta\theta$ 中的 $\Delta\theta$ 如何确定。如果使用画点生成圆，则 $\Delta\theta$ 与圆的半径 r 相关，r 越大，圆的周长就越长，圆周上的像素点就越多，对于固定范围内的 θ，$\Delta\theta$ 就越小。根据圆周长公式，取 $\Delta\theta = 1/(2\pi r)$。因此，离散化后圆的参数取值如下。

$$\theta_0 = 0, \theta_{i+1}=\theta_i + 1/(2\pi r) \quad i = 0, 1, 2, \cdots, \text{（直到} \theta_i = 2\pi \text{时结束）}$$

绘制圆的函数设计如下。

```
//参数：(x0,y0)为圆心坐标，r 为圆半径，color 为圆的颜色
void Circle1(CDC *pDC,int x0,int y0,int r,COLORREF color)
{ int x,y;
  float d=0.5/r/3.14;
  for(float t=0;t<6.283;t=t+d)
              {   x=x0+r*cos(t);
                  y=y0+r*sin(t);
                  pDC->SetPixel (x,y,color);
              }
  }
```

此算法简单，但效率不高，有小数及函数运算，不易用硬件实现。

3.2.2 中点画圆算法

1．八分法画圆

为了方便，只考虑中心在原点、半径为整数 R 的八分圆，圆的其他部分可通过一系列的简单反射变换得到，如图 3-12 所示。设已知一个圆心在原点的圆上一点 (x, y)，根据对称性可得另外 7 个八分圆上的对应点 (y, x)、$(y, -x)$、$(x, -y)$、$(-x, -y)$、$(-y, -x)$、$(-y, x)$、$(-x, y)$。

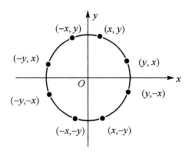

对于圆心不在原点的圆，可先对圆心在原点的圆进行扫描转换，最后把所得的像素点坐标加上圆心坐标，即得所求像素点坐标。

图 3-12　圆的对称性

2．中点画圆算法的基本原理

这里考虑如图 3-13 所示的八分圆的生成，讨论从 $(0, R)$ 到 $(R/\sqrt{2}, R/\sqrt{2})$ 顺时针圆弧的像素点序列生成。

假定与圆弧最近的 $P(x_i, y_i)$ 像素点已确定，那么下一个像素点只能是正右方的 $P_1(x_i+1, y_i)$ 或右下方的 $P_2(x_i+1, y_i-1)$，如图 3-14 所示。

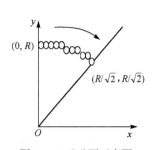

图 3-13　八分圆示意图

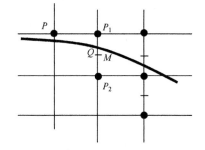

图 3-14　当前像素点与下一像素点的候选者

3．中点画圆算法的基本判别式

构造一个误差判别函数：$F(x, y)=x^2 + y^2 - R^2$。

则圆上的点满足 $F(x,y)=0$；圆外的点满足 $F(x,y)>0$；圆内的点满足 $F(x,y)<0$。

设 M 是 P_1P_2 的中点，$M=(x_i+1,y_i-0.5)$。当 $F(M)<0$ 时，M 在圆内，P_1 离圆弧更近，应取 P_1 作为下一像素。当 $F(M)>0$ 时，P_2 离圆弧更近，应取 P_2。当 $F(M)=0$ 时，取 P_1 或 P_2，约定取 P_2。

与中点画线算法一样，构造判别式为

$$d_i=F(M)=F(x_i+1,y_i-0.5)=(x_i+1)^2+(y_i-0.5)^2-R^2$$

4．中点画圆算法的递推公式

若 $d_i<0$，应取 P_1 为下一像素点，而且下一个像素点的判别式为

$$d_{i+1}=F(x_i+2,y_i-0.5)=(x_i+2)^2+(y_i-0.5)^2-R^2=(x_i+1)^2+(y_i-0.5)^2-R^2+2x_i+3=d_i+2x_i+3$$

若 $d_i\geq0$，则 P_2 是下一像素点，而且下一个像素点的判别式为

$$d_{i+1}=F(x_i+2,y_i-1.5)=(x_i+2)^2+(y_i-1.5)^2-R^2=(x_i+1)^2+(y_i-1.5)^2-R^2+2x_i+3-2y_i+2=d_i+2x_i-2y_i+5$$

由于第 1 个像素点是 $(0,R)$，判别式 d_i 的初始值为

$$d_0=F(1,R-0.5)=1+(R-0.5)^2-R^2=1.25-R$$

根据上述分析，可写出中点画圆算法的递推公式如下。

$$d_0=1.25-R,\ x_0=0,\ y_0=R$$

$$d_i<0:\ d_{i+1}=d_i+2x_i+3,\ x_{i+1}=x_i+1$$

$$d_i\geq0:\ d_{i+1}=d_i+2x_i-2y_i+5,\ x_{i+1}=x_i+1,\ y_{i+1}=y_i-1$$

$$(i=0,1,2,\cdots,\ 直到\ x>y\ 为止)$$

5．消除小数运算

在上述算法中，d 使用了浮点数表示。为了摆脱浮点数，在算法中全部使用整数，使用 $e_0=d_0-0.25$ 代替 d_0。

初始化运算 $d_0=1.25-R$ 对应于 $e_0=1-R$。

判别式 $d_i<0$ 对应于 $e_i<-0.25$，又由于 e 的初值为整数，且在运算过程中的增量也是整数，故 e 始终是整数，所以 $e_i<-0.25$ 等价于 $e_i<0$。

其他与 d 有关的式子可把 d 直接换成 e。因此，可以写出完全用整数实现的中点画圆算法。最后，算法中 e 仍用 d 来表示。

$$d_0=1.25-R,\ x_0=0,\ y_0=R$$

$$d_i<0:\ d_{i+1}=d_i+2x_i+3,\ x_{i+1}=x_i+1$$

$$d_i\geq0:\ d_{i+1}=d_i+2x_i-2y_i+5,\ x_{i+1}=x_i+1,\ y_{i+1}=y_i-1$$

$$(i=0,1,2,\cdots,\ 直到\ x>y\ 为止)$$

6．中点画圆算法程序设计

中点画圆算法程序设计如下。

```
void Circle2(CDC *pDC,int x0,int y0,int r,COLORREF color)
{int d=1-r,x=0,y=r;
 while(y>=x)
        { pDC->SetPixel (x+x0,y+y0,color);    pDC->SetPixel (-x+x0,y+y0,color);
        pDC->SetPixel (-x+x0,-y+y0,color);    pDC->SetPixel (x+x0,-y+y0,color);
        pDC->SetPixel (y+x0,x+y0,color);    pDC->SetPixel (-y+x0,x+y0,color);
        pDC->SetPixel (-y+x0,-x+y0,color);    pDC->SetPixel (y+x0,-x+y0,color);
```

```
        if(d<0)
            d=d+2*x+3;
            else
            d=d+2*(x-y)+5, y--;
        x++;
        }
    }
```

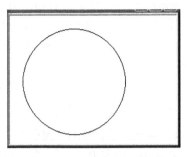

当 $x_0 = 100$，$y_0 = 100$，$r = 80$ 时，该程序的运行效果如图 3-15 所示。

图 3-15　中点法绘制圆弧效果示意图

3.2.3　Bresenham 画圆算法

Bresenham 画圆算法的基本思想是寻找最接近实际圆周上的点。与中点画圆算法相似，考虑圆心在原点，半径为 R 的八分圆，取 $(0, R)$ 为起点，按顺时针方向生成圆。如图 3-16 所示，对于 P_i 的下一点 P_{i+1} 只有两种可能，即 $S(x_i+1, y_i)$ 或 $T(x_i+1, y_i-1)$。

1. Bresenham 画圆算法基本判别式

根据圆的公式：$x^2+y^2=R^2$

误差公式：$D(S)=(x_i+1)^2+y_i^2-R^2$

$\qquad D(T)=(x_i+1)^2+(y_i-1)^2-R^2$

若 $|D(S)| \geq |D(T)|$，则 T 更接近圆周，选择 T。

若 $|D(S)| < |D(T)|$，则 S 更接近圆周，选择 S。

令 $d_i=|D(S)|-|D(T)|$，则 $d_i \geq 0$，取 T；$d_i<0$，取 S。

由于判别式的 d_i 计算比较复杂，因此要进行简化。

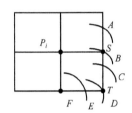

图 3-16　Bresenham 画圆算法
判别式推导示意图

2. Bresenham 画圆算法判别式简化

在 S、T 像素中，与理想圆弧最近者为所求像素。理想圆弧与这两个候选点之间的关系有以下几种情况（见图 3-16）。

情况 C：S 在圆外，所以 $D(S)>0$；T 在圆内，所以 $D(T)<0$。因此判别式 $d_i=|D(S)|-|D(T)|$ 可简化为 $d_i=D(S)+D(T)$。

下面分析其他情况是否可用判别式 $d_i=D(S)+D(T)$。

情况 A、B：S、T 都在圆内或圆上，即 $D(S) \leq 0$，$D(T)<0$，所以判别式 $d_i=D(S)+D(T)<0$，取 S。与 $d_i=|D(S)|-|D(T)|<0$ 取 S 的结果相同。

情况 D、E：S、T 都在圆外或圆上，即 $D(S)>0$，$D(T) \geq 0$，所以判别式 $d_i=D(S)+D(T)>0$，取 T。与 $d_i=|D(S)|-|D(T)| \geq 0$ 取 T 的结果相同。

综上所述，判别式 $d_i=|D(S)|-|D(T)|$ 可用 $d_i=D(S)+D(T)$ 代替。

3. Bresenham 画圆算法递推公式

设 $x_0=0$，$y_0=R$

$$d_0=D(S)+D(T)=(1^2+R^2-R^2)+[1^2+(R-1)^2-R^2]=3-2R$$

设 P_i 为 (x_i, y_i)，则

$$d_i=[(x_i+1)^2+y_i^2-R^2]+[(x_i+1)^2+(y_i-1)^2-R^2]$$

当 $d_i<0$，取 $S(x_i+1, y_i)$ 作为下一点，则

$$d_{i+1}=[(x_i+2)^2+y_i^2-R^2]+[(x_i+2)^2+(y_i-1)^2-R^2]$$

$$= d_i + 4x_i + 6$$

当 $d_i \geqslant 0$，取 $T(x_i+1, y_i-1)$ 作为下一点，则

$$d_{i+1} = [(x_i+2)^2 + (y_i-1)^2 - R^2] + [(x_i+2)^2 + (y_i-2)^2 - R^2]$$

$$= d_i + 4(x_i - y_i) + 10$$

即 Bresenham 画圆算法的递归式为

$$x_0 = 0, \quad y_0 = R, \quad d_0 = 3 - 2R$$

当 $d_i < 0$ 时，$d_{i+1} = d_i + 4x_i + 6$，$x_{i+1} = x_i + 1$；当 $d_i \geqslant 0$ 时，$d_{i+1} = d_i + 4(x_i - y_i) + 10$，$x_{i+1} = x_i + 1$，$y_{i+1} = y_i - 1$ [$i = 0, 1, 2, \cdots$（直到 $y < x$ 为止）]。

4．Bresenham 画圆程序设计

Bresenham 画圆函数设计如下。

```
void Circle3(CDC *pDC,int x0,int y0,int r,COLORREF color)
{int d=3-2*r,x=0,y=r;
while(y>=x)
    { pDC->SetPixel (x+x0,y+y0,color);      pDC->SetPixel (-x+x0,y+y0,color);
      pDC->SetPixel (-x+x0,-y+y0,color);    pDC->SetPixel (x+x0,-y+y0,color);
      pDC->SetPixel (y+x0,x+y0,color);      pDC->SetPixel (-y+x0,x+y0,color);
      pDC->SetPixel (-y+x0,-x+y0,color);    pDC->SetPixel (y+x0,-x+y0,color);
        if(d<0)
          d=d+4*x+6;
        else
            d=d+4*x-4*y+10, y=y--;
        x++;
        }
    }
```

3.2.4 椭圆算法

中点画圆算法可以推广到一般二次曲线的生成。下面讨论如何利用这种算法对如图 3-17 所示的椭圆进行扫描转换。

1．椭圆的特征

中心在原点的椭圆方程为

$$F(x, y) = b^2 x^2 + a^2 y^2 - a^2 b^2 = 0$$

椭圆上的点满足 $F(x, y) = 0$，椭圆外的点满足 $F(x, y) > 0$，椭圆内的点满足 $F(x, y) < 0$。

由于椭圆的对称性，这里只讨论第 1 象限椭圆弧的生成，并把它分为上和下两个部分进行讨论，以圆弧上斜率为 1 的点（即法向量两个分量相等的点）作为分界点，如图 3-18 所示。

椭圆上某一点 (x, y) 处的法向量为

$$N(x, y) = \frac{\partial F}{\partial x} \boldsymbol{i} + \frac{\partial F}{\partial y} \boldsymbol{j} = 2b^2 x \boldsymbol{i} + 2a^2 y \boldsymbol{j}$$

式中，$\boldsymbol{i}$ 和 $\boldsymbol{j}$ 分别为沿 x 轴和 y 轴方向的单位向量。由图 3-18 可知，在上部分，法向量的 y 分量更大；而在下部分，法向量的 x 分量更大。因此，若在当前中点，法向量 $(2b^2(x_p+1), 2a^2(y_p-0.5))$ 的 y 分量比 x 分量大，即

$$b^2(x_p+1) < a^2(y_p-0.5)$$

而在下一个中点，不等号改变方向，则说明椭圆弧从上部分转入下部分。

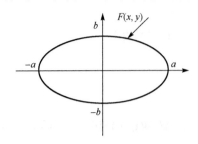

图 3-17　中心在原点的椭圆

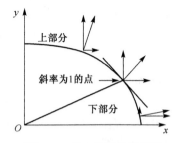

图 3-18　第 1 象限的椭圆弧

2．绘制椭圆的中点算法

绘制椭圆的中点算法与中点画圆算法类似，当确定一个像素点之后，接着可在两个候选像素点的中点计算一个判别式的值，并根据判别式符号确定选择哪个候选像素点。

（1）上部分的算法判别式

如图 3-19 所示的椭圆弧的上部分，当前与椭圆弧最接近者是 $P_i(x_i, y_i)$，下一对候选像素点的中点是 $M(x_i+1, y_i-0.5)$。

判别式为

$$d_i=F(x_i+1, y_i-0.5)=b^2(x_i+1)^2+a^2(y_i-0.5)^2-a^2b^2$$

若 $d_i<0$ 且中点在椭圆内，则应取正右方像素点 P_1，判别式递推公式为

$$d_{i+1}=F(x_i+2, y_i-0.5)= b^2(x_i+2)^2+a^2(y_i-0.5)^2-a^2b^2=d_i+b^2(2x_i+3)$$

若 $d_i\geqslant0$ 且中点在椭圆之外，则应取右下方像素点 P_2，判别式递推公式为

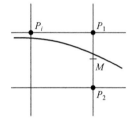

图 3-19　上部分的中点示意图

$$d_{i+1} = F(x_i + 2, y_i-1.5) = b^2(x_i+ 2)^2 + a^2(y_i-1.5)^2 -a^2b^2$$
$$= d_i + b^2(2x_i + 3) + a^2(-2y_i + 2)$$

（2）上部分的算法判别式的初始值

由于弧的起点为 $(0, b)$，则第 1 个中点是 $(1, b-0.5)$，对应的判别式为

$$d_0=F(1, b-0.5)=b^2+a^2(b-0.5)^2-a^2b^2=b^2+a^2(-b+0.25)$$

（3）下部分的算法判别式

如图 3-20 所示，在椭圆弧的下部分中，当与椭圆弧最接近的像素点是 $P_i(x_i, y_i)$时，那么下一对候选像素点应为正下方 P_1 和右下方 P_2，中点是 $M(x_i+0.5, y_i-1)$。

判别式 $d_i=F(x_i+0.5, y_i-1)=b^2(x_i+0.5)^2+a^2(y_i-1)^2-a^2b^2$。当 $d_i<0$ 时，取右下方像素点 P_2，下一点的判别式为

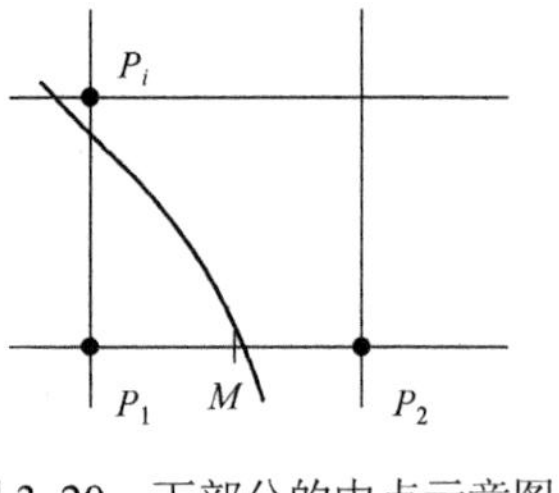

图 3-20　下部分的中点示意图

$$d_{i+1}=b^2(x_i+1.5)^2+a^2(y_i-2)^2-a^2b^2=d_i+b^2(2x_i+2)+a^2(-2y_i+3)$$

当 $d_i\geqslant0$ 时，取正下方像素 P_1，下一点的判别式为

$$d_{i+1}=b^2(x_i+0.5)^2+a^2(y_i-2)^2-a^2b^2=d_i+a^2(-2y_i+3)$$

（4）第 1 象限椭圆弧中点算法

$$x_0=0, \quad y_0=b, \quad d_0=b^2+a^2(0.25-b)$$

当 $b^2(x_i+1)<a^2(y_i-0.5)$时

$$d_i<0, \quad d_{i+1}=d_i+b^2(2x_i+3), \quad x_{i+1}=x_i+1$$

$$d_i\geq 0, \quad d_{i+1}=d_i+b^2(2x_i+3)+a^2(-2y_i+2), \quad x_{i+1}=x_i+1, \quad y_{i+1}=y_i-1$$

当 $b^2(x_i+1)>a^2(y_i-0.5)$ 时

$$d_i=b^2(x_i+0.5)^2+a^2(y_i-1)^2-a^2b^2$$

若 $d_i<0, \quad d_{i+1}=d_i+b^2(2x_i+2)+a^2(-2y_i+3), \quad x_{i+1}=x_i+1, \quad y_{i+1}=y_i-1$

$$d_i\geq 0, \quad d_{i+1}=d_i+a^2(-2y_i+3), \quad y_{i+1}=y_i-1$$

椭圆绘制效果如图 3-21 所示。

图 3-21　中点算法绘制椭圆
效果示意图

3．圆弧线宽的处理

为了生成具有宽度的圆弧，可采用与直线情形类似的方法，但要根据圆弧的走向进行水平线刷子与垂直刷子的切换，曲线斜率为 1 或-1 的点就是切换点。由于线刷子总是放置成水平或垂直，所以在曲线接近水平与垂直的地方，线条更粗一些，而在斜率接近 1 或-1 的点附近，线条更细一些，如图 3-22 所示。

当采用方形刷子时，把方形刷子中心对准圆弧轨迹上的像素，方形内的像素全部用线条颜色填充。用方形刷子绘制的圆弧，在接近水平与垂直的部分最细，而在斜率为 1 或-1 的点附近最粗，这恰好与线刷子画线的情形相反，如图 3-23 所示。

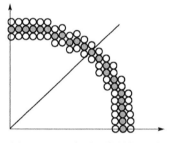

图 3-22　用线刷子绘制的圆弧

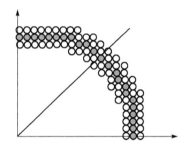

图 3-23　用方形刷子绘制的圆弧

3.3　字符

字符是指数字、字母及汉字等符号。计算机中的字符由一个数字编码唯一标识。国际上最流行的字符集是美国信息交换标准代码集，简称 ASCII 码。它是用 7 位二进制数进行编码表示 128 个字符，包括字母、标点、运算符，以及一些特殊符号。我国除采用 ASCII 码外，还另外制定了汉字编码的国家标准字符集 GB2312□80。该字符集分为 94 个区，94 个位，每个符号由一个区码和一个位码共同标识。区码和位码各用 1 字节表示。为了能够区分 ASCII 码与汉字编码，采用字节的最高位来标识：最高位为 0 表示 ASCII 码；最高位为 1 表示汉字编码。

为了在显示器等输出设备上输出字符，系统中必须装有相应的字库。字库中存储了每个字符的形状信息。字符分为点阵字符和向量字符两种。

3.3.1　点阵字符

1．点阵字符的存储

点阵字符将字符形状表示为一个矩形点阵。点阵中的值为 1，表示字符的笔画经过此位，对应于此位的像素应置为字符颜色；点阵中的值为 0，表示字符的笔画不经过此位，对应于此位的像素应置为背景颜色。常用的点阵大小有 5×7、8×8 和 16×16 等。下面以 8×8 点阵字符为例，介绍点阵字符的存储方式。

一个 B 字符的点阵信息如图 3-24 所示，其矩阵点阵值如图 3-25 所示，占 8 字节，其相应的十六进制数为 FC66667C6666FC00。字符一般是以 ASCII 码值的顺序存储的，如字符 B 的 ASCII 码值为 66，则在字符库中的起始字节位置为 65×8+1。

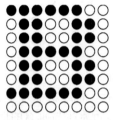

```
11111100
01100110
01100110
01111100
01100110
01100110
11111100
00000000
```

图 3-24 点阵字符   图 3-25 字符的矩阵点阵值

2．点阵字符的显示

首先从字符库中将它的位图信息检索出来，然后将检索到的位图信息写到帧缓冲器中或通过画点将字符写出来。假设一个字符的点阵信息存在于数组中，显示该字符的函数代码如下。

```
//参数：(x0,y0)为字符显示的位置，mark[]为字符的点阵信息，n 为字符方阵大小（<=32），color
为字符颜色
void ShowChar1(CDC *pDC,int x0,int y0,BYTE mark[],int n,COLORREF color)
{long t[32];
t[n−1]=1;
for(int i=n-2;i>=0;i−−)
        t[i]=t[i+1]*2;
  for(int y=0;y<n;y++)
   for(int x=0;x<n;x++)
   {  if((mark[y]&t[x])==t[x])       //获取字符点位信息
              pDC->SetPixel(x+x0,y+y0,color);
   }
}
```

函数调用实例如下。

```
CDC *pDC=GetDC();
BYTE r[8]={0xFC,0x66,0x66,0x7C,0x66,0x66,0xFC,0x00};
ShowChar(pDC,50,50,r,RGB(255,0,0));
```

3.3.2 向量字符

向量字符记录字符的笔画信息而不是整个位图，它具有存储空间小、变换方便等优点。对于字符的旋转、缩放等变换，点阵字符的变换需要对表示字符位图中的每一像素进行变换，而向量字符的变换只需对其笔画端点进行变换。

1．向量字符的端点存储方式

（1）定义字符

首先在局部坐标系下写字模，如图 3-26 所示，然后确定字符代码、字符各笔画坐标、下

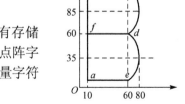

图 3-26 向量字符 B 的笔画

画线标志（例如 0 为移动、1 为画线、2 为画曲线，且各笔画坐标不等于这 3 个值）和结束标志（−1）等。

如图 3-26 所示，从原点开始，移到 $a(10, 10)$，画线到 $b(10, 110)$，画线到 $c(60, 110)$，画曲线到 $d(60, 60)$（中间控制点为 $(80, 85)$），画曲线到 $e(60, 10)$（中间控制点为 $(80, 35)$），画直线到 $a(10, 10)$，移到 $f(10, 60)$，画线到 $d(60, 60)$，结束。

向量字符 B 的存储内容如下。

0,10,10,1,10,110,1,60,110,2,80,85,60,60,2,80,35,60,10,1,10,10,0,10,60,1,60,60,−1。

（2）向量字符库的存储

在向量字符库中，要存放许多向量字符的笔画，必须对每个字符进行编码，并且要记录每个字符的起始位置，因此向量字符库的文件结构可设计如下。

$0 \sim m$ 字节为文件头，主要存放每个字符的编码（2 字节）与笔画坐标起始位置（2 字节），m 的取值取决于字库中应存的最大字符个数。

$m+1$ 以后的字节存放每个字符的笔画，一个坐标值或一个标志占 1 字节。

（3）曲线笔画的绘制

对于移动与绘制直线比较简单，而对于过三点绘制曲线，可使用二次函数曲线（抛物线）。设二次函数曲线方程为

$$x(t)=a_xt^2+b_xt+c_x$$
$$y(t)=a_yt^2+b_yt+c_y$$

已知过抛物线的 3 个点的坐标分别为 (x_1, y_1)、(x_2, y_2) 和 (x_3, y_3)，其中第 1 个点是抛物线的起点，第 3 个点是抛物线的终点，则根据 3 个点的坐标值，可推出上式的 6 个系数。

$$a_x=2(x_3-2x_2+x_1) \qquad a_y=2(y_3-2y_2+y_1)$$
$$b_x= 4x_2-x_3-3x_1 \qquad b_y=4y_2-y_3-3y_1$$
$$c_x=x_1 \qquad c_y=y_1$$

采用小直线绘制曲线，即曲线上相邻的像素点用直线相连，小直线的长度既不能太长也不能太短，取决于参数 t 的增量，直线的绘制可采用 CDC 中的绘制直线函数。

　　　BOOL LineTo(int x, int y);

LineTo 函数是从当前位置所在点画线到指定终点，如果需要指定起点，用 MoveTo 函数。

　　　BOOL MoveTo(int x, int y);

直线颜色取当前的颜色，一般默认为黑色。

（4）向量字符的显示

假设一个向量字符的笔画存在于数组中，以下为该向量字符显示的主要程序。

```
//参数说明: (x0,y0)为字符显示的位置，bh[]为字符的笔画信息，color 为字符颜色
void ShowChar2(CDC *pDC,int x0,int y0,int bh[],COLORREF color)
{int i=0,xs,ys,x,y;
float ax,ay,bx,by,cx,cy;
while(bh[i]!=-1)
        {   if(bh[i]==0)                          //移动
            xs=bh[i+1]+x0,ys=bh[i+2]+y0,i=i+3;
        else if(bh[i]==1)                         //画线
```

```
{        Line1(pDC,xs,ys,bh[i+1]+x0,bh[i+2]+y0,color);
          xs=bh[i+1]+x0,ys=bh[i+2]+y0,i=i+3;
}
else if(bh[i]==2)                              //画曲线
{    ax=2.0*(bh[i+5]-2*bh[i+3]+bh[i+1]),ay=2.0*(bh[i+6]-2*bh[i+4]+bh[i+2]);
     bx=4.0*bh[i+3]-bh[i+5]-3*bh[i+1],by=4.0*bh[i+4]-bh[i+6]-3*bh[i+2];
          cx= bh[i+1]; cy= bh[i+2];
     xs=bh[i+1]+x0,ys=bh[i+2]+y0;
          for(float t=0.05;t<=1.0001;t=t+0.05)      //绘制经过已知 3 点的抛物线
          {    x=ax*t*t+bx*t+cx, y=ay*t*t+by*t+cy;
                Line1(pDC,xs,ys,x+x0,y+y0,color);
          xs=x+x0,ys=y+y0;
          }
          i=i+7;
}
}
}
```

调用实例如下。

```
CDC *pDC=GetDC();
int bh[]={0,10,10,1,10,110,1,60,110,2,80,85,60,60,2,
                80,35,60,10,1,10,10,0,10,60,1,60,60,-1};
ShowChar2(pDC,100,100,bh,RGB(0,0,0));
```

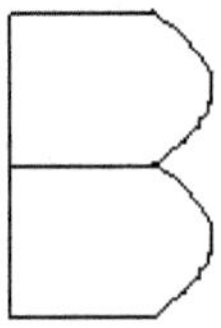

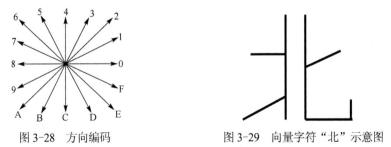

图 3-27　向量字符显示

程序运行结果如图 3-27 所示。

2．向量字符的方向编码存储方式

这里介绍 AutoCAD 系统使用的向量字符存储方式，它的主要思路是存储字符每一个笔画的方向及长度。方向编码如图 3-28 所示，有 16 个编码，图中所有向量都定义为"相同"的长度，但不同方向的向量的长度实际是不一样的。例如，45°方向的向量的一个单位长度实际上近似于水平方向的 1.414 单位长度。这样处理对于存取向量字符比较方便，如 0、1、2 方向的单位长度的 *x* 值相同，2、3、4 方向的单位长度的 *y* 值相同，1 方向的单位长度的 *y* 值与 3 方向的单位长度的 *x* 值都是 1/2 单位长度。

左下角为坐标原点时，"北"字的编码如下（见图 3-29）。

1,0x24,0x49,0x41,0x44,0x38,0x30,0x44,2,0x20,1,0x5C,0x31,0x39,0x5C,0x40,0x24,0

其中，2 表示抬笔，1 表示落笔，0 表示该字符结束。0x24 中的 2 表示长度，4 表示方向、0x 表示是十六进制数。

图 3-28　方向编码　　　　　　　　　图 3-29　向量字符"北"示意图

【例 3-2】 存放"北"和"京"两个向量字符笔画时，字库内容如下（左下角为坐标原点）。

50

2,0x24,0x49,0x41,0x44,0x38,0x30,0x44,2,0x20,1,0x5C,0x31,0x39,0x5C,0x40,0x24,0

2,0x32,2,0x2C,1,0x2D,0x54,0x28,0x24,0x40,0x2C,0x28,2,0x1E,1,0x3E,2,0x5A,1,0x60,

0x25,0x2D,0x50,0

假设一个向量字符的笔画存在于数组中，显示向量字符的函数设计如下。

```
//参数说明：(x0,y0)为字符显示的位置，xb 和 yb 为比例系数，bh[]为字符的笔画信息。color 为字符颜色
void ShowChar3(CDC *pDC,int x0,int y0,float xb,float yb,int bh[],COLORREF color)
{int i=0,x1=x0,y1=y0,x2,y2,bz,lens,d;
while(bh[i]!=0)                          //确定是否该字符结束
    {if(bh[i]==1||bh[i]==2) bz=bh[i];     //获取标志信息
    else
    {   d= bh[i]&15; lens= bh[i]>>4;      //获取笔画的方向和笔画的长度
        switch(d)                         //根据不同的方向绘制不同的笔画
        {case 0:    x2=x1+xb*lens;y2=y1;break;              //0 方向
         case 1:    x2=x1+xb*lens;y2=y1+yb*lens/2; break;   //1 方向
         case 2:    x2=x1+xb*lens;y2=y1+yb*lens; break;     //2 方向
        case 3:     x2=x1+xb*lens/2;y2=y1+yb*lens;break;    //3 方向
        case 4:     x2=x1;y2=y1+yb*lens; break;             //4 方向
        case 5:     x2=x1-xb*lens/2;y2=y1+yb*lens;    break; //5 方向
        case 6:     x2=x1-xb*lens;y2=y1+yb*lens;      break; //6 方向
        case 7:     x2=x1-xb*lens;y2=y1+yb*lens/2;    break; //7 方向
        case 8:     x2=x1-xb*lens;y2=y1;         break;      //8 方向
        case 9:     x2=x1-xb*lens;y2=y1-yb*lens/2;    break; //9 方向
        case 10:    x2=x1-xb*lens;y2=y1-yb*lens; break;     //A 方向
        case 11:    x2=x1-xb*lens/2;y2=y1-yb*lens;break;    //B 方向
        case 12:    x2=x1;y2=y1-yb*lens; break;            //C 方向
        case 13:    x2=x1+xb*lens/2;y2=y1-yb*lens;   break; //D 方向
        case 14:    x2=x1+xb*lens;y2=y1-yb*lens;break;     //E 方向
        case 15:    x2=x1+xb*lens;y2=y1-yb*lens/2;break;   //F 方向
        }
        if(bz!=2)Line1(pDC,x1,y1,x2,y2,color);
        x1=x2,y1=y2;
    }
    i++;}
}
```

调用实例如下（右上角为坐标原点）。

```
CDC *pDC=GetDC();
int bh[]={2,0x2C,0x47,0x4F,0x4C,0x38,0x30,0x4C,2,0x20,
                1,0x54,0x3F,0x37,0x54,0x40,0x2C,0};
ShowChar3(pDC,100,100,5,5,bh,RGB(0,0,0));
```

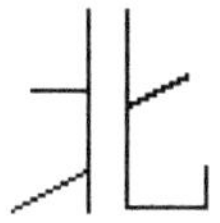

图 3-30 向量字符"北"显示

程序运行结果如图 3-30 所示。

3.4 区域填充

本节讨论如何用一种颜色或图案来填充一个二维区域。首先讨论如何用单一颜色填充多

边形与图形区域，然后讨论用图案来填充区域。

3.4.1 种子填充算法

种子填充算法是从区域内的一个点（种子）开始，由内向外将填充色扩展到整个区域内的过程，该方法适用于交互绘图。这里所说的区域是指已经表示成点阵形式的填充图形，它是像素的集合。按像素颜色特征划分区域通常有以下两种形式。

- 内定义区域：区域内所有像素着相同颜色，区域外像素着另一种颜色。区域填充是将区域内所有像素的颜色置为新颜色。这种填充又称为泛填充，如图 3-31 所示。

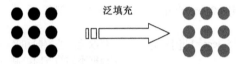

图 3-31　内定义区域

- 边界定义区域：区域边界像素着特定颜色，区域内像素不取这个特定颜色。区域填充是将区域内所有像素的颜色置为边界像素颜色或新颜色。这种填充称为边界填充，如图 3-32 所示。

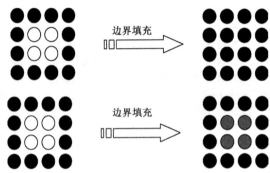

图 3-32　边界定义区域

种子填充算法要求区域是连通的，因为只有在连通区域中，才可能将种子像素的颜色扩展到区域内的其他像素。根据区域的连通性可将区域分为 4 连通区域和 8 连通区域，如图 3-33 所示。

- 4 连通区域：从区域内任意一点出发，可通过 4 个方向（上、下、左、右）的运动组合，在不越出区域的前提下，到达区域内的任意像素。
- 8 连通区域：从区域内任意一点出发，可通过 8 个方向（上、下、左、右、左上、右上、左下、右下）的运动组合，在不越出区域的前提下，到达区域内的任意像素。

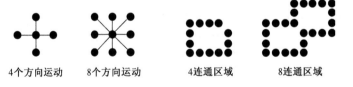

4 个方向运动　　8 个方向运动　　4 连通区域　　8 连通区域

图 3-33　4 连通区域和 8 连通区域

这里主要介绍边界区域填充算法。边界区域填充算法输入的是边界像素颜色、填充像素颜色及区域内种子像素点的坐标 (x, y)。算法从 (x, y) 开始检测其相邻的像素是否是边界颜色，若不是，就用填充色着色，并检测其相邻位置，直到整个区域内的像素全部着色为止。

根据检测方向的不同，可将算法分为 4 连通边界填充算法和 8 连通边界填充算法。4 连通边界填充算法适用于 4 连通区域，8 连通边界填充算法适用于 8 连通区域，下面讲述 4 连通边界填充算法。

1. 简单的种子填充算法

该方法的算法简单，对于初学者来说比较容易实现。具体步骤如下。

1）种子像素坐标入栈。

2）当栈非空时，取出栈顶像素坐标；栈空时结束。

3）将出栈像素置成填充色。

4）检查出栈像素的左、上、右、下 4 个相邻像素，如不在边界上或未置区内颜色，则将其坐标入栈，重复步骤 2）～步骤 4）。

【例 3-3】 用简单种子填充算法填充如图 3-34 所示的区域，设种子像素为 (3, 2)。

1）种子像素 (3, 2) 入栈。

2）出栈 (3, 2) 并着色。入栈 (2, 2)、(3, 3)、(4, 2)、(3, 1)。

3）出栈 (3, 1) 并着色。入栈 (2, 1)、(4, 1)。

4）出栈 (4, 1) 并着色。入栈 (4, 2)。

5）出栈 (4, 2) 并着色。

6）出栈 (2, 1) 并着色。入栈 (2, 2)。

7）出栈 (2, 2) 并着色。入栈 (1, 2)、(2, 3)。

8）出栈 (2, 3) 并着色。入栈 (3, 3)。

9）出栈 (3, 3) 并着色。

10）出栈 (1, 2) 并着色。

11）出栈 (4, 2) 并着色。

12）出栈 (3, 3) 并着色。

13）出栈 (2, 2) 并着色，栈空结束。

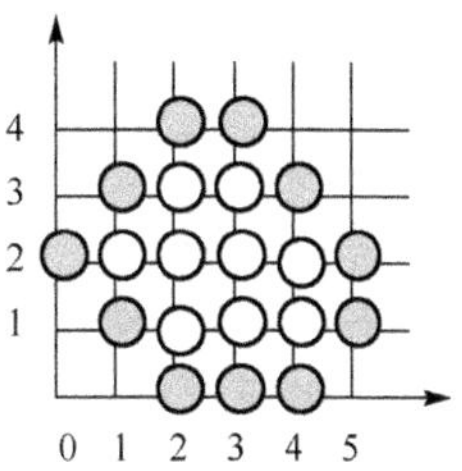

各步骤的栈的状态如图 3-35 所示。

图 3-34　填充区域

从以上过程可以看出，此方法可以实现带内孔的平面区域填充，但其缺点是把太多的像素压入堆栈，有些像素还会重复入栈，降低了算法的效率。出现重复入栈的情况是因为已入栈的像素并没有着色，下次又会重复入栈。为了消除重复入栈，可在入栈前着色。

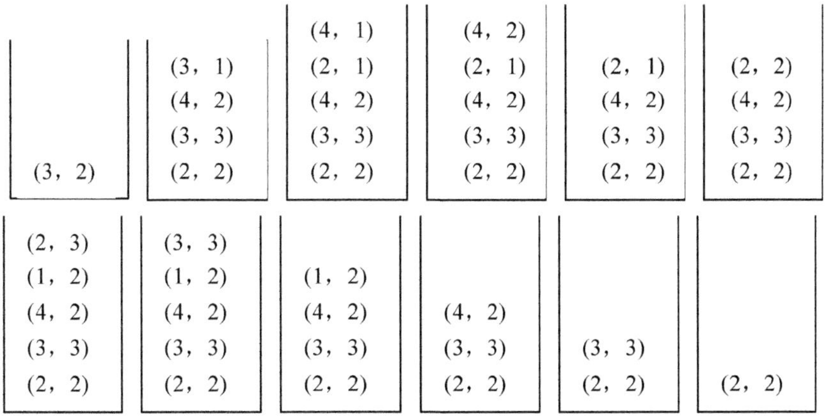

图 3-35　简单种子填充算法各步骤的栈的状态

2．改进型的简单种子填充算法

该方法的算法步骤如下。

1）种子像素坐标入栈并着色。

2）当栈非空时，取出栈顶像素坐标；栈空时结束。

3）检查出栈像素的左、上、右、下 4 个相邻像素，如不在边界上且未置区内颜色，则将其坐标入栈并着色，重复步骤 2）和步骤 3）。

对【例 3-4】重新使用改进后的简单种子填充算法步骤如下。

1）种子像素 (3, 2) 入栈并着色。

2）出栈 (3, 2)。入栈 (2, 2)、(3, 3)、(4, 2)、(3, 1) 并着色。

3）出栈 (3, 1)。入栈 (2, 1)、(4, 1) 并着色。

4）出栈 (4, 1)。

5）出栈 (2, 1)。

6）出栈 (4, 2)。

7）出栈 (3, 3)。入栈 (2, 3) 并着色。

8）出栈 (2, 3)。

9）出栈 (2, 2)。入栈 (1, 2) 并着色。

10）出栈 (1, 2)，栈空结束。

各步骤的栈的状态如图 3-36 所示。

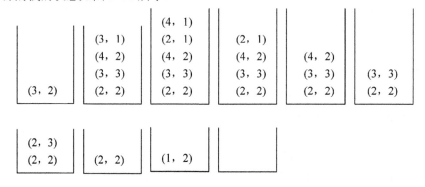

图 3-36　改进型的简单种子填充算法各步骤的栈的状态

可以看出，入栈像素的个数就是区域内像素的点数，没有重复入栈。但此方法仍要求较大的存储空间以实现栈结构。

3．简单种子填充算法程序设计

（1）递归调用填充函数设计

```
//参数: (xz,yz)为种子坐标，InColor 为区域填充颜色，EdgeColor 为区域边界颜色
void Full1(CDC *pDC,int xz,int yz,COLORREF InColor,COLORREF EdgeColor)
{BOOL t=true;
 pDC->SetPixel(xz,yz,InColor);          //种子像素做标记
 if(pDC->GetPixel(xz-1,yz)!=InColor&&pDC->GetPixel(xz-1,yz)!=EdgeColor)
     { pDC->SetPixel (xz-1,yz,InColor);
       Full1(pDC,xz-1,yz,InColor,EdgeColor);
```

```
                        t=false;
                }
        if(pDC->GetPixel(xz,yz+1)!=InColor&&pDC->GetPixel(xz,yz+1)!=EdgeColor)
                {   pDC->SetPixel(xz, yz+1, InColor);
                    Full1(pDC,xz,yz+1,InColor,EdgeColor);
                    t=false;
                }
        if(pDC->GetPixel(xz+1,yz)!=InColor&&pDC->GetPixel(xz+1,yz)!=EdgeColor)
                {   pDC->SetPixel( xz+1,yz,InColor);
                    Full1(pDC,xz+1,yz,InColor,EdgeColor);
                    t=false;
                }
        if(pDC->GetPixel(xz,yz−1)!=InColor&&pDC->GetPixel(xz,yz−1)!=EdgeColor)
                {   pDC->SetPixel(xz, yz−1,InColor);
                    Full1(pDC,xz,yz−1,InColor,EdgeColor);
                    t=false;
                }
        if(t)return;
        }
```

（2）非递归调用填充函数设计

由于递归调用的栈空间问题，当填充区域范围较大时，必须采用非递归方法自定义栈结构。

```
void Full2(CDC *pDC,int xz,int yz,COLORREF InColor,COLORREF EdgeColor)
{int top=0,z[5000][2];                          //定义栈空间
top++, z[top][0]=xz,z[top][1]=yz;               //种子像素坐标入栈
pDC->SetPixel(xz,yz,InColor);                   //种子像素做标记
while (top>0)
    {   xz=z[top][0], yz=z[top][1],top--;       //像素坐标出栈
    if(pDC->GetPixel(xz−1,yz)!=InColor&&pDC->GetPixel(xz−1,yz)!=EdgeColor)
        {   pDC->SetPixel (xz−1,yz,InColor);
            top++, z[top][0]=xz−1,z[top][1]=yz;             //左邻像素坐标入栈
        }
    if(pDC->GetPixel(xz,yz+1)!=InColor&&pDC->GetPixel(xz,yz+1)!=EdgeColor)
        {   pDC->SetPixel(xz, yz+1, InColor);
            top++, z[top][0]=xz,z[top][1]=yz+1;             //上邻像素坐标入栈
        }
    if(pDC->GetPixel(xz+1,yz)!=InColor&&pDC->GetPixel(xz+1,yz)!=EdgeColor)
        {   pDC->SetPixel( xz+1,yz,InColor);
            top++, z[top][0]=xz+1,z[top][1]=yz;             //右邻像素坐标入栈
        }
    if(pDC->GetPixel(xz,yz−1)!=InColor&&pDC->GetPixel(xz,yz−1)!=EdgeColor)
        {   pDC->SetPixel(xz, yz−1,InColor);
            top++, z[top][0]=xz,z[top][1]=yz−1;             //下邻像素坐标入栈
        }
    }
}
```

调用填充函数实例如下。

```
CDC *pDC=GetDC();
int x[6]={10,20,150,150,100,10}，y[6]={10,100,120,20,80,10};
for(int i=0;i<n-1;i++)
    Line1(pDC,x[i],y[i],x[i+1],y[i+1],RGB(0,0,0));    //边界像素做标记
Full2(pDC,120,60,RGB(0,0,0,),RGB(0,0,0));
```

程序运行结果如图 3-37 所示。

图 3-37　种子填充结果图

4．扫描线种子填充算法

上述简单种子填充算法孤立地对单个像素进行测试，未考虑像素间的连贯性。如果一个像素在区域内，其左右像素也可能在区域内，直到遇到边界像素为止。所以在一连贯水平区段内只入栈一个像素点即可。

这里的区段是指区域内相邻像素在水平方向的组合，它的两端以具有边界颜色值的像素为边界，其中间不包括具有边界颜色值的像素。对于区域内的每一像素段，可以只保留其最右（或左）端的像素作为种子像素。因此，区域中每一个未被填充的部分至少有一个像素段是保持在栈里的。扫描线种子填充算法适用于边界定义的区域。区域可以是凸的，也可以是凹的，还可以包含一个或多个孔。具体算法步骤如下。

1）种子像素入栈。

2）当栈非空时，栈顶像素出栈，否则结束。

3）沿扫描线对出栈像素及左边和右边像素填充，直到遇到左（记为 XL）、右（记为 XR）边界为止。

4）在（XL，XR）区间内检查与当前扫描线相邻的上、下两条扫描线是否为边界或已填充，如果不是，则取每一区间的最右边的像素作为种子入栈。

用此算法填充【例 3-3】中的区域时，堆栈深度最大为 3，从而解决了简单种子填充算法存在的问题。函数设计如下。

```
void Full3(CDC *pDC,int xz,int yz,COLORREF InColor,COLORREF EdgeColor)
{int top=0,z[500][2],x0,y0,xr,xl,xn,flag;
 top++, z[top][0]=xz,z[top][1]=yz;          //种子像素坐标入栈
 while (top > 0)
    { xz=z[top][0],yz=z[top][1],top--;        //像素坐标出栈
    x0=xz,y0=yz;
     pDC->SetPixel(x0,y0,InColor);
     while( pDC->GetPixel(x0+1,y0)!=InColor&&pDC->GetPixel(x0+1,y0)!=EdgeColor)
         {pDC->SetPixel(x0+1,y0,InColor); x0++; }        //向种子像素右边填充
     xr=x0-1; x0=xz; y0=yz;    //记录右边界, 准备向种子像素左边填充
     while( pDC->GetPixel(x0 - 1, y0) !=RGB(0, 0, 0))
         {pDC->SetPixel(x0-1,y0,InColor); x0--; }        //向种子像素左边填充
     xl=x0+1;                    //记录左边界
     x0= xl;y0=yz+1;             //准备向相邻上一行寻找新的种子像素坐标入栈
     while (x0<=xr)
        {    flag=0;
            while(pDC->GetPixel(x0,y0)!=InColor&&pDC->GetPixel(x0,y0)!=EdgeColor&&x0<=xr)
                { if (flag==0)flag=1;
```

```
                    x0++;
                }
        if(flag ==1)                    //相邻上一行有要填充的区域, 新的种子像素坐标入栈
          {if(x0==xr&&pDC->GetPixel(x0,y0)!=InColor&&pDC->GetPixel(x0,y0)!=EdgeColor)
               x0=z[top][0], y0=z[top][1],top--;
            else
               top++, z[top][0]=x0-1,z[top][1]=y0;
             flag=0;
           }
        xn = x0;
        while((pDC->GetPixel(x0,y0)==InColor||pDC->GetPixel(x0,y0)==EdgeColor)&&x0<=xr)x0++;
        if(xn==x0)x0++;
    }
 x0 = xl; y0 = yz - 1;               //准备向相邻下一行寻找新的种子像素坐标入栈
 while (x0<=xr)
        {flag = 0;
        while(pDC->GetPixel(x0, y0)!=InColor&&pDC->GetPixel(x0,y0)!=EdgeColor&&x0<=xr)
             {if(flag==0)flag=1;
              x0++;
              }
         if (flag==1)                    //相邻下一行有要填充的区域, 新的种子像素坐标入栈
           {if (x0==xr&&pDC->GetPixel(x0,y0)!= InColor&&pDC->GetPixel(x0,y0)!=EdgeColor)
                x0=z[top][0], y0=z[top][1],top--;
             else
                top++, z[top][0]=x0-1,z[top][1]=y0;
              flag=0;
            }
         xn=x0;
         while ((pDC->GetPixel(x0, y0)==InColor||pDC->GetPixel(x0,y0)==EdgeColor)&& x0<=xr)x0++;
         if(xn==x0)x0++;
    }
  }
}
```

【例 3-4】 用扫描线种子填充算法填充如图 3-38 所示的区域（设种子像素为①）。过程如图 3-39 所示。

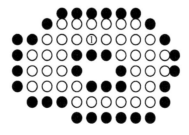

图 3-38 填充区域

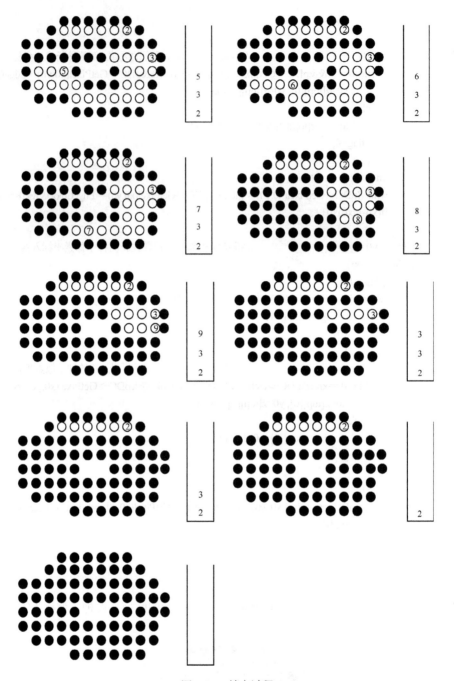

图 3-39 填充过程

3.4.2 多边形域填充

这里所讨论的多边形域可以是凸的或凹的，还可以是带孔的。常用的填充方法是按扫描线顺序，计算扫描线与多边形的相交区间，再用要求的颜色显示这些区间的像素，即完成填充工作，简称为扫描线填充算法。区间的端点是扫描线与多边形边界线的交点。该方法适用于自动填充。

58

如图 3-40 所示，扫描线 3 与多边形的边界线交于点 J、K、L、M。这 4 个点把扫描线分为多个区间，其中，$[J, K]$和$[L, M]$两个区间落在多边形内，该区间内的像素应取多边形颜色。其他区间内的像素取背景色。

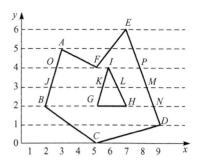

图 3-40　一个多边形与若干条扫描线

1．多边形域的填充步骤

通过计算得出的扫描线与多边形的交点未必是按从左到右的顺序。必须把交点序列按 x 值递增顺序重新排列，才能得到从左到右的交点序列。

对于一条扫描线，多边形的填充过程可以分为 4 个步骤。

1）求交：计算扫描线与多边形各边的交点。

2）排序：把所有交点按 x 值递增顺序进行排序。

3）交点配对：第 1 个与第 2 个，第 3 个与第 4 个等两两配对，每对交点就代表扫描线与多边形的一个相交区间。

4）区间填色：把这些相交区间内的像素置成多边形颜色。

2．扫描线与多边形顶点相交时的异常情况处理

当用间隔为 1 的多个扫描线填充多边形域时，扫描线一定与多边形顶点相交，这时会出现异常情况。如图 3-40 所示，扫描线 2 与多边形顶点 B、G、H、N 相交，当计算扫描线 2 与多边形各边的交点时，B 计算了两次，扫描线 2 与多边形边有 5 个交点 B、B、G、H、N（与 GH 线段重合有无穷的交点，不计入），当按前述算法对交点按 x 值进行排序后再两两配对时，区间$[B, B]$、$[G, H]$取多边形颜色，而$[B, G]$和$[H, N]$ 多边形内部区间的像素反而没有取多边形颜色。因此必须对这种情况进行特殊处理。

（1）取舍交点个数

从出现的异常情况上看，考虑当扫描线与多边形的顶点相交时，相同的交点只取一个。这样，扫描线 2 与多边形边的交点序列就成为 B、G、H、N，正是所希望的结果。然而，按此规定，扫描线 4 与多边形边的交点序列为 O、F、I、P，这将导致错把$[F, I]$区间作为多边形外部。

为了正确地进行交点取舍，必须对上述两种情况区别对待。当扫描线交于一顶点，而共享顶点的两条边分别落在扫描线的上下两边时，交点只算一个。当共享顶点的两条边在扫描线的同一边时，交点作为 0 个或 2 个。具体实现时，只需检查顶点的两条边的另外两个端点的 y 值中大于交点 y 值的个数是 0、1、2 来决定是取 0 个、1 个还是 2 个。例如，扫描线 2 交于顶点 B，由于共享该顶点的两条边的另外两个顶点有 1 个是高于扫描线，故取交点 B 一次。再考虑扫描线 4 在 F 处，共享该顶点的两条边的另外 2 个顶点都高于扫描线，故取交点 F 两次，在 I 处，共享该顶点的两条边的另外 2 个顶点均在下方，所以扫描线 4 与之相交时，交点取 0 次。

以上的处理方法完全可以消除扫描线过多边形顶点时出现的异常情况，但是增加了填充算法的复杂度。下面介绍一种简单易行的方法。

（2）避免交点过多边形顶点

在进行交点计算时，如果扫描线都不经过多边形顶点，则交点配对时不会出现异常情况。因此可以考虑使扫描线不经过多边形顶点，即在判断扫描线是否与多边形各边是否有交点时，人为地将扫描线抬高（或降低）0.5 单位，如图 3-41 中的点虚线所示。

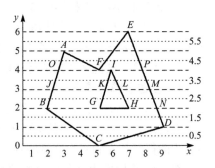

当判断扫描线 4 与多边形各边是否有交点时，用扫描 4.5 进行判断，可得出与 *AB*、*DE*、*EF*、*FA* 这 4 个边有交点，即 4 个交点，而当计算 4 个交点的坐标值时，再将扫描线 4.5 还原为扫描线 4，则计算出的 4 个交点并排序后为 *O*、*F*、*F*、*P*，与第 2 种取舍交点个数的方法结果一致，即当扫描线 4 过顶点 *F* 时，因为共享该顶点的两条边的另外两个顶点都高于扫描线，故取交点 *F* 两次，这里在 *I* 处的交点没有计算，与第 0 种取舍

图 3-41 扫描线抬高 0.5 个单位

交点个数的方法结果一致，即共享该顶点的两条边的另外 2 个顶点均在下方，所以扫描线 4 与之相交时，交点算 0 个。再看扫描线 2，用扫描线 2.5 进行判断，得出与 *AB*、*DE* 两个边有交点，而当计算与 *AB* 边的交点时，使用扫描线 2 进行计算，故可计算出交点为 *B*，与第 1 种取舍交点个数的方法结果一致，即当扫描线 2 过顶点 *B* 时，因为共享该顶点的两条边有一个顶点高于扫描线，故取交点 *B* 一次。可见该方法算法简单。

3．直接求交点扫描线填充算法的程序实现

为了计算每条扫描线与多边形各边的交点，最简单的方法是把多边形的所有边顶点放在数组中。在处理每条扫描线时，按顺序从数组取出所有的边，分别与扫描线求交。伪程序如下。

```
多边形顶点坐标赋值 x[i]，y[i](i=0, 1,···,n)
确定扫描线的范围 ymin 与 ymax
for(h=ymin; h<=ymax; h++)      //扫描线循环
{       k=0;                   //交点数赋初值 0
        for(i=0; i<n; i++)     //多边形边循环
            求交点
        交点按 x 排序
        两两交点间填充
}
```

下面介绍程序中各部分的具体实现步骤。

（1）多边形顶点坐标赋值

可通过交互方式将多边形各顶点坐标存入数组 x[*i*]、y[*i*] (*i* = 0, 1,···, *n*) 中，为了使多边形各边形成封闭区域，顶点顺序按多边形边的连接顺序排列，且最后一个顶点坐标值与第 1 个顶点坐标值相同。如图 3-42 所示，*n* 等于 6。

（2）确定扫描线的范围

扫描线与多边形各边有交点的前提是：扫描线必须是在多边形的范围内，因此扫描线与

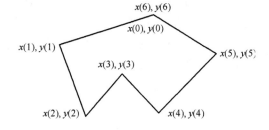

图 3-42 多边形各顶点坐标的保存

多边形边有交点的范围是多边形顶点的最大 *y* 值与最小 *y* 值。主要代码如下。

```
ymin=y[0],ymax=y[0];
for(i=1; i<n; i++)
```

```
{   if(y[i]<ymin)ymin=y[i];
    if(y[i]>ymax)ymax=y[i];
}
```

（3）求交点

在计算扫描线与多边形边的交点之前，必须确定下列两个条件是否满足。

● 扫描线与多边形边不平行。

● 扫描线与边有交点。

如图 3-43 所示，扫描线 $y = h$ 与边相交的条件是 $[h - y(i)]\,[h - y(i + 1)] < 0$。

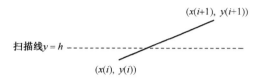

图 3-43　扫描线与边相交示意图

可使用线性插值方法，计算交点的 x 坐标值。交点的 y 坐标就是扫描线的 y 值。将交点的 x 坐标存在数组 xd[]中。主要代码如下。

```
if (y[i+1]!=y[i])        //不包括水平线
{   if ((h+0.5−y[i])*(h+0.5−y[i+1])<0)   //抬高 0.5 的扫描线是否与边有交点
        xd[k++]=x[i]+(x[i+1]− x[i])*(h−y[i])/(y[i+1]−y[i]);
}
```

（4）交点排序

采用一种排序算法（以下是选择排序法）对一条扫描线与多条边交点按 x 坐标排序。主要代码如下。

```
for(int i=0; i<k−1;i++)
{   m=i;
    for (int j=i+1; j<k; j++)
                if (xd[j]<xd[m])m=j;
    if (m!= i) t=xd[i], xd[i]=xd[m], xd[m]=t;

}
```

（5）两两交点填充

将两两交点间写像素点，可实现填充。代码如下。

```
for (i=0;i<=k;i=i+2)
    for (j=xd[i]; j<=xd[i+1]; j++)
        pDC−>SetPixel(j,h,RGB(0,0,0));
```

直接求交点扫描线填充多边形函数设计如下。

```
//参数：x[], y[]为多边形顶点坐标，n 为顶点数，InColor 为填充颜色
void Full4(CDC *pDC,int x[],int y[],int n,COLORREF InColor)
{int ymin,ymax,i,k,j,h,m,xd[10],t;
ymin=y[0],ymax=y[0];
```

```
for(i=1;i<n;i++)
{   if(y[i]<ymin)ymin=y[i];
    if(y[i]>ymax)ymax=y[i];
}
for(h=ymin;h<=ymax;h++)          //扫描线循环
{    k=0;                        //交点数赋初值 0
     for(i=0;i<n;i++)            //多边形边循环
     if(y[i+1]!=y[i])            //不包括水平线
     {   if((h+0.5-y[i])*(h+0.5-y[i+1])<0)  //抬高 0.5 的扫描线是否与边有交点
             xd[k++]=x[i]+(x[i+1]-x[i])*(h-y[i])/(y[i+1]-y[i]);
     }
for(int i=0; i<k-1;i++)
{    m=i;
     for (int j=i+1;j<k;j++)
             if (xd[j]<xd[m])m=j;
     if (m!= i) t=xd[i], xd[i]=xd[m], xd[m]=t;
}
 for(i=0;i<k;i=i+2)
    for(j=xd[i];j<=xd[i+1];j++)
        pDC->SetPixel(j,h,InColor);
}
```

调用上述填充函数实例如下。

```
CDC *pDC=GetDC();
int x[6]={10,20,150,150,100,10};
int y[6]={10,100,120,20,80,10};
Full4(pDC,x,y,5,RGB(0,0,0));
```

4．有效边表扫描线填充算法

前面的求交方法简单易行，但效率不高，体现在以下两个方面。

1）重复判别多。因为扫描线只与少数边有交点，若在处理每条扫描线时，把所有边都拿来与扫描线进行比较，则其中绝大多数都是多余的运算，没有考虑边的连贯性，即当某条边与当前扫描线相交时，它很可能也与下一条扫描线相交。

2）求交运算量大。当确定扫描线与边有交点时，直接使用求交公式计算，而没有考虑扫描线的连贯性，即当前扫描线与各边的交点顺序与下一条扫描线与各边的交点顺序很可能相同或非常类似，没有必要重新计算各交点坐标，而只需在上一条扫描线与各边交点的基础上稍做修改即可。

为了提高效率，在处理一条扫描线时，将扫描线与它相交的多边形的边信息放在一个有效边表中，从有效边表中得到交点信息，在当前扫描线处理完毕之后，再为下一条扫描线构造有交点的有效边表。这时只要对当前扫描线的有效边表稍做修改，就可以得到下一条扫描线的有效边表。

（1）有效边表的构造

假定当前扫描线与多边形的某一条边的交点横坐标为 x，那么下一条扫描线与该边的交点不必重新计算，只需加上一个增量即可。设边的直线方程为

$$y = kx+b$$

若 $y=y_i$，$x=x_i$，则当 $y=y_{i+1}=y_i+1$ 时

$$x_{i+1}=(y_{i+1}-b)/k=(y_i+1-b)/k=x_i+1/k$$

设 $\Delta x=1/k$（k 为斜率），Δx 可以存放在对应边的有效边表结点中。另外，使用增量法计算时，需要确定一条边何时不再与下一条扫描线相交，以便及时把它从有效边表中删除，避免下一步进行无谓的计算。所以，有效边表的结点中至少应保存对应边的以下内容。

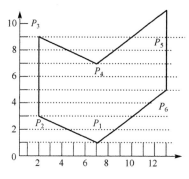

图 3-44　多边形各边示意图

- x：当前扫描线与边交点的 x 值。
- Δx：从当前扫描线到下一条扫描线之间的 x 增量。
- y_{max}：与边相交的最高扫描线 y 值。

由于扫描线的连贯性，新交点序列与旧交点序列基本一致，最多只有个别需要调整。因此采用冒泡排序法可获得较高的效率。当下一条扫描线与新边有交点时，必须在当前扫描线处理完之后进行更新，将新边插入到有效边表的适当位置保持有序性，采用插入排序最合适。另外，在上述的交点 x 坐标更新和新边插入之前，必须把那些与当前扫描线相交而与下一条扫描线不再相交的边，从有效边表中删除。

如图 3-44 所示的多边形，其扫描线 1 的有效边表如图 3-45a 所示，扫描线 9 的有效边表如图 3-45b 所示。

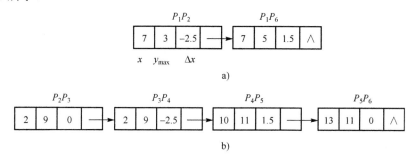

图 3-45　扫描线 1 和扫描线 9 的有效边表

（2）新边表的构造

采用有效边表，可以充分利用边连贯性和扫描线连贯性减少求交计算量，提高排序效率。为了方便有效边表的建立与更新，为每一条扫描线建立一个新边表，存放该扫描线第 1 次出现的边。也就是说，若某边的较低端点为 y_{min}，则该边就存放在扫描线 $y=y_{min}$ 的新边表中。这样，当按扫描线号从小到大的顺序处理扫描线时，该边在该扫描线第 1 次出现。新边表的每个结点存放对应边的初始信息，如该扫描线与该边的初始交点 x（即较低端点的 x）值、x 的增量 Δx，以及该边的最大 y 值 y_{max}。新边表的边结点不必排序。图 3-44 中各扫描线的新边表如图 3-46 所示。

在有效边表的基础上进行交点配对和区

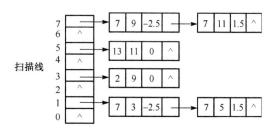

图 3-46　各扫描线的新边表

间填充很容易，只要设置一个布尔量 b，规定在多边形内时，b 取真；在多边形外时，b 取假即可。一开始，置 b 为假。令指针从有效边表中第 1 个结点（交点）到最后一个结点遍历 1 次。每访问一个结点，把 b 取反 1 次。若 b 为真，则把从当前结点的 x 值开始到下一结点的 x 值结束的区间用多边形色填充。这里实际上是利用区间连贯性，即同一区间上的像素取同一颜色属性。多边形内的像素取多边形颜色，多边形外的像素取背景色。

（3）填充算法步骤

1）建立新边表。首先对需填充的多边形区域建立新边表，如图 3-46 所示。

2）建立第 1 个扫描线的有效边表。在新边中按扫描线 y 值从小到大的顺序查找第 1 个新边结点不为空的扫描线（如图 3-46 中，扫描线 1 为第 1 个新边表不为空的扫描线），将新边结点作为第 1 个扫描线的有效边表，如图 3-45a 所示。

3）获取交点信息。取有效边表中每个结点的 x 值作为交点 x 值，交点 y 值就是扫描线的 y 值，如图 3-45a 所示，交点坐标为 $(7, 1)$ 和 $(7, 1)$。

4）对交点两两填充。

5）建立新扫描线有效边表。

① 改变扫描线 y：$y \to y+1$（如扫描线 1 变为扫描线 2）。

② 更新有效边表。

下面对前一个扫描线有效边表进行以下几项操作：

① 删除结点。如果结点中的 y_{max} 小于当前扫描线 y 值，则删除该结点。

例如，前一个扫描线 9 的有效边表如图 3-45b 所示，前两个结点的 y_{max}（等于 9）小于当前扫描线的 y 值（等于 10），则删除这两个结点，当前扫描线 10 的有效边表第 1 次更新结果如图 3-47 所示。

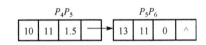

图 3-47　扫描线 10 的有效边表第 1 次更新

② 增加结点。如果当前扫描的新边表中有结点，则将新边表中的结点按 x 值递增顺序插入到有效边表中。

例如，前一个扫描线 6 的有效边表如图 3-48a 所示，当前扫描线 7 的新边表中有两个结点，则将这两个结点按 x 值递增顺序插入到图 3-48a 的有效边表中，结果如图 3-48b 所示。

③ 更改结点值。将前一扫描线有效边表中保留下来的结点中的 x 值更新 $x \to x+\Delta x$。

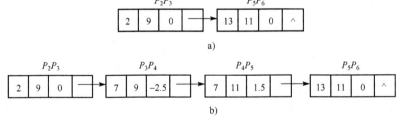

a)

b)

图 3-48　扫描线 6 的有效边表与扫描线 7 的有效边表的第 1 次更新

a) 扫描线 6 的有效边表　b) 扫描线 7 的有效边表的第 1 次更新

例如，图 3-48a 中的 x 更新为 $10+1.5=11.5$ 和 $13+0=13$，图 3-44b 中的 x 更新为 $2+0=2$ 和 $13+0=13$。

6）重复步骤 3）～步骤 5），直到当前有效边表为空时结束。

表 3-1 列出了图 3-46 中各扫描线的有效边表及填充区区域。

表 3-1 扫描线的有效边表结点值及交点值

扫描线	有效边表中各结点$(x, y_{max}, \Delta x)$				填充区间			
					区间 1		区间 2	
	结点 1	结点 2	结点 3	结点 4	起点 (x, y)	终点 (x, y)	起点 (x, y)	终点 (x, y)
0								
1	7, 3, –2.5	7, 5, 1.5			7, 1	7, 1		
2	4.5, 3, –2.5	8.5, 5, 1.5			4.5, 2	8.5, 2		
3	2, 3, –2.5	10, 5, 1.5			2, 3	10, 3		
4	2, 9, 0	11.5, 5, 1.5			2, 4	11.5, 4		
5	2, 9, 0	13, 5, 1.5			2, 5	13, 5		
6	2, 9, 0	13, 11, 0			2, 6	13, 6		
7	2, 9, 0	7, 9, –2.5	7, 11, 1.5	13, 11, 0	2, 7	7, 7	7, 7	13, 7
8	2, 9, 0	4.5, 9, –2.5	8.5, 11, 1.5	13, 11, 0	2, 8	4.5, 8	8.5, 8	13, 8
9	2, 9, 0	2, 9, –2.5	10, 11, 1.5	13, 11, 0	2, 9	2, 9	10, 9	13, 9
10	11.5, 11, 1.5	13, 11, 0			11.5, 10	13, 10		
11	13, 11, 1.5	13, 11, 0			13, 11	13, 11		

（4）扫描线过顶点的特殊处理

从图 3-44 中的多边形区域可以看出，扫描线 3 过顶点 P_2。在表 3-1 中的扫描线有效边表中，当扫描线 2 的有效边表更新到扫描线 3 的有效边表时，结点（4.5, 3, –2.5）并未删除，而是更新为（2, 3, –2.5），而新边表中（见图 3-46）有新边结点，因此按前面的算法步骤，应增加结点（2, 9, 0），这时在扫描线 3 的有效边表中顶点 P_2 出现了两次，会出现填充异常。解决办法有以下两种。

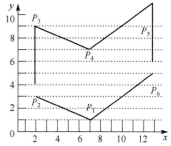

图 3-49 抬高顶点后的多边形区域

- 在建立新边表时，将只需看成一个点的多边形一条边顶点抬高一个单位。将图 3-44 中的多边形变为如图 3-49 所示的多边形，则新边表做相应改动。这样前面所述的算法无需改动。

- 稍加修改前面所述的算法，在有效边表中增加新边结点时，判断是否在原有效边表中有相同点的结点，如果有，就不增加，但其结点另外保存，以便到下一条扫描线的有效边表增加该点时，更新 x 值。

3.4.3 区域填充图案

前面介绍的区域填充算法，把区域内部的像素全部置成同一种颜色。但在实际应用中，有时需要用一种图案来填充平面区域。几个区域的填充效果如图 3-50 所示。

图 3-50 几种填充效果图

1．水平线（或垂直线）的填充

水平线是指扫描线间有一定的间隔，只需在前面的伪程序中修改第 4 行中的循环语句步长，可实现间距为 d 的水平线填充，另外添加绘制多边形。

```
//多边形顶点坐标赋值 x[i]，y[i](i=0, 1,…, n)
//绘制多边形
//确定扫描线的范围 ymin 与 ymax
for(h = ymin; h<=ymax; h=h+d)        //有一定间隔的扫描线循环
{    k=0;                            //交点数赋初值 0
     for( i= 0; i<=n-1; i++)          //多边形边循环
     //求交点
     //交点按 x 值排序
     //两两交点间填充
}
```

对于垂直线的填充，将以上扫描线填充算法中的所有与水平方向相关的值改为垂直方向的值，所有与垂直方向相关的值改为水平方向的值即可。

2．斜平行线的填充

可以将斜平行线的填充问题转化为水平线填充问题。根据所填充平行线的倾斜角度，如图 3-51a 所示，将多边形各顶点坐标旋转 θ 角，使所填充的平行线达到水平，如图 3-51b 所示。再对如图 3-51b 所示的区域计算水平线与多边形边的交点，然后对交点旋转 $-\theta$ 角，用直线连接交点，可达到斜线填充效果，算法的 VC 伪程序如下。

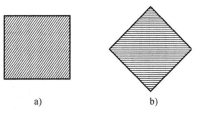

图 3-51　斜线填充转为水平线填充

```
//多边形顶点坐标赋值 x[i]，y[i](i=0, 1,…,n)
//绘制多边形
//将多边形各顶点坐标旋转θ角，变换为 x'[i]，y'[i](i=0,1,…,n)
//根据 x'[i]，y'[i](i=0, 1,…,n)确定扫描线的范围 ymin 与 ymax
for(h = ymin; h<=ymax; h++)          //扫描线循环
{    k=0;                            //交点数赋初值 0
     for( i= 0; i<=n-1; i++)          //多边形边循环
     //根据 x'[i]，y'[i]求交点
     //交点按 x 值排序
     //将交点坐标旋转-θ角
     //两两交点间填充
}
```

3．位图图案填充

修改前述填充算法中写像素部分的代码：在确定区域内一个像素的位置后，不是对该像素填色，而是先查询位图图案的对应位置。若是以透明方式填充图案，则当图案表中对应位置为 1 时，用前景色写像素；否则，不改变该像素的值。若以不透明方式填充图案，则视位图图案对应位置为 1 或 0 来决定是用前景色还是背景色去写像素。

进行图案填充时，在不考虑图案旋转的情况下，必须确定区域与图案之间的位置关系。可以通过把图案原点与图形区某点对齐的办法来实现。对齐方法有两种：第 1 种方式是把图案原点与填充区域边界或内部的某点对齐；第 2 种方式是把图案原点与填充区域外部的某点对齐。

用第 1 种方式填充的图案，将随着区域的移动而跟着移动，看起来很自然。对于多边形，可取区域边界上最左边的顶点，如图 3-52 所示。

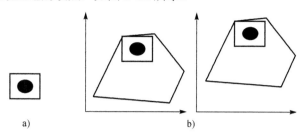

图 3-52　图案原点与填充区域左边界对齐

a) 填充图案　b) 多边形区域及移动后的图案效果

用第 2 种方式填充的图案，是把图案原点与填充区域外部的某点对齐。即当区域移动时，图案不会跟着移动。其结果是区域内的图案变了，如图 3-53 所示。该方法比较简单，并且在相邻区域用同一图案填充时，可以达到无缝连接的效果。

下面分别讨论这两种填充方式的具体实现方法。假定图案是一个 $m \times n$ 位图，用 $m \times n$ 数组 a 存放，可使用 3.3.1 节中的点阵字符显示函数显示图案。m、n 一般比需要填充的区域的尺寸小很多。所以图案总是设计成周期性出现，使之能通过重复使用，构成图案填充区域。

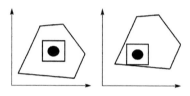

图 3-53　图案原点与坐标原点对齐

（1）图案原点与填充区域边界或内部点对齐

1）图案与区域边界对齐。

图案与区域边界对齐时，以每行的左边界为起始位置，行与行间的图案在纵方向不一定对齐，可使用扫描线填充算法实现。主要修改扫描线填充算法中的几个部分：扫描线的间隔至少为图案的高；扫描线上点的间隔至少为图案的宽；在填充扫描线时改为写点阵图案，并在之前判断图案是否超越多边形边界；在填充之前绘制多边形。函数设计如下：

```
//参数：x[], y[]为多边形顶点坐标，n 为顶点数，a[]为图案点阵信息，N 为图案大小，
//      yh、xw 为填充图案间隔，InColor 为填充图案颜色，EdgeColor 为多边形边界颜色
void Full5(CDC *pDC,int x[],int y[],int n,long a[],int N,int yh,int xw,COLORREF InColor,COLORREF
EdgeColor)
{int ymin,ymax,i,k,j,h,m,xd[10],t,s;
for(i=0;i<n;i++)Line1(pDC,x[i],y[i],x[i+1],y[i+1],EdgeColor);
ymin=y[0];ymax=y[0];
for(i=1;i<n;i++)
    {  if(y[i]<ymin)ymin=y[i];
       if(y[i]>ymax)ymax=y[i];
    }
for(h=ymin;h<=ymax;h=h+yh)
    { k=0;    for(i=0;i<n;i++)
            if(y[i+1]!=y[i])
            if ((h+0.5-y[i])*(h+0.5-y[i+1])<0) xd[k++]=x[i]+(x[i+1]-x[i])*(h-y[i])/(y[i+1]-y[i]);
        for(int i=0; i<k-1;i++)
        {  m=i;    for (int j=i+1;j<k;j++)
```

```
                    if (xd[j]<xd[m])m=j;
                 if (m!=i) t=xd[i], xd[i]=xd[m], xd[m]=t;
          }
      for(i=0;i<k;i=i+2)
          for(j=xd[i];j<=xd[i+1];j=j+xw)
             {m=0;      for(s=0;s<N;s++)
                {for(t=0;t<N;t++)
                    if(pDC->GetPixel(j+s,h+t)==EdgeColor) {m=1;break;}
                 if(m==1)break;
                }
             if(m==0)ShowChar1(pDC,j,h,a,8,InColor);     //图案与边界无交点，绘制图案
             }
        }
    }
```

调用上述函数实例如下。

```
CDC *pDC=GetDC();
int x[6]={10,20,150,150,100,10};
int y[6]={10,100,120,20,80,10};
long r[8]={0xFC,0x66,0x66,0x7C,0x66,0x66,0xFC,0x00};
Full5(pDC,x,y,5,r,8,8,8,RGB(255,0,0),RGB(0,0,0));
```

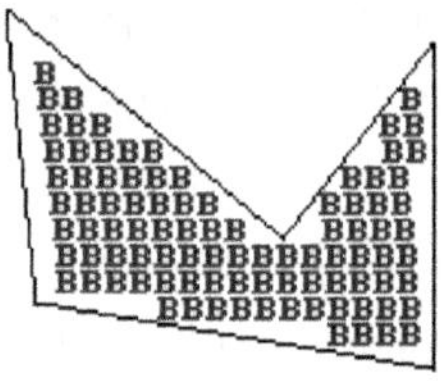

图 3-54　扫描线填充图案效果

填充效果图如图 3-54 所示。

2）图案与区域内部点对齐。

图案与区域内部点对齐时，图案在区域中横纵两个方向都是对齐的，可使用简单种子填充算法来实现，但填充单位不是像素，而是图案，判断图案范围在区域内的函数设计如下。

```
//参数：（xz,yz）图案的左上角坐标，yh、xw 为填充图案的间隔，
//       InColor 为填充图案颜色，EdgeColor 为多边形边界颜色
BOOL mb(CDC *pDC,int xz,int yz,int yh,int xw,COLORREF InColor,COLORREF EdgeColor)
{BOOL t=true;
  for(int y=0;y<yh;y++)
     {for(int x=0;x<xw;x++)
          if(pDC->GetPixel(x+xz,y+yz)==InColor||pDC->GetPixel(x+xz,y+yz)==EdgeColor)
             {t=false;break;}
      if(!t)break;
     }
  return(t);
}
```

用简单种子填充算法填充图案函数如下。

```
//参数：（xz,yz）为种子坐标，a[]为图案点阵信息，N 为图案大小，yh、xw 为填充图案的间隔，
//       InColor 为填充图案颜色，EdgeColor 为多边形边界颜色
void Full6(CDC *pDC,int xz,int yz,long a[],int N,int yh,int xw,COLORREF InColor,COLORREF
EdgeColor)
{int top=0,z[5000][2];
top++, z[top][0]=xz,z[top][1]=yz;                //种子像素坐标入栈
ShowChar1(pDC,xz,yz,a,8,InColor);                //填字符图案
```

```
    while (top>0)
        {  xz=z[top][0], yz=z[top][1],top−−;        //像素坐标出栈
           if(mb(pDC,xz−xw,yz,yh,xw,InColor,EdgeColor))
              { ShowChar1(pDC,xz−xw,yz,a,8,InColor);
                 top++, z[top][0]=xz−xw,z[top][1]=yz;        //左邻区域像素坐标入栈
              }
           if(mb(pDC,xz+xw,yz,yh,xw,InColor,EdgeColor))
              { ShowChar1(pDC,xz+xw,yz,a,8,InColor);        //填字符图案
                 top++, z[top][0]=xz+xw,z[top][1]=yz;        //右邻区域像素坐标入栈
              }
           if(mb(pDC,xz,yz−yh,yh,xw,InColor,EdgeColor))
              { ShowChar1(pDC,xz,yz−yh,a,8,InColor);        //填字符图案
                 top++, z[top][0]=xz,z[top][1]=yz−yh;        //上邻区域像素坐标入栈
              }
           if(mb(pDC,xz,yz+yh,yh,xw,InColor,EdgeColor))
              { ShowChar1(pDC,xz,yz+yh,a,8,InColor);        //填字符图案
                 top++, z[top][0]=xz,z[top][1]=yz+yh;        //下邻区域像素坐标入栈
              }
        }
    }
```

调用上述函数实例如下。

```
CDC *pDC=GetDC();
int x[6]={10,20,150,150,100,10};
int y[6]={10,100,120,20,80,10};
for(int i=0;i<5;i++)        //边界像素做标记
    Line1(pDC,x[i],y[i],x[i+1],y[i+1],RGB(0,0,0));
long r[8]={0xFC,0x66,0x66,0x7C,0x66,0x66,0xFC,0x00};
Full6(pDC,120,80,r,8,8,8,RGB(255,0,0),RGB(0,0,0));
```

程序运行结果如图 3-55 所示。从图 3-54 与图 3-55 中可以看出，字符图案在边界附近有较大空隙，这是因为这两个算法中只判断图案是否在区域内，如果图案与区域边界相交，则不绘制图案，没有进一步判断图案中部分点阵信息是否在区域内。下面的方法可以简单地解决这个问题。

（2）图案原点与填充区域外部点对齐

设图案原点以坐标原点对齐，可重复绘制多个图案，这时图案的绘制位置与多边形的位置无关。当使用扫描线填充算法时，确定当前扫描线的相交区间后，直接绘制扫描线区间的图案像素点，函数设计如下。

图 3-55 种子填充法填充图案效果

```
void Full7(CDC *pDC,int x[],int y[],int n,long a[],int N,COLORREF InColor,COLORREF EdgeColor)
{int ymin,ymax,i,k,j,h,m,xd[10],t;
for(i=0;i<n;i++) Line1(pDC,x[i],y[i],x[i+1],y[i+1],EdgeColor);        //绘制多边形
ymin=y[0],ymax=y[0];
for(i=1;i<n;i++)
{   if(y[i]<ymin)ymin=y[i];
    if(y[i]>ymax)ymax=y[i];
}
```

```
            for(h=ymin;h<=ymax;h=h+1)
        {     k=0;
            for(i=0;i<n;i++)
                if(y[i+1]!=y[i])
                    if ((h+0.5−y[i])*(h+0.5−y[i+1])<0)xd[k++]=x[i]+(x[i+1]−x[i])*(h−y[i])/(y[i+1]−y[i]);
            for(int i=0; i<k−1;i++)
            {    m=i;
                for (int j=i+1;j<k;j++)
                    if (xd[j]<xd[m])m=j;
                if (m!=i) t=xd[i], xd[i]=xd[m], xd[m]=t;
            }
            long T[32];
            T[N−1]=1;
            for(i=N−2;i>=0;i−−)T[i]=T[i+1]*2;
            for(i=0;i<k;i=i+2)
                for(j=xd[i];j<=xd[i+1];j=j++)
                { if((a[h%N]&T[j%N])==T[j%N]&&pDC->GetPixel(j,h)!=EdgeColor)     //获取字符点位信息
                    pDC->SetPixel(j,h,InColor);
                }
            }
        }
    }
```

调用上述函数实例如下。

```
CDC *pDC=GetDC();
int x[6]={10,20,150,150,100,10};
int y[6]={10,100,120,20,80,10};
long r[8]={0xFC,0x66,0x66,0x7C,0x66,0x66,0xFC,0x00};
Full7(pDC,x,y,5,r,8,RGB(255,0,0),RGB(0,0,0));
```

程序运行结果如图 3-56 所示。

图 3-56　图案原点与区域外部点对齐填充图案效果

3.5　图形反走样基础

理论上直线是连续的，而光栅是由离散的点组成的。为了在光栅显示设备上表现直线，必须在离散位置上采样，这就可能导致图形失真。如同前面所看到的，除了水平、竖直和 45° 直线，其他取向的直线或多边形边进行扫描转换时，总会呈现出阶梯形状。这种用离散量表示连续量引起的图形失真称为走样。

为了提高图形的显示质量，减少走样现象的技术和方法称为反走样，这里主要介绍两类反走样方法：提高采样频率（过取样）和简单区域取样。

3.5.1　过取样

过取样就是提高采样频率，可通过提高光栅分辨率来实现。像素点越精细，采样频率越高，就越能够显示出图形的细节。然而 CRT 光栅扫描设备显示非常精细光栅的能力是有限的，可采用程序设计方法先用较高分辨率对光栅进行计算，然后采用平均算法得到较低分辨率的像素的属性，并显示在分辨率较低的显示器上。如图 3-57a 所示，在 x 和 y 方向上把分辨率都提高一倍，使每个像素都对应 4 个子像素，如图 3-57b 所示，然后扫描转换求得各子像素的

颜色值，再对 4 个子像素的颜色值进行平均，以得到较低分辨率下的像素颜色值，如图 3-57c 所示。可以看到图 3-57c 的效果比图 3-57a 的阶梯状要好些，但直线有加粗效果。

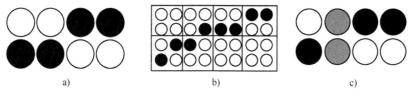

图 3-57 过取样示意图

3.5.2 简单区域取样

简单区域取样就是将直线的显示采用多级灰度。在前面绘制直线的算法中，都是计算靠近理论直线的像素点位置，如果理论直线通过两个像素间，则只能取最近的一个像素，如图 3-58a 所示，其结果是产生了阶梯形的线段。当理论直线经过两个像素点之间时，则直线的灰度值应按一定权值分配在两个像素中，结果如图 3-58b 所示，这时直线的阶梯形减弱，但直线同样有加粗效果。

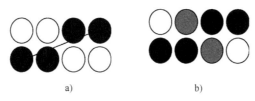

图 3-58 简单区域取样示意图

习题 3

1. 请写出第 3 象限（斜率的绝对值在 0~1 之间）直线的 DDA、中点法和 Bresenham 画线算法公式的推导过程。

2. 编程实现不同线型的直线，如虚线、点画线等。

3. 编程实现中点法绘制椭圆。

4. 设计你自己名字中的一个点阵字或向量字，并编程绘制出来。

5. 用 AutoCAD 方法定义如图 3-59 所示的向量字"中"。该字的中心垂线长度为 3，中心矩形长度为 2，高度为 1。

6. 已知边界定义四连通域如图 3-60 所示，写出用改进后的简单种子填充算法填充该区域的入栈、填充和出栈步骤（种子像素为 5，像素入栈顺序为左、上、右、下）。

图 3-59 习题 5 图   图 3-60 习题 6 图

7. 用种子填充算法编程绘制红、黄、绿交通灯。

8. 已知多边形域如图 3-61 所示，写出其扫描线的边表及扫描线 $y = 2$ 的有效边表。

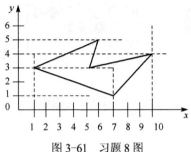

图 3-61　习题 8 图

9. 编程实现多边形垂直线或斜平行线的填充。

10. 编程实现中间有空多边形的扫描线多边形填充函数。

11. 修改绘制直线的 DDA，采用简单区域取样削弱阶梯效果。

第4章 图形变换

本章主要介绍窗口视图变换，二维和三维图形的平移、旋转、比例和对称等几何变换，以及投影、透视变换等。图形变换是计算机图形学的基础内容之一，通过图形变换，可由简单图形生成复杂图形，可用二维图形表示三维形体，甚至可对静态图形进行快速变换而获得图形的动态显示效果。

4.1 窗口视图变换

4.1.1 窗口区和视图区

1. 用户域

用户域是指程序员用来定义草图的整个自然空间（WD）。人们所要描述的图形均在 WD 中进行定义。用户域是一个实数域。

2. 窗口区

人们站在房间里的窗口旁往外看，只能看到窗口范围内的景物，人们选择不同的窗口，可以看到不同的景物。通常把用户指定的任一区域（W）称为窗口。窗口区域小于或等于用户域 WD，任何小于 WD 的窗口区 W 都称为 WD 的一个子域。窗口区通常是矩形域，可以用其两个对角角点坐标表示（如 x、y 值最小的坐标与 x、y 值最大的坐标），也可通过给定 x、y 值最小角点坐标及矩形的长、宽来表示。

窗口可以嵌套，即在第一层窗口中可以再定义第二层窗口，在第 i 层窗口中可以再定义第 $i+1$ 层窗口。在某些情况下，根据需要用户也可以用圆心和半径定义圆形窗口或用边界表示多边形窗口。

3. 屏幕域

屏幕域是设备输出图形的最大区域，是有限的整数域。如某图形显示器有 1024×1024 个可编地址的光点（也称像素 Pixel），则屏幕域 DC 可定义为

$$DC \in [0：1023] \times [0：1023]$$

4. 视图区

任何小于或等于屏幕域的区域都称为视图区。视图区可由用户在屏幕域中用设备坐标来定义。用户选择的窗口区内的图形要在视图区显示，也必须由程序转换成设备坐标系下的坐标值。视图区一般定义成矩形，可以用其两个对角角点坐标表示（如 x、y 值最小的坐标与 x、y 值最大的坐标），也可通过给定 x、y 值最小角点坐标及矩形边框的长、宽来表示。视图区可以嵌套，嵌套的层次由图形处理软件规定。相应于图形和多边形窗口，用户也可以定义圆形和多边形视图区。

在一个屏幕上，可以定义多个视图区，分别做不同的应用。例如，分别显示不同的图形。在交互式图形系统中，通常把一个屏幕分成几个区，有的用作图形显示，有的作为菜单项

选择，有的作为提示信息区，如图 4-1 所示。

图 4-1 视图分区

4.1.2 窗口区和视图区的坐标变换

在用户坐标系下，窗口区的 4 条边分别定义为 WXL（x 左边界）、WXR（x 右边界）、WYB（y 底边界）和 WYT（y 顶边界）。屏幕域中视图区的边框在设备坐标系下分别为 VXL、VXR、VYB 和 VYT，如图 4-2 所示。

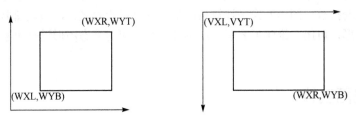

图 4-2 窗口区与视图区

将窗口区中的某一点（X_w，Y_w）变为视图区中的相应点（X_v，Y_v）的线性变换关系。

$$X_v = a X_w + b$$
$$Y_v = c Y_w + d$$

将窗口与视图的 4 个角点坐标代入可得

$$VXL = a \, WXL + b, \quad VXR = a \, WXR + b,$$
$$VYT = c \, WYT + d, \quad VYB = c \, WYB + d,$$

则

$$a = (VXR - VXL)/(WXR - WXL)$$
$$b = VXL - a \, WXL$$
$$c = (VYT - VYB)/(WYT - WYB)$$
$$d = VYT - c \, WYT$$

对于用户定义的一张整图，需要把图内每条线段的端点都用上式进行转换，才能形成屏幕上的相应视图。当 $a \neq c$ 时，即当 x 方向图形的变化与 y 方向不同时，视图区中的图形会有伸缩变化。当 $a = c = 1$，$b = d = 0$ 时，窗口区与视图区的坐标轴方向一致，视图区中的图形与窗口区的图形形状一致。

【例 4-1】 如图 4-3 所示，已知在用户域 W 中的窗口区有一条直线 A，如图 4-3a 所示，求出该直线在屏幕域 V 中的视图区的坐标位置，如图 4-3b 所示。

由图 4-3 可知，WXL=10，WXR=35，WYB=10，WYT=30，VXL=50，VXR=250，VYB=200，VYT=40。

根据上面的转换公式计算

$$a = (250-50)/(35-10) = 8, \qquad b = 50 - 8 \times 10 = -30$$
$$c = (40-200)/(30-10) = -8, \qquad d = 40 + 8 \times 30 = 280$$

得到直线的端点坐标为

$$x_1 = 8 \times 20 - 30 = 130, \qquad y_1 = -8 \times 25 + 280 = 80$$
$$x_2 = 8 \times 30 - 30 = 210, \qquad y_2 = -8 \times 20 + 280 = 120$$

因此，该直线在屏幕域中的视图区的两端点坐标位置为（130,80）和（210,120）。

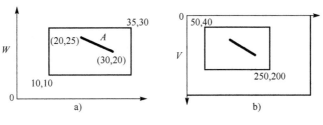

图 4-3　窗口与视图变换

📖　为了讨论方便，给定的图形数据都是视图区中的坐标值。

4.2　图形的几何变换

图形的几何变换是指对图形的几何信息经过几何变换后产生新的图形。图形变换既可以看作是坐标系不动而图形变动，变动后的图形在坐标系中的坐标值发生变化；也可以看作是图形不动而坐标系变动，变动后该图形在新的坐标系下具有新的坐标值，而这两种情况本质上是一样的。本节所讨论的几何变换属于前一种情况。

对于线框图的变换，通常以点变换作为基础，把图形的一系列顶点进行几何变换后，连接新的顶点系列即可产生新的图形。对于用参数方程描述的图形，可以通过参数方程进行几何变换，实现对图形的变换。这里讨论的基本上是图形拓扑关系不变的几何变换，并采用齐次坐标表示。

所谓齐次坐标，简单地说是用 $n+1$ 表示 n 维信息，可以方便地用变换矩阵实现对图形的变换。假设二维图形变换前的齐次坐标为$[x \quad y \quad 1]$，变换后为$[x' \quad y' \quad 1]$；三维图形变换前的齐次坐标为$[x \quad y \quad z \quad 1]$，变换后为$[x' \quad y' \quad z' \quad 1]$。

4.2.1　二维图形的几何变换

1．二维变换矩阵

二维图形几何变换矩阵可用下式表示。

$$\boldsymbol{T}_{2D} = \begin{bmatrix} a & d & g \\ b & e & h \\ c & f & i \end{bmatrix}$$

从变换功能上可把 $\boldsymbol{T}_{2D}$ 分为 4 个子矩阵，其中$\begin{bmatrix} a & d \\ b & e \end{bmatrix}$是对图形进行比例、旋转、对称和

错切等变换；$[c \quad f]$是对图形进行平移变换；$\begin{bmatrix} g \\ h \end{bmatrix}$是对图形进行投影变换，$[i]$是对整体图形进

行伸缩变换。

2．平移变换

设图形上的某点 $P(x, y)$，在 x 轴和 y 轴方向分别移动 T_x 和 T_y，结果生成新的点 $P'(x', y')$，则

$$x' = x + T_x, \quad y' = y + T_y$$

用齐次坐标和矩阵形式可表示为

$$[x'\ y'\ 1] = [x\ y\ 1] \cdot \begin{bmatrix} 1 & 0 & 0 \\ 0 & 1 & 0 \\ T_x & T_y & 1 \end{bmatrix} = [x + T_x\ \ y + T_y\ \ 1]$$

平移变换矩阵为

$$T_2(T_x,\ T_y) = \begin{bmatrix} 1 & 0 & 0 \\ 0 & 1 & 0 \\ T_x & T_y & 1 \end{bmatrix}$$

平移变换如图 4-4 所示。

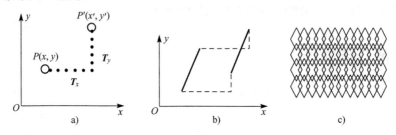

图 4-4　平移变换示意图

a) 点平移示意图　b) 直线平移示意图　c) 由平移产生图案示意图

3. 比例变换

设图形上的点 $P(x, y)$ 在 x 轴和 y 轴方向分别作 S_x 倍和 S_y 倍的缩放，结果生成新的点坐标 $P'(x', y')$，则

$$x' = x \cdot S_x$$
$$y' = y \cdot S_y$$

用齐次坐标和矩阵形式可表示为

$$[x'\ \ y'\ \ 1] = [x\ \ y\ \ 1] \cdot \begin{bmatrix} S_x & 0 & 0 \\ 0 & S_y & 0 \\ 0 & 0 & 1 \end{bmatrix} = [S_x \cdot x\ \ \ S_y \cdot y\ \ \ 1]$$

比例变换矩阵为

$$S_2(S_x, S_y) = \begin{bmatrix} S_x & 0 & 0 \\ 0 & S_y & 0 \\ 0 & 0 & 1 \end{bmatrix}$$

比例变换如图 4-5 所示。

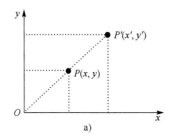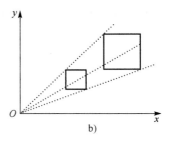

图 4-5　比例变换示意图

- 当 $S_x = S_y = 1$ 时，为恒等比例变换，即图形不变。
- 当 $S_x = S_y > 1$ 时，图形沿两个坐标轴方向等比例放大。
- 当 $S_x = S_y < 1$ 时，图形沿两个坐标轴方向等比例缩小。
- 当 $S_x \neq S_y$ 时，图形沿两个坐标轴方向作非均匀的比例变换。

4. 对称变换

设图形上的点 $P(x, y)$ 在 x 轴和 y 轴方向分别作变换，结果生成新的点坐标 $P'(x', y')$，则

$$x' = ax + by$$
$$y' = dx + ey$$

用齐次坐标和矩阵形式可表示为

$$[x' \ y' \ 1] = [x \ y \ 1] \cdot \begin{bmatrix} a & d & 0 \\ b & e & 0 \\ 0 & 0 & 1 \end{bmatrix} \ [ax + by \ \ dx + ey \ \ 1]$$

对称变换矩阵为
$$\boldsymbol{D}_2 = \begin{bmatrix} a & d & 0 \\ b & e & 0 \\ 0 & 0 & 1 \end{bmatrix}$$

对称变换如图 4-6 所示。

- 当 $b = d = 0$，$a = -1$，$e = 1$ 时，$x' = -x$，$y' = y$，产生与 y 轴对称的反射图形，如图 4-6a 所示。
- 当 $b = d = 0$，$a = 1$，$e = -1$ 时，$x' = x$，$y' = -y$，产生与 x 轴对称的反射图形，如图 4-6b 所示。
- 当 $b = d = 0$，$a = e = -1$ 时，$x' = -x$，$y' = -y$，产生与原点对称的反射图形，如图 4-6c 所示。
- 当 $b = d = -1$，$a = e = 0$ 时，$x' = -y$，$y' = -x$，产生与直线 $y = -x$ 对称的反射图形，如图 4-6d 所示。
- 当 $b = d = 1$，$a = e = 0$ 时，$x' = y$，$y' = x$，产生与直线 $y = x$ 对称的反射图形。

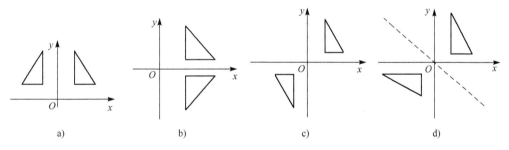

a)   b)   c)   d)

图 4-6　对称变换示意图

a) 与 y 轴对称　b) 与 x 轴对称　c) 与原点对称　d) 与 $y = -x$ 对称

5. 旋转变换

设点 $P(x, y)$ 绕原点旋转变换 θ 角度（设在第 1 象限从 x 轴向 y 轴方向旋转为正角），生成的新的点坐标 $P'(x', y')$。

$$x' = x\cos\theta - y\sin\theta$$
$$y' = x\sin\theta + y\cos\theta$$

用齐次坐标和矩阵形式表示为

$$[x'\ y'\ 1] = [x\ y\ 1]\begin{bmatrix} \cos\theta & \sin\theta & 0 \\ -\sin\theta & \cos\theta & 0 \\ 0 & 0 & 1 \end{bmatrix} = [x\cdot\cos\theta - y\cdot\sin\theta \quad x\cdot\sin\theta + y\cdot\cos\theta \quad 1]$$

旋转变换矩阵为

$$\boldsymbol{R}_2(\theta) = \begin{bmatrix} \cos\theta & \sin\theta & 0 \\ -\sin\theta & \cos\theta & 0 \\ 0 & 0 & 1 \end{bmatrix}$$

旋转变换如图 4-7 所示。

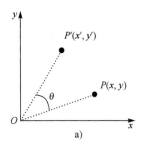

图 4-7　旋转变换示意图

a) 点的旋转示意图　b) 由旋转变换产生图案示意图

6. 错切变换

设图形上的点 $P(x, y)$，经过错切变换后，生成新的点坐标 $P(x', y')$，则

$$x' = x + by$$
$$y' = dx + y$$

用齐次坐标和矩阵形式表示为

$$[x'\ y'\ 1] = [x\ y\ 1] \cdot \begin{bmatrix} 1 & d & 0 \\ b & 1 & 0 \\ 0 & 0 & 1 \end{bmatrix} = [x + by \quad dx + y \quad 1]$$

错切变换矩阵为

$$\boldsymbol{K}_2 = \begin{bmatrix} 1 & d & 0 \\ b & 1 & 0 \\ 0 & 0 & 1 \end{bmatrix}$$

错切变换如图 4-8 所示。

● 当 $d = 0$ 时，$x' = x + by$，$y' = y$，此时图形的 y 坐标不变，x 坐标随初值 (x, y) 及变换系数 b 而作线性变化。如 $b > 0$，图形沿 $+x$ 方向作错切位移，如图 4-8b 所示；$b < 0$，图形沿 $-x$ 方向作错切位移。

● 当 $b = 0$ 时，$x' = x$，$y' = dx + y$，此时图形的 x 坐标不变，y 坐标随初值 (x, y) 及变换系数 d 作线性变化。如 $d > 0$，图形沿 $+y$ 方向作错切位移，如图 4-8c 所示；$d < 0$ 时，图形沿 $-y$ 方向作错切位移。

● 当 $b \neq 0$，$d \neq 0$ 时，$x' = x + by$，$y' = dx + y$，图形沿 x、y 两个方向作错切位移，如图 4-8d 所示。

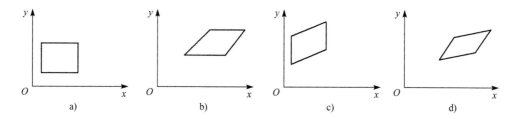

图 4-8 x、y 方向的错切变换

a) 原图　b) 沿 x 轴错切　c) 沿 y 轴错切　d) 沿 x、y 轴错切

7. 复合变换

复合变换是指图形作一次以上的几何变换，复合变换矩阵是经过多次变换后的相应变换矩阵相乘。

1）复合平移。

$$\boldsymbol{T}_t = \boldsymbol{T}_{t1} \cdot \boldsymbol{T}_{t2} = \begin{bmatrix} 1 & 0 & 0 \\ 0 & 1 & 0 \\ T_{x1} & T_{y1} & 1 \end{bmatrix} \begin{bmatrix} 1 & 0 & 0 \\ 0 & 1 & 0 \\ T_{x2} & T_{y2} & 1 \end{bmatrix} = \begin{bmatrix} 1 & 0 & 0 \\ 0 & 1 & 0 \\ T_{x1}+T_{x2} & T_{y1}+T_{y2} & 1 \end{bmatrix}$$

2）复合比例。

$$\boldsymbol{T}_s = \boldsymbol{T}_{s1} \cdot \boldsymbol{T}_{s2} = \begin{bmatrix} s_{x1} & 0 & 0 \\ 0 & s_{y1} & 0 \\ 0 & 0 & 1 \end{bmatrix} \begin{bmatrix} s_{x2} & 0 & 0 \\ 0 & s_{y2} & 0 \\ 0 & 0 & 1 \end{bmatrix} = \begin{bmatrix} s_{x1} \cdot s_{x2} & 0 & 0 \\ 0 & s_{y1} \cdot s_{y2} & 0 \\ 0 & 0 & 1 \end{bmatrix}$$

3）复合旋转。

$$\boldsymbol{T}_r = \boldsymbol{T}_{r1} \cdot \boldsymbol{T}_{r2} = \begin{bmatrix} \cos\theta_1 & \sin\theta_1 & 0 \\ -\sin\theta_1 & \cos\theta_1 & 0 \\ 0 & 0 & 1 \end{bmatrix} \begin{bmatrix} \cos\theta_2 & \sin\theta_2 & 0 \\ -\sin\theta_2 & \cos\theta_2 & 0 \\ 0 & 0 & 1 \end{bmatrix} = \begin{bmatrix} \cos(\theta_1+\theta_2) & \sin(\theta_1+\theta_2) & 0 \\ -\sin(\theta_1+\theta_2) & \cos(\theta_1+\theta_2) & 0 \\ 0 & 0 & 1 \end{bmatrix}$$

比例、旋转变换与参考点有关，上面介绍的均是相对坐标原点的比例或旋转变换。如要相对某一个参考点 (x_f, y_f) 作比例、旋转变换，其变换的过程是先把坐标系原点平移至 (x_f, y_f)，在新的坐标系下作比例或旋转变换后，再将坐标原点平移回去，其变换公式如下。

4）相对 (x_f, y_f) 点的比例变换。

$$\boldsymbol{T}_{sf} = \begin{bmatrix} 1 & 0 & 0 \\ 0 & 1 & 0 \\ -x_f & -y_f & 1 \end{bmatrix} \begin{bmatrix} s_x & 0 & 0 \\ 0 & s_y & 0 \\ 0 & 0 & 1 \end{bmatrix} \begin{bmatrix} 1 & 0 & 0 \\ 0 & 1 & 0 \\ x_f & y_f & 1 \end{bmatrix} = \begin{bmatrix} s_x & 0 & 0 \\ 0 & s_y & 0 \\ (1-s_x) \cdot x_f & (1-s_y) \cdot y_f & 1 \end{bmatrix}$$

5）相对 (x_f, y_f) 点的旋转变换。

$$\boldsymbol{T}_{rf} = \begin{bmatrix} 1 & 0 & 0 \\ 0 & 1 & 0 \\ -x_f & -y_f & 1 \end{bmatrix} \begin{bmatrix} \cos\theta & \sin\theta & 0 \\ -\sin\theta & \cos\theta & 0 \\ 0 & 0 & 1 \end{bmatrix} \begin{bmatrix} 1 & 0 & 0 \\ 0 & 1 & 0 \\ x_f & y_f & 1 \end{bmatrix}$$

$$= \begin{bmatrix} \cos\theta & \sin\theta & 0 \\ -\sin\theta & \cos\theta & 0 \\ (1-\cos\theta) \cdot x_f + y_f \cdot \sin\theta & (1-\cos\theta) \cdot y_f - x_f \cdot \sin\theta & 1 \end{bmatrix}$$

8．几点说明

1）平移变换只改变图形的位置，不改变图形的大小和形状。

2）旋转变换仍保持图形各部分间的线性关系和角度关系，变换后直线的长度不变。

3）比例变换可改变图形的大小和形状。

4）错切变换会引起图形角度关系的改变，甚至导致图形发生变形。

5）拓扑不变的几何变换不改变图形的连接关系和平行关系。

4.2.2 三维图形的几何变换

1．变换矩阵

三维图形的几何变换矩阵可用 T_{3D} 表示，其表示式如下。

$$T_{3D} = \begin{bmatrix} a_{11} & a_{12} & a_{13} & a_{14} \\ a_{21} & a_{22} & a_{23} & a_{24} \\ a_{31} & a_{32} & a_{33} & a_{34} \\ a_{41} & a_{42} & a_{43} & a_{44} \end{bmatrix}$$

从变换功能上 T_{3D} 可分为 4 个子矩阵，其中，$\begin{bmatrix} a_{11} & a_{12} & a_{13} \\ a_{21} & a_{22} & a_{23} \\ a_{31} & a_{32} & a_{33} \end{bmatrix}$ 产生比例、旋转和错切等几

何变换；$[a_{41} \quad a_{42} \quad a_{43}]$ 产生平移交换；$\begin{bmatrix} a_{14} \\ a_{24} \\ a_{34} \end{bmatrix}$ 产生投影变换；$[a_{44}]$ 产生整体比例变换。

2．平移变换

$$[x' \quad y' \quad z' \quad 1] = [x \quad y \quad z \quad 1] \cdot \begin{bmatrix} 1 & 0 & 0 & 0 \\ 0 & 1 & 0 & 0 \\ 0 & 0 & 1 & 0 \\ T_x & T_y & T_z & 1 \end{bmatrix} = [x+T_x \quad y+T_y \quad z+T_z \quad 1]$$

3．比例变换

若比例变换的参考点为 (x_f, y_f, z_f)，其变换矩阵为

$$\begin{bmatrix} 1 & 0 & 0 & 0 \\ 0 & 1 & 0 & 0 \\ 0 & 0 & 1 & 0 \\ -x_f & -y_f & -z_f & 1 \end{bmatrix} \begin{bmatrix} s_x & 0 & 0 & 0 \\ 0 & s_y & 0 & 0 \\ 0 & 0 & s_z & 0 \\ 0 & 0 & 0 & 1 \end{bmatrix} \begin{bmatrix} 1 & 0 & 0 & 0 \\ 0 & 1 & 0 & 0 \\ 0 & 0 & 1 & 0 \\ x_f & y_f & z_f & 1 \end{bmatrix}$$

$$= \begin{bmatrix} s_x & 0 & 0 & 0 \\ 0 & s_y & 0 & 0 \\ 0 & 0 & s_z & 0 \\ (1-s_x) \cdot x_f & (1-s_y) \cdot y_f & (1-s_z) \cdot z_f & 1 \end{bmatrix}$$

与二维变换类似，相对于参考点 $F(x_f, y_f, z_f)$ 作比例变换、旋转变换的过程分为以下 3 步。

1）把参考点 $F(x_f, y_f, z_f)$ 平移至原点。

2）相对原点作比例、旋转变换。

3）将参考点 F 再平移回原点。

4．绕坐标轴的旋转变换

在右手坐标法则下相对坐标系原点绕坐标轴旋转 θ 角的变换公式如下。

1）绕 x 轴旋转。

$$[x'\ y'\ z'\ 1] = [x\ y\ z\ 1] \cdot \begin{bmatrix} 1 & 0 & 0 & 0 \\ 0 & \cos\theta & \sin\theta & 0 \\ 0 & -\sin\theta & \cos\theta & 0 \\ 0 & 0 & 0 & 1 \end{bmatrix}$$

2）绕 y 轴旋转。

$$[x'\ y'\ z'\ 1] = [x\ y\ z\ 1] \cdot \begin{bmatrix} \cos\theta & 0 & -\sin\theta & 0 \\ 0 & 1 & 0 & 0 \\ \sin\theta & 0 & \cos\theta & 0 \\ 0 & 0 & 0 & 1 \end{bmatrix}$$

3）绕 z 轴旋转。

$$[x'\ y'\ z'\ 1] = [x\ y\ z\ 1] \cdot \begin{bmatrix} \cos\theta & \sin\theta & 0 & 0 \\ -\sin\theta & \cos\theta & 0 & 0 \\ 0 & 0 & 1 & 0 \\ 0 & 0 & 0 & 1 \end{bmatrix}$$

在三维图形生成过程中，经常使用旋转变换，这里先定义绕 3 个坐标轴旋转变换的函数，以便后续程序调用。

```
//绕 x 轴旋函数 revolve_x
//输入参数：cx 为旋转角度，(xx,yy,zz)为旋转前点坐标
//输出参数：(x,y,z)为旋转后点坐标
void RevolveX(float cx, float xx, float yy, float zz, float &x, float &y, float &z )
{     x =xx ;
        y =yy * cos(cx) - zz * sin(cx) ;
        z =yy * sin(cx) + zz * cos(cx);
}
//绕 y 轴旋函数 revolve_y
//输入参数：cy 为旋转角度，(xx,yy,zz)为旋转前点坐标
//输出参数：(x,y,z)为旋转后点坐标
void RevolveY(float cy, float xx, float yy, float zz, float &x, float &y, float &z )
{     x = xx * cos(cy) + zz * sin(cy) ;
        y =yy ;
        z = -xx * sin(cy) + zz * cos(cy);
}
//绕 z 轴旋函数 revolve_z
//输入参数：cz 为旋转角度，(xx,yy,zz)为旋转前点坐标
//输出参数：(x,y,z)为旋转后点坐标
void RevolveZ(float cz, float xx, float yy, float zz, float &x, float &y, float &z)
{     x =xx * cos(cz) -yy * sin(cz) ;
        y =xx * sin(cz) + yy * cos(cz) ;
        z = zz;
}
```

5. 绕任意轴的旋转变换

设旋转轴 AB 由空间两点 A 与 B 定义，空间一点 P 绕 AB 轴旋转 θ 角到 P'，如图 4-9 所示。即要使

$$[x'_p \quad y'_p \quad z'_p \quad 1] = [x_p \quad y_p \quad z_p \quad 1] \cdot R_{ab}$$

其中 R_{ab} 为待求的变换矩阵。

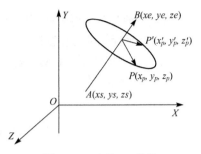

图 4-9　P 点绕 AB 旋转

求 R_{ab} 的基本思想是：将 A 平移到坐标原点，并使 AB 分别绕 x 轴、y 轴旋转适当角度与 z 轴重合，再绕 z 轴旋转 θ 角，最后再做上述变换的逆变换。

1）使 A 点坐标平移到原点 O，原来的 AB 变为 OB'，如图 4-10a 所示。

$$T_A = \begin{bmatrix} 1 & 0 & 0 & 0 \\ 0 & 1 & 0 & 0 \\ 0 & 0 & 1 & 0 \\ -x_a & -y_a & -z_a & 1 \end{bmatrix}$$

2）让 OB' 绕 x 轴旋转 α 角，如图 4-10b 所示，经旋转 α 角后，OB'' 就在 $y = 0$ 平面上。

$$R_x = \begin{bmatrix} 1 & 0 & 0 & 0 \\ 0 & \cos\alpha & \sin\alpha & 0 \\ 0 & -\sin\alpha & \cos\alpha & 0 \\ 0 & 0 & 0 & 1 \end{bmatrix}$$

3）再让 OB'' 绕 y 轴旋转 β 角与 z 轴重合，得到 OB'''，如图 4-10c 所示。

$$R_y = \begin{bmatrix} \cos\beta & 0 & -\sin\beta & 0 \\ 0 & 1 & 0 & 0 \\ \sin\beta & 0 & \cos\beta & 0 \\ 0 & 0 & 0 & 1 \end{bmatrix}$$

4）经以上 3 步变换后，P 绕 AB 旋转变为 P 绕 z 轴旋转 θ 角了，如图 4-10d 所示。

$$R_z = \begin{bmatrix} \cos\theta & \sin\theta & 0 & 0 \\ -\sin\theta & \cos\theta & 0 & 0 \\ 0 & 0 & 1 & 0 \\ 0 & 0 & 0 & 1 \end{bmatrix}$$

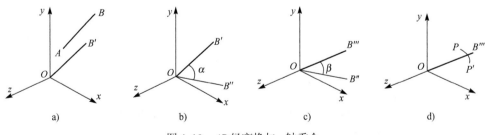

图 4-10　AB 经变换与 z 轴重合

5）求 R_y、R_x、T_A 的逆变换。

$$\boldsymbol{R}_y^{-1} = \begin{bmatrix} \cos\beta & 0 & \sin\beta & 0 \\ 0 & 1 & 0 & 0 \\ -\sin\beta & 0 & \cos\beta & 0 \\ 0 & 0 & 0 & 1 \end{bmatrix}, \quad \boldsymbol{R}_x^{-1} = \begin{bmatrix} 1 & 0 & 0 & 0 \\ 0 & \cos\alpha & -\sin\alpha & 0 \\ 0 & \sin\alpha & \cos\alpha & 0 \\ 0 & 0 & 0 & 1 \end{bmatrix}, \quad \boldsymbol{T}_A^{-1} = \begin{bmatrix} 1 & 0 & 0 & 0 \\ 0 & 1 & 0 & 0 \\ 0 & 0 & 1 & 0 \\ x_a & y_a & z_a & 1 \end{bmatrix}$$

所以

$$\boldsymbol{R}_{ab} = \boldsymbol{T}_A \boldsymbol{R}_x \boldsymbol{R}_y \boldsymbol{R}_z \boldsymbol{R}_y^{-1} \boldsymbol{R}_x^{-1} \boldsymbol{T}_A^{-1}$$

从以上过程可以看出，要实现绕 AB 旋转，还需求出相应的旋转角度 α 与 β。上述过程的具体计算方法如下。

① 平移。

$$x = x_p - xs, \quad y = y_p - ys, \quad z = z_p - zs$$

② 绕 x 轴旋转 α 角。

$$t = |\alpha \tan[(ye - ys)/(ze - zs)]|$$
$$\alpha = t \qquad ze - zs \geqslant 0 \text{ and } ye - ys \geqslant 0$$
$$\alpha = \pi - t \qquad ze - zs \leqslant 0 \text{ and } ye - ys \geqslant 0$$
$$\alpha = \pi + t \qquad ze - zs \leqslant 0 \text{ and } ye - ys \leqslant 0$$
$$\alpha = \pi + t \qquad ze - zs \geqslant 0 \text{ and } ye - ys \leqslant 0$$
$$x' = x$$
$$y' = y\cos(\alpha) - z\sin(\alpha)$$
$$z' = y\sin(\alpha) + z\cos(\alpha)$$

③ 绕 y 轴旋转 β 角。

$$t = |a \tan\{sqrt[(ye - ys)(ye - ys) + (ze - zs)(ze - zs)]/(xe - xs)\}|$$
$$\beta = t \qquad ze - zs \geqslant 0$$
$$\beta = \pi - t \qquad ze - zs \leqslant 0$$
$$x = x'\cos(\beta) + z'\sin(\beta)$$
$$y = y'$$
$$z = x'\sin(\beta) + z'\cos(\beta)$$

④ 绕 x 轴旋转 θ 角。

$$x' = x$$
$$y' = y\cos(\theta) - z\sin(\theta)$$
$$z' = y\sin(\theta) + z\cos(\theta)$$

⑤ 绕 y 轴旋转 $-\beta$ 角。

$$x = x'\cos(-\beta) + z'\sin(-\beta)$$
$$y = y'$$
$$z = x'\sin(-\beta) + z'\cos(-\beta)$$

⑥ 绕 x 轴旋转 $-\alpha$ 角。

$$x' = x$$
$$y' = y\cos(-\alpha) - z\sin(-\alpha)$$
$$z' = y\sin(-\alpha) + z\cos(-\alpha)$$

⑦ 平移。

$$x = x'+xs, \ y = y'+ys, \ z = z'+zs$$

绕任意轴旋转的函数设计如下。

```
//输入参数: (x0,y0,z0)为旋转点坐标, c 为旋转角度, (xs,ys,zs)为旋转轴起点坐标,
//          (xs,ys,zs)为旋转轴终点坐标
//输出参数: (x,y,z)为旋转后点坐标
void RevolveRand(float x0,float y0,float z0,float c,float xs,float ys,float zs,float xe,float ye,float ze,float
&x,float &y,float &z )
{ float ax,ay,az,s,dx,dy,dz,cd1,cd3,cd2,xd,yd,zd;
dx=xe-xs,dy=ye-ys,dz=ze-zs;
x=x0-xs,y=y0-ys,z=z0-zs;    //平移(-xs,-ys,-zs)
cd1=fabs(atan(dy/dz));      //绕 x 轴旋转 cd1
if(dz<=0 &&dy>=0)
      cd1=3.1415926-cd1;
else if(dz<=0 && dy<=0)
      cd1=3.1415926+cd1;
else if(dz>=0 && dy<=0)
      cd1=6.283-cd1;
RevolveX(cd1,x,y,z,0,0,0,xd,yd,zd);
cd2=fabs(atan(sqrt(dy*dy+dz*dz)/dx));    //绕 y 轴旋转 cd2
if(dx<=0 )
      cd2=3.1415926-cd2;
RevolveY(cd2,xd,yd,zd,0,0,0,x,y,z);
RevolveX(c,x,y,z,0,0,0,xd,yd,zd); //绕 x 轴旋转 c
RevolveY(-cd2,xd,yd,zd,0,0,0,x,y,z); //绕 y 轴旋转-cd2
RevolveX(-cd1,x,y,z,0,0,0,xd,yd,zd); //绕 x 轴旋转-cd1
x=xd+xs,y=yd+ys,z=zd+zs;    //平移(xs,ys,zs)
}
```

4.3 形体的投影变换

计算机图形输出设备如显示屏幕、绘图仪和打印机等都是二维设备。用这些二维设备显示具有立体感的三维图形,需要把三维图形上各点坐标变成二维坐标。把三维物体变为二维图形表示的过程称为投影变换。

4.3.1 投影变换的分类

投影变换根据投影中心与投影平面之间距离的不同,可分为平行投影和透视投影。而这两大类根据投影方向、投影面及物体的旋转角度的不同,又分为多种类型的投影,如图 4-11 所示。

平行投影的投影中心与投影平面之间的距离是无限的,如图 4-12a 所示;透视投影的投影中心与投影平面之间的距离是有限的,如图 4-12b 所示。

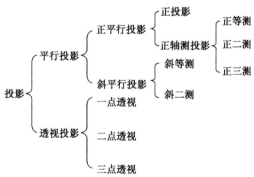

图 4-11 投影变换的分类

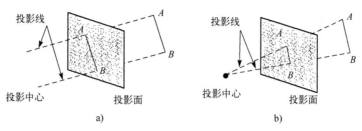

图 4-12 平行投影与透视投影

4.3.2 平行投影

1. 正平行投影（三视图）

投影方向垂直于投影平面称为正平行投影，通常所说的三视图（正视图、俯视图和侧视图）均属正平行投影。如图 4-13 所示，三视图的生成就是把 x、y、z 坐标系下的形体投影到 3 个坐标平面上，再将 3 个视图变换到在一个平面。

这里设投影平面为 $z = 0$（xOy）平面，将三视图全部投影到 xOy 平面上。

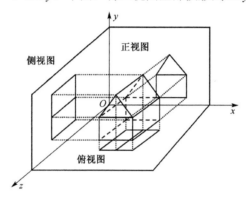

图 4-13 三视图

2. 正视图

如图 4-14a 所示的三维形体，生成三维形体正视图的变换过程如下。

1）先对三维形体作正投影变换，如图 4-14b 所示。

2）再对投影后的图形进行平移变换，如图 4-14c 所示。

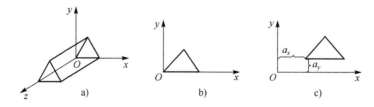

图 4-14 正视图变换过程

以上变换用齐次坐标及变换矩阵表示如下。

$$(x' \quad y' \quad z' \quad 1)=(x \quad y \quad z \quad 1)\begin{bmatrix} 1 & 0 & 0 & 0 \\ 0 & 1 & 0 & 0 \\ 0 & 0 & 0 & 0 \\ 0 & 0 & 0 & 1 \end{bmatrix}\begin{bmatrix} 1 & 0 & 0 & 0 \\ 0 & 1 & 0 & 0 \\ 0 & 0 & 0 & 0 \\ a_x & a_y & 0 & 1 \end{bmatrix}=(x \quad y \quad z \quad 1)\begin{bmatrix} 1 & 0 & 0 & 0 \\ 0 & 1 & 0 & 0 \\ 0 & 0 & 0 & 0 \\ a_x & a_y & 0 & 1 \end{bmatrix}$$

所以正视图的变换式为：$x'=x+a_x$，$y'=y+a_y$，$z'=0$。

3. 侧视图

如图 4-14a 所示的三维形体，生成三维形体侧视图的变换过程如下。

1）先将三维形体绕 y 轴旋转 90°，如图 4-15a 所示。

2）再对三维形体作正投影变换，如图 4-15b 所示。

3）对投影后的图形进行平移变换，如图 4-15c 所示。

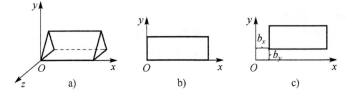

图 4-15　侧视图变换过程

以上变换用齐次坐标及变换矩阵表示如下。

$$(x' \quad y' \quad z' \quad 1)=(x \quad y \quad z \quad 1)\begin{bmatrix} \cos 90 & 0 & -\sin 90 & 0 \\ 0 & 1 & 0 & 0 \\ \sin 90 & 0 & \cos 90 & 0 \\ 0 & 0 & 0 & 1 \end{bmatrix}\begin{bmatrix} 1 & 0 & 0 & 0 \\ 0 & 1 & 0 & 0 \\ 0 & 0 & 0 & 0 \\ 0 & 0 & 0 & 1 \end{bmatrix}\begin{bmatrix} 1 & 0 & 0 & 0 \\ 0 & 1 & 0 & 0 \\ 0 & 0 & 0 & 0 \\ b_x & b_y & 0 & 1 \end{bmatrix}$$

$$=(x \quad y \quad z \quad 1)\begin{bmatrix} 0 & 0 & 0 & 0 \\ 0 & 1 & 0 & 0 \\ 1 & 0 & 0 & 0 \\ b_x & b_y & 0 & 1 \end{bmatrix}$$

所以侧视图的变换式为：$x'=z+b_x$，$y'=y+b_y$，$z'=0$。

4. 俯视图

如图 4-14a 所示的三维形体，生成三维形体俯视图的变换过程如下。

1）先将三维形体绕 x 轴旋转 90°，如图 4-16a 所示。

2）再对三维形体作正投影变换，如图 4-16b 所示。

3）对投影后的图形进行平移变换，如图 4-16c 所示。

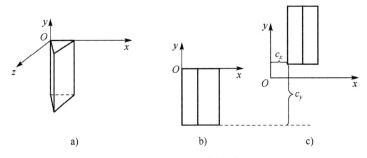

图 4-16　俯视图变换过程

以上变换用齐次坐标及变换矩阵表示如下。

$$(x'\ y'\ z'\ 1)=(x\ y\ z\ 1)\begin{pmatrix}0 & 0 & 0 & 0\\ 0 & \cos90 & \sin90 & 0\\ 0 & -\sin90 & \cos90 & 0\\ 0 & 0 & 0 & 1\end{pmatrix}\begin{pmatrix}1 & 0 & 0 & 0\\ 0 & 1 & 0 & 0\\ 0 & 0 & 0 & 0\\ 0 & 0 & 0 & 1\end{pmatrix}\begin{pmatrix}1 & 0 & 0 & 0\\ 0 & 1 & 0 & 0\\ 0 & 0 & 0 & 0\\ c_x & c_y & 0 & 1\end{pmatrix}$$

$$=(x\ y\ z\ 1)\begin{pmatrix}1 & 0 & 0 & 0\\ 0 & 0 & 0 & 0\\ 0 & -1 & 0 & 0\\ c_x & c_y & 0 & 1\end{pmatrix}$$

所以俯视图的变换式为：$x'=x+c_x,\ y'=-z+c_y,\ z'=0$。

5. 正轴测投影

（1）正轴测投影变换

三视图中每个视图只能反映三维形体中的两个坐标方向的实际长度，如果要在一个视图中反映形体的 3 个坐标方向形状，可采用正轴测投影。如图 4-17a 所示的三维形体，生成三维形体正轴测投影图的变换过程如下。

1）先将三维形体绕 y 轴旋转 φ 角，如图 4-17b 所示。

2）再将三维形体绕 x 轴旋转 θ 角，如图 4-17c 所示。

3）对三维形体作正投影变换，如图 4-17d 所示。

4）对投影后的图形进行平移变换，如图 4-17e 所示。

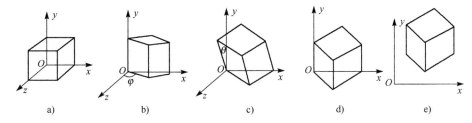

图 4-17　正轴测投影的变换过程

以上变换用齐次坐标及变换矩阵表示如下。

$$(x'\ y'\ z'\ 1)=(x\ y\ z\ 1)\begin{pmatrix}\cos\varphi & 0 & -\sin\varphi & 0\\ 0 & 1 & 0 & 0\\ \sin\varphi & 0 & \cos\varphi & 0\\ 0 & 0 & 0 & 1\end{pmatrix}\begin{pmatrix}1 & 0 & 0 & 0\\ 0 & \cos\theta & \sin\theta & 0\\ 0 & -\sin\theta & \cos\varphi & 0\\ 0 & 0 & 0 & 1\end{pmatrix}$$

$$\begin{pmatrix}1 & 0 & 0 & 0\\ 0 & 1 & 0 & 0\\ 0 & 0 & 0 & 0\\ 0 & 0 & 0 & 1\end{pmatrix}\begin{pmatrix}1 & 0 & 0 & 0\\ 0 & 1 & 0 & 0\\ 0 & 0 & 0 & 0\\ d_x & d_y & 0 & 1\end{pmatrix}$$

$$=(x\ y\ z\ 1)\begin{pmatrix}\cos\varphi & \sin\varphi\sin\theta & 0 & 0\\ 0 & \cos\theta & 0 & 0\\ \sin\varphi & -\cos\varphi\sin\theta & 0 & 0\\ d_x & d_y & 0 & 1\end{pmatrix}$$

所以正轴测投影的变换式为

$$x' = x\cos\varphi + z\sin\varphi + d_x$$
$$y' = x\sin\varphi\sin\theta + y\cos\theta - z\cos\varphi\sin\theta + d_y$$
$$z' = 0$$

对于正等测投影，其 X、Y、Z 这 3 个方向上的缩放率相等，这时 $\varphi=45°$，$\theta=35°16'$；对于正二测投影，其 X、Y、Z 这 3 个方向上的其中两个方向缩放率相等（如 X、Y 方向），这时，$\varphi=20°42'$，$\theta=19°28'$。例如一个正方体，如果在正等测投影中，所有边长都相同，如图 4-18a 所示；在正二测投影中，有 X、Y 两个方向的长度相同，如图 4-18b 所示。

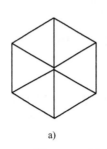 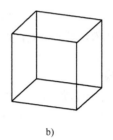

a)　　　　　　　　　　　b)

图 4-18　正方体的正等测与正二测投影

（2）正轴测投影程序设计

三维形体在投影面中显示除了进行投影变换外，还必须将三维形体的相关数据按一定格式保存，例如，要绘制长方体的线框图形，必须存放长方体的各顶点坐标、点间的线信息及面的信息。

如图 4-19 所示的长方体，其顶点表如表 4-1 所示，点与线的关系如表 4-2 所示，面与线的关系如表 4-3 所示。

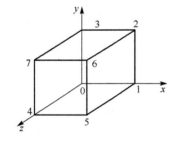

图 4-19　长方体各顶点及线的关系

表 4-1　长方体的顶点存放方式

编号	x	y	z
0	0	0	0
1	100	0	0
2	100	200	0
3	0	200	0
4	0	0	300
5	100	0	300
6	100	200	300
7	0	200	300

表 4-2　长方体线与点的关系表

编号	0	1	2	3	4	5	6	7	8	9	10	11	12	13	14
点编号	0	3	2	1	0	4	5	6	7	4	1	2	6	5	1
编号	15	16	17	18	19	20	21	22	23	24	25	26	27	28	29
点编号	0	4	7	3	0	2	3	7	6	3	0	1	5	4	1

表 4-3　长方体面与线的关系表

面的编号	0	1	2	3	4	5
面在线表中起点的编号	0	5	10	15	20	25
面在线表中终点的编号	4	9	14	19	24	29

88

多面体线框正轴测投影函数设计如下。

```
//参数：x[]、y[]、z[]为多面体顶点坐标，pn 为多面体顶点个数，PLine[]为点与线的关系，
//      LFaceS[]为线与面的关系中的面的起点，int LFaceE[]为线与面的关系中的面的终点，
//      fn 为多面体的面数，cx 为多面体绕 x 轴旋转的弧度，cy 为多面体绕 y 轴旋转的弧度，
//      dx、dy 为多面体的平移量，color 为多面体线框的颜色
void   Polyhedra1(CDC *pDC,int x[],int y[],int z[],int pn,int PLine[],int LFaceS[],int LFaceE[],int fn,
                   float cx,float cy,int dx,int dy,COLORREF color)
{ int xx[50],yy[50];
  for(int i=0;i<pn;i++)
      xx[i]=x[i]*cos(cy)+z[i]*sin(cy)+dx,  yy[i]=x[i]*sin(cy)*sin(cx)+y[i]*cos(cx)−z[i]*cos(cy)*sin(cx)+dy;
  for(i=0;i<fn;i++)
      for(int j=LFaceS[i];j<LFaceE[i];j++)
          Line1(pDC,xx[PLine[j]],yy[PLine[j]],xx[PLine[j+1]],yy[PLine[j+1]],color);
}
```

调用函数的实例如下。

```
CDC *pDC=GetDC();
int x[]={0,100,100,0,0,100,100,0,0,200,200,0,0,200,200,0};
int y[]={0,0,100,100,0,0,100,100,100,100,200,200,100,100,
        200,200};
int z[]={0,0,0,0,200,200,200,200,0,0,0,0,400,400,400,400};
int pl[]={0,3,2,1,0,4,5,6,7,4,0,4,7,3,0,1,2,6,5,1,2,3,7,6,2,0,1,
        5,4,0, 8,11,10,9,8,12,13,14,15,12,8,12,15, 11,8,9,10,
        14,13,9,10,11,15,14,10,8,9,13,12,8};
int lfs[]={0,5,10,15,20,25,30,35,40,45,50,55};
int lfe[]={4,9,14,19,24,29,34,39,44,49,54,50};
Polyhedra1(pDC,x,y,z,16,pl,lfs,lfe,12,45*3.14/180,
        45*3.14/180,100,300,RGB(0,0,0));
```

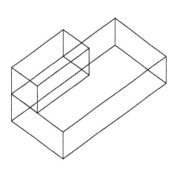

图 4-20　正轴测投影图

程序运行结果如图 4-20 所示。如果将以上程序中的正轴测投影公式改为三视图变换关系，则可绘制三视图。

6．斜平行投影

投影方向不垂直于投影平面的平行投影称为斜平行投影。在斜平行投影中，这里投影平面也取坐标平面 xOy（$z=0$）。下面用两种方法来推导斜平行投影的变换矩阵。

（1）已知投影方向向量的推导方法

如图 4-21 所示，投影方向向量为 (x_p, y_p, z_p)，形体上的一点 (x, y, z) 在 $z=0$ 平面上的投影为 (x', y')，由方向向量 (x_p, y_p, z_p) 得到投影线的参数方程为

$$x' = x + x_p \cdot t$$
$$y' = y + y_p \cdot t$$
$$z' = z + z_p \cdot t$$

因为 (x', y', z') 在 $z=0$ 的平面上，故 $z'=0$，则有 $t = -z/z_p$，将 t 代入上述参数方程得

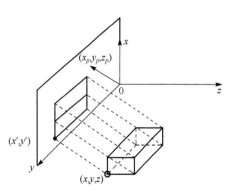

图 4-21　已知投影方向矢量的斜平行投影

$$x' = x - x_p / z_p \cdot z$$

$$y' = y - y_p / z_p \cdot z$$

若令 $S_{xp} = x_p / z_p$，$S_{yp} = y_p / z_p$，则上述方程的矩阵式是

$$[x' \quad y' \quad z' \quad 1] = [x \quad y \quad z \quad 1] \begin{bmatrix} 1 & 0 & 0 & 0 \\ 0 & 1 & 0 & 0 \\ -S_{xp} & -S_{yp} & 0 & 0 \\ 0 & 0 & 0 & 1 \end{bmatrix}$$

多面体线框斜平行投影函数设计如下。

```
//参数：（xp,yp,zp）为投影方向向量，其他参数同前
void   Polyhedra2(CDC *pDC,int x[],int y[],int z[],int pn,
          int PLine[],int LFaceS[],int LFaceE[],int fn,
          int xp,int yp,int zp,int dx,int dy,COLORREF color)
{int xx[50],yy[50];
     for(int i=0;i<pn;i++)
     xx[i]=x[i]-(float)xp/zp*z[i]+dx, yy[i]=y[i]-(float)yp/zp*z[i]+dy;
     for(i=0;i<fn;i++)
         for(int j=LFaceS[i];j<LFaceE[i];j++)
             Line1(pDC,xx[PLine[j]],yy[PLine[j]], xx[PLine[j+1]],yy[PLine[j+1]],color);
}
```

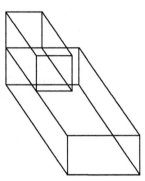

图 4-22   多面体斜投影

当投影方向向量为（100,150,-250）时，图 4-20 所示的多面体斜投影结果如图 4-22 所示。

（2）已知投影线夹角的推导方法

如图 4-23 所示，设投影线与投影面的夹角为 β，投影线在投影面上的投影与 x 轴的夹角为 α，三维形体上某一点 $P(0, 0, 1)$ 投影到 $z = 0$ 平面上的点为 P' $(L\cos\alpha, L\sin\alpha, 0)$。

现考虑任意一点 (x, y, z) 在 xOy 平面上的投影 (x', y')，因投影方向与投影线平行，且投影线的方程为

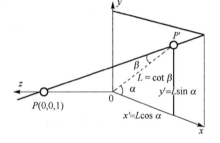

图 4-23   已知投影方向与投影平面夹角
的斜平行投影

$$\frac{z' - z}{-1} = \frac{x' - x}{L\cos\alpha} = \frac{y' - y}{L\sin\alpha}$$

因为 $z' = 0$，所以

$$x' = x + z(L\cos\alpha) = x + z\cos\beta\cos\alpha$$
$$y' = y + z(L\sin\alpha) = y + z\cos\beta\sin\alpha$$

写成矩阵的形式为

$$[x' \quad y' \quad z' \quad 1] = [x \quad y \quad z \quad 1] \begin{bmatrix} 1 & 0 & 0 & 0 \\ 0 & 1 & 0 & 0 \\ \cos\beta\cos\alpha & \cos\beta\sin\alpha & 0 & 0 \\ 0 & 0 & 0 & 1 \end{bmatrix}$$

从图 4-22 中可以看出，斜平行投影图在 x 与 y 两个方向上保持原形状比例关系，只是 z 方向的长度发生变化，因此在斜等测平行投影中，需要使 z 方向长度与原形体一致。如图 4-23

所示，原形体某一点 $P(0, 0, 1)$ 的 $z=1$，则斜投影后 $L = 1$，这时 $\beta = 45°$。在正平行投影（正投影）中，$L = 0$，$\beta = 90°$。

该方法的斜平行投影函数设计如下。

```
//参数：a 为投影线在投影面上的投影与 x 轴的夹角，b 为投影线与投影面的夹角
void    Polyhedra3(CDC *pDC,int x[],int y[],int z[],int pn,int PLine[],int LFaceS[],int LFaceE[],int fn,
                   float a,float b,int dx,int dy,COLORREF color)
{ int xx[50],yy[50];
for(int i=0;i<pn;i++)
    xx[i]=x[i]+z[i]*cos(b)*cos(a)+dx, yy[i]=y[i]+z[i]*cos(b)*sin(a)+dy;
for(i=0;i<fn;i++)
    for(int j=LFaceS[i];j<LFaceE[i];j++)
        Line1(pDC,xx[PLine[j]],yy[PLine[j]],xx[PLine[j+1]],yy[PLine[j+1]],color);
}
```

如图 4-24 所示为 $\beta=30°$ 且不同 α 值的两个长方体斜平行投影图。

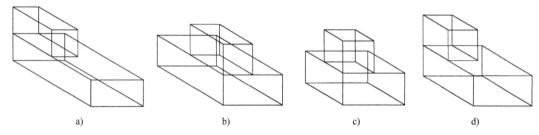

a)   b)   c)   d)

图 4-24   不同 α 值的两个长方体斜平行投影图

a) $\alpha=30°$ b) $\alpha=130°$ c) $\alpha=250°$ d) $\alpha=300°$

从图 4-24 中可以看到，图 4-24a 与图 4-24d、图 4-24b 与图 4-24c 的投影图非常相似，感觉投影方向是一致的，但实际是因为没有消除隐藏线的结果。在图 4-25 中，将不可见的线用虚线表示，则可看出 4 个投影图完全不同。

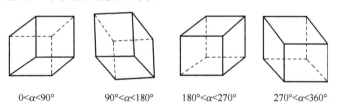

0<α<90°   90<α<180°   180<α<270°   270°<α<360°

图 4-25   不同 α 值的正方体斜平行投影图

4.3.3 透视投影

透视投影的视线（投影线）是从视点（观察点）出发的，视线是不平行的。透视投影按照主灭点的个数分为一点透视、二点透视和三点透视。一点透视和二点透视如图 4-26 所示。任何一束不平行于投影平面的平行线的透视投影将汇聚成一点，称为灭点。在坐标轴上的灭点称为主灭点。主灭点数是和投影平面切割坐标轴的数量相对应的。如投影平面仅切割 z 轴，则 z 轴是投影平面的法线，因而只在 z 轴上有一个主灭点，而平行于 x 轴或 y 轴的直线也平行于投影平面，因而没有灭点。

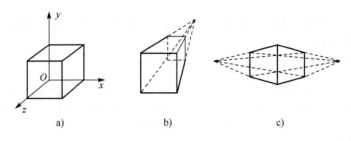

图 4-26　单位立方体的一点透视和二点透视

a) 单位立方体　b) 一点透视图　c) 二点透视图

1．简单的一点透视图

为了推导简单，设透视投影的视点（投影中心）为 $V(0, 0, h)$，投影平面为 $z = 0$ 平面，形体上一点 $P(x, y, z)$ 的投影为 (x', y')，现推导求 (x', y') 的变换公式，如图 4-27 所示。

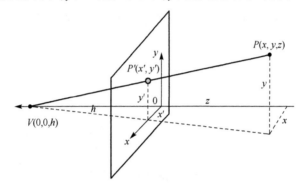

图 4-27　简单的一点透视投影

由相似三角形原理，得

$$\frac{x'}{x} = \frac{y'}{y} = \frac{h}{h - z}$$

所以

$$x' = \frac{x}{\left(1 - \dfrac{z}{h}\right)},\ y' = \frac{y}{\left(1 - \dfrac{z}{h}\right)},\ z' = 0$$

设 $H = 1 - z/h$，用齐次坐标及变换矩阵表示一点透视投影如下。

$$[x'H \quad y'H \quad z'H \quad H] = [x \quad y \quad z \quad 1]\begin{bmatrix} 1 & 0 & 0 & 0 \\ 0 & 1 & 0 & 0 \\ 0 & 0 & 0 & -1/h \\ 0 & 0 & 0 & 1 \end{bmatrix} = [x \quad y \quad 0 \quad 1 - z/h]$$

其中，一点透视投影变换矩阵可表示为一点透视变换矩阵与正投影变换矩阵相乘。

$$\begin{bmatrix} 1 & 0 & 0 & 0 \\ 0 & 1 & 0 & 0 \\ 0 & 0 & 0 & -1/h \\ 0 & 0 & 0 & 1 \end{bmatrix} = \begin{bmatrix} 1 & 0 & 0 & 0 \\ 0 & 1 & 0 & 0 \\ 0 & 0 & 1 & -1/h \\ 0 & 0 & 0 & 1 \end{bmatrix}\begin{bmatrix} 1 & 0 & 0 & 0 \\ 0 & 1 & 0 & 0 \\ 0 & 0 & 0 & 0 \\ 0 & 0 & 0 & 1 \end{bmatrix}$$

如图 4-28a 所示的长方体，各顶点坐标经过一点透视投影变换后如图 4-28b 所示。

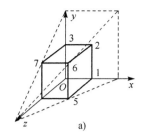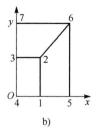

图 4-28　一点透视投影实例

为了使画面更具有三维效果，可先将长方体平移，再进行透视投影。

$$[x'H \quad y'H \quad z'H \quad H] = [x \quad y \quad z \quad 1] \begin{bmatrix} 1 & 0 & 0 & 0 \\ 0 & 1 & 0 & 0 \\ 0 & 0 & 1 & 0 \\ d_x & d_y & d_z & 1 \end{bmatrix} \begin{bmatrix} 1 & 0 & 0 & 0 \\ 0 & 1 & 0 & 0 \\ 0 & 0 & 0 & -1/h \\ 0 & 0 & 0 & 1 \end{bmatrix}$$

$$= [x \quad y \quad z \quad 1] \begin{bmatrix} 1 & 0 & 0 & 0 \\ 0 & 1 & 0 & 0 \\ 0 & 0 & 0 & -1/h \\ d_x & d_y & 0 & 1-d_z/h \end{bmatrix} = [x+d_x \quad y+d_y \quad 0 \quad 1-z/h-d_z/h]$$

所以

$$\begin{cases} x'H = x+d_x \\ y'H = x+d_y \\ z'H = 0 \\ H = 1-z/h-d_z/h \end{cases} \Longrightarrow \begin{cases} x' = (x+d_x)/H \\ y' = (y+d_y)/H \\ H = 1-z/h-d_z/h \end{cases}$$

图 4-29 所示为视点在 $z=300$ 位置上，透视前的 z 方向平移量 $d_z=-600$ 时，不同 d_x 和 d_y 的两个长方体的一点透视投影图。因为没有消除隐藏线，所以透视效果不直观。

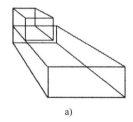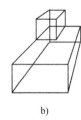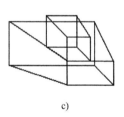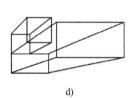

图 4-29　不同 d_x、d_y 值两个长方体一点透视投影图

a) $d_x=200$，$d_y=200$　b) $d_x=-300$，$d_y=200$　c) $d_x=-300$，$d_y=-300$　d) $d_x=300$，$d_y=-300$

图 4-30 所示为将一个长方体中不可见的线框用虚线表示，其一点透视投影图效果比较直观。

2．二点透视图

如图 4-31a 所示的三维形体，生成二点透视图的变换过程如下。

1）先将三维形体绕 y 轴旋转 φ 角，如图 4-31b 所示。

2）再将三维形体进行平移变换，如图 4-31c 所示。

3）对三维形体作透视投影变换，如图 4-31d 所示。

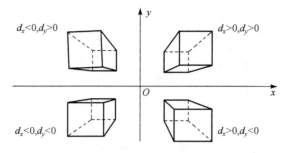

图 4-30 一个长方体的透视投影图

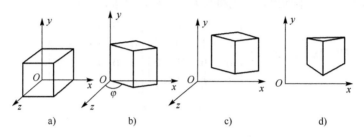

图 4-31 二点透视投影图生成过程

以上变换用齐次坐标及变换矩阵表示如下。

$$(x'\ y'\ z'\ 1)=(x\ y\ z\ 1)\begin{bmatrix} \cos\varphi & 0 & -\sin\varphi & 0 \\ 0 & 1 & 0 & 0 \\ \sin\varphi & 0 & \cos\varphi & 0 \\ 0 & 0 & 0 & 1 \end{bmatrix}\begin{bmatrix} 1 & 0 & 0 & 0 \\ 0 & 1 & 0 & 0 \\ 0 & 0 & 0 & 0 \\ d_x & d_y & d_z & 1 \end{bmatrix}\begin{bmatrix} 1 & 0 & 0 & 0 \\ 0 & 1 & 0 & 0 \\ 0 & 0 & 0 & -1/h \\ 0 & 0 & 0 & 1 \end{bmatrix}$$

$$=(x\ y\ z\ 1)\begin{bmatrix} \cos\varphi & 0 & 0 & \sin\varphi/h \\ 0 & 1 & 0 & 0 \\ \sin\varphi & 0 & 0 & -\cos\varphi/h \\ d_x & d_y & 0 & 1-d_z/h \end{bmatrix}$$

所以，二点透视投影的变换式为

$$x'=(x\cos\varphi+z\sin\varphi+d_x)/H$$
$$y'=(y+d_y)/H$$
$$H=x\sin\varphi/h-z\cos\varphi/h+1-d_z/h$$

设视点在 $z=300$ 位置上，透视前的 x、y、z 方向平移量 $d_x=200$，$d_y=200$，$d_z=-500$，当两个长方体绕 y 轴旋转不同角度时的二点透视投影图如图 4-32 所示。

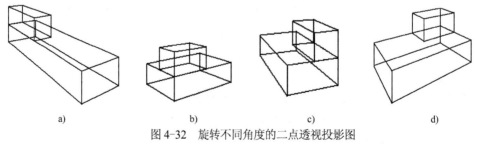

图 4-32 旋转不同角度的二点透视投影图
a) 绕 y 轴旋转 20° b) 绕 y 轴旋转 120° c) 绕 y 轴旋转 200° d) 绕 y 轴旋转 300°

94

3. 三点透视图

如图 4-33a 所示的三维形体，生成三点透视图的变换过程如下。

1）先将三维形体绕 y 轴旋转 φ 角，如图 4-33b 所示。

2）再将三维形体绕 x 轴旋转 θ 角，如图 4-33c 所示。

3）将三维形体进行平移变换，如图 4-33d 所示。

4）对三维形体作透视投影变换，如图 4-33e 所示。

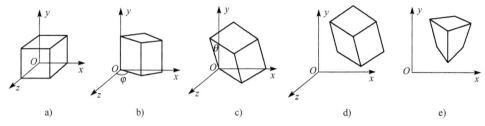

a) b) c) d) e)

图 4-33　三点透视投影图生成过程

以上变换用齐次坐标及变换矩阵表示如下。

$$(x' \ y' \ z' \ 1) = (x \ y \ z \ 1) \begin{bmatrix} \cos\varphi & 0 & -\sin\varphi & 0 \\ 0 & 1 & 0 & 0 \\ \sin\varphi & 0 & \cos\varphi & 0 \\ 0 & 0 & 0 & 1 \end{bmatrix} \begin{bmatrix} 1 & 0 & 0 & 0 \\ 0 & \cos\theta & \sin\theta & 0 \\ 0 & -\sin\theta & \cos\theta & 0 \\ 0 & 0 & 0 & 1 \end{bmatrix}$$

$$\begin{bmatrix} 1 & 0 & 0 & 0 \\ 0 & 1 & 0 & 0 \\ 0 & 0 & 0 & 0 \\ d_x & d_y & d_z & 1 \end{bmatrix} \begin{bmatrix} 1 & 0 & 0 & 0 \\ 0 & 1 & 0 & 0 \\ 0 & 0 & 0 & -1/h \\ 0 & 0 & 0 & 1 \end{bmatrix}$$

所以三点透视投影的变换式为

$$x' = (x\cos\varphi + z\sin\varphi + d_x)/H$$

$$y' = (x\sin\theta\sin\varphi + y\cos\theta - z\sin\theta\cos\varphi + d_y)/H$$

$$H = x\cos\theta\sin\varphi/h - y\sin\theta/h - z\cos\theta\cos\varphi/h + 1 - d_z/h$$

设视点在 $z=300$ 位置上，透视前的 x、y、z 方向平移量 $d_x=200$，$d_y=200$，$d_z=-500$，两个长方体绕 y 轴旋转 $20°$，当两个长方体绕 x 轴旋转不同角度时的三点透视投影图如图 4-34 所示。

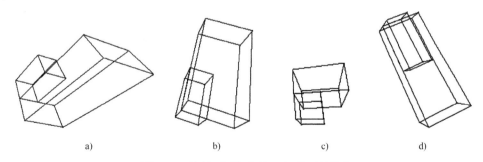

a) b) c) d)

图 4-34　旋转不同角度的三点透视投影图

a) 绕 x 轴旋转 50°　b) 绕 x 轴旋转 120°　c) 绕 x 轴旋转 200°　d) 绕 x 轴旋转 300°

需要说明的是：一点透视投影变换和二点透视投影变换是三点透视投影变换的特例。在三点透视投影变换中，当形体绕 x 轴旋转为 0°时，三点透视投影变换就是二点透视投影变换；而在二点透视投影变换中，当形体绕 y 轴旋转为 0°时，二点透视投影变换就是一点透视投影变换。因此，透视投影变换的程序设计就是三点透视投影变换，函数设计如下。

//参数：h 为视点在 z 轴上的值，a 为绕 x 轴旋转弧度，b 为绕 y 轴旋转弧度，(ddx,ddy,ddz)为透视
        前的平移量，dx,dy 为显示时的平移量

```
void    Polyhedra4(CDC *pDC,int x[],int y[],int z[],int pn,int PLine[],int LFaceS[],int LFaceE[],int fn,
                int h,float a,float b,int ddx,int ddy,int ddz,int dx,int dy,COLORREF color)
{    int xx[50],yy[50];
     float H;
      for(int i=0;i<pn;i++)
            H=1+x[i]*cos(a)*sin(b)/h-y[i]*sin(a)/h-z[i]*cos(a)*cos(b)/h-(float)ddz/h,
            xx[i]=(x[i]*cos(b)+z[i]*sin(b)+ddx)/H+dx,
            yy[i]=(x[i]*sin(a)*sin(b)+y[i]*cos(a)-z[i]*sin(a)*cos(b)+ddy)/H+dy;
      for(i=0;i<fn;i++)
         for(int j=LFaceS[i];j<LFaceE[i];j++)
            Line1(pDC,xx[PLine[j]],yy[PLine[j]],xx[PLine[j+1]],yy[PLine[j+1]],color);
}
```

4．观察坐标系下的一点透视

在简单一点透视投影变换中，由于投影平面取坐标系中的一个坐标平面，因此用一个坐标系即可表示透视投影变换。在此方法中，引出变换公式直观、好理解，其缺点是用户选择较好的视点比较困难。而且在透视投影中，人们往往要求物体不动，让视点在以形体为中心的球面上变化来观察形体各个方向上的形象。解决这个问题的办法是引入一个过渡坐标系，称为观察坐标系，视点为 O_e，如图 4-35 所示，观察坐标系是左手坐标法则。

在用户坐标系下，形体上的一点 (x_w, y_w, z_w) 在视平面（投影平面）上的投影 (x, y, z) 为

$$x = x_c + (x_w - x_c)t$$
$$y = y_c + (y_w - y_c)t$$
$$z = z_c + (z_w - z_c)t$$

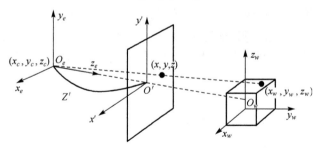

图 4-35　观察坐标系下的透视投影

此公式在观察坐标系下，(x_c, y_c, z_c) 取值为 $(0, 0, 0)$，用户坐标系下的点 (x_w, y_w, z_w) 取值为 (x_e, y_e, z_e)，这样上述公式在观察坐标系就变为

$$x = x_e t$$
$$y = y_e t$$
$$z = z_e t$$

将 (x, y, z) 约束到视平面上，则

$$z = z', \quad t = z'/z_e$$

z'为视平面在观察方向上离视点的距离，所以在观察坐标系下，一点透视的变换公式为

$$x = x_e z'/z_e$$
$$y = y_e z'/z_e$$
$$z = z'$$

通过以上分析，可知问题转化成如何将用户坐标系下的点坐标 (x_w, y_w, z_w) 变换为观察坐标系下的点坐标 (x_e, y_e, z_e)。求用户坐标系到观察坐标系的变换矩阵方法有多种，这里介绍一种将用户坐标系经过平移和旋转变换，使之与观察坐标系重合而求得复合变换矩阵 V 的方法：若 $[x_e \ y_e \ z_e \ 1] = [x_w \ y_w \ z_w \ 1]V$，则 V 矩阵的推导分为 5 步。

1）将用户坐标系的原点平移到视点，设视点在用户坐标系下的坐标为 (a, b, c)。

$$T_1 = \begin{bmatrix} 1 & 0 & 0 & 0 \\ 0 & 1 & 0 & 0 \\ 0 & 0 & 1 & 0 \\ -a & -b & -c & 1 \end{bmatrix}$$

2）令平移后的新坐标系绕 x 轴旋转 $90°$，则形体上的点是顺转 $90°$。

$$T_2 = \begin{bmatrix} 1 & 0 & 0 & 0 \\ 0 & \cos 90° & -\sin 90° & 0 \\ 0 & \sin 90° & \cos 90° & 0 \\ 0 & 0 & 0 & 1 \end{bmatrix} = \begin{bmatrix} 1 & 0 & 0 & 0 \\ 0 & 0 & -1 & 0 \\ 0 & 1 & 0 & 0 \\ 0 & 0 & 0 & 1 \end{bmatrix}$$

3）再将新坐标系绕 y 轴顺时针旋转 θ 角，此时 θ 角大于 $180°$，形体顶点逆转 θ 角。

$$\cos\theta = -\frac{b}{\sqrt{a^2+b^2}}, \sin\theta = -\frac{a}{\sqrt{a^2+b^2}}, \diamondsuit v = \sqrt{a^2+b^2}$$

$$T_3 = \begin{bmatrix} -b/v & 0 & a/v & 0 \\ 0 & 1 & 0 & 0 \\ -a/v & 0 & -b/v & 0 \\ 0 & 0 & 0 & 1 \end{bmatrix}$$

4）再令新坐标系绕 x 轴顺时针旋转 ϕ 角，形体顶点逆转 ϕ 角。

$$u = \sqrt{a^2+b^2+c^2}, \cos\phi = v/u, \sin\phi = c/u$$

$$T_4 = \begin{bmatrix} 1 & 0 & 0 & 0 \\ 0 & v/u & c/u & 0 \\ 0 & -c/u & v/u & 0 \\ 0 & 0 & 0 & 1 \end{bmatrix}$$

5）右手坐标法则变成左手坐标法则，z 轴反向。

$$T_5 = \begin{bmatrix} 1 & 0 & 0 & 0 \\ 0 & 1 & 0 & 0 \\ 0 & 0 & -1 & 0 \\ 0 & 0 & 0 & 1 \end{bmatrix}$$

所以

$$V = T_1 \cdot T_2 \cdot T_3 \cdot T_4 \cdot T_5 = \begin{bmatrix} -b/v & -ac/uc & -a/u & 0 \\ a/v & -bc/uv & -b/u & 0 \\ 0 & v/u & -c/u & 0 \\ 0 & 0 & u & 1 \end{bmatrix}$$

在引入观察坐标系后，设视点 (a, b, c)，视平面在观察方向上离视点的距离为 z'，设 $u = \sqrt{a^2 + b^2 + c^2}$，$v = \sqrt{a^2 + b^2}$，形体的顶点坐标为 (x_w, y_w, z_w)，变换到观察坐标系下的坐标为 (x_e, y_e, z_e)，经透视投影到视平面上的坐标为 (x, y)，则透视投影变换公式为

$$[x_e \ y_e \ z_e \ 1] = [x_w \ y_w \ z_w \ 1] \begin{bmatrix} -b/v & -ac/uc & -a/u & 0 \\ a/v & -bc/uv & -b/u & 0 \\ 0 & v/u & -c/u & 0 \\ 0 & 0 & u & 1 \end{bmatrix}$$

$$x_e = -b/v \cdot x_w + a/v \cdot y_w$$
$$y_e = -ac/uv \cdot x_w - bc/uv \cdot y_w + v/u \cdot z_w$$
$$z_e = -a/u \cdot x_w - b/u \cdot y_w - c/u \cdot z_w + u$$
$$x = x_e \cdot z'/z_e$$
$$y = y_e \cdot z'/z_e$$

在显示形体的一点透视投影图的程序设计过程中，还应注意下列两个问题。

● 一般先求出形体外接球，将用户坐标系的原点移到外接球的球心位置，以便视点在形体外接球面上移动时，保证能清楚地看到形体不同位置的形状。

● 视平面上的投影图在屏幕上显示时，仍要做窗口视图变换，尤其是与三视图一起在屏幕上显示时，更要注意这种情况。

4.3.4 投影空间

相对于二维的窗口概念，三维的投影窗口称为投影空间，一般在观察坐标系下定义投影窗口。透视投影空间为四棱台体，平行投影空间为四棱柱体。如果投影线（视线）平行于坐标轴，通常得到正四棱台或正四棱柱的投影空间，否则为斜四棱台或斜四棱柱投影空间。但在输出时，总要把斜四棱台或斜四棱柱变换成理想的正四棱台或正四棱柱空间，以减少计算工作量。

图形输出过程一般要经过用户坐标系到观察坐标系的变换、裁剪空间的规格化变换、规格化图像空间的变换，以及投影变换，才能使用户定义的形体在屏幕上正确、迅速地显示出来。

1. 透视投影空间的定义

如图 4-36 所示，透视投影空间由下述 6 个参数定义。

● 投影中心 $O_e(x_e, y_e, z_e)$，又称为观点，相当于观察者眼睛的位置坐标，改变投影中心坐标即从不同角度观察形体。

● 投影平面法向 VPN(x_n, y_n, z_n)，一般把观察坐标系的 z_e 轴作为观察平面法向。

● 观察右向 PREF(x_p, y_p, z_p)，它和垂直向上向量 Y_e 相互垂直，因而可选择 X_e 作为观察右向。在视点确定之后，观察坐标系的 Z_e 指向用户坐标系原点，这时 X_e、Y_e 可以在垂直且过视点的不同位置上，定义不同的 X_e（或 Y_e），在投影平面上会产生旋转投影图的效果。

● 观察点 O_e 到观察空间前、后截面的距离 FD 和 BD，用来控制四棱台裁剪空间的长度

和位置。

- 观察点 O_e 到投影平面的距离 VD，用来控制投影图的大小。VD 小，投影图小；VD 大，则投影图大，一般要求 VD > 0。
- 窗口中的 O_w 及窗口半边长 WSU、WSV，是在投影平面上定义的二维窗口的位置及大小。

2. 平行投影空间的定义

如图 4-37 所示，在观察坐标系下的平行投影空间可用四棱柱表示。通常由下列 5 个参数定义。

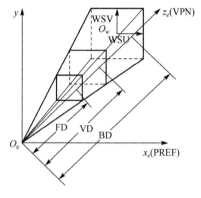

图 4-36 透视投影空间   图 4-37 平行投影空间

- 观察参考点 VRP (x_e, y_e, z_e)。
- 投影平面法 NOERM (x_n, y_n, z_n)。
- 观察参考点与前、后截面之间的距离 FD、BD。
- 投影平面上矩形窗口中心 O_s 及沿 x_e、y_e 方向上的半边长 WSU、WSV。
- 观察右向 PREF (x_p, y_p, z_p)。

上述参数与透视投影参数类似。但在平行投影时，投影平面无论在什么位置，都不会改变投影图的大小。为简便处理，可将后截面作为投影平面，从而不必再定义投影平面与 VRP 之间的距离。

习题 4

1. 已知在用户域 W 中的窗口区有一条直线 A，如图 4-38 所示，求出该直线在屏幕域 V 中的视图区的坐标位置。

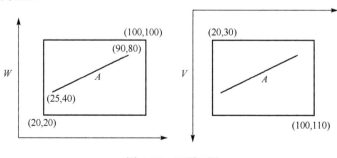

图 4-38 习题 1 图

2. 试求三维空间任一点(x, y, z)绕x轴旋转多少角度，才能转到xOy平面上。

3. 已知立方体长度为 100，如图 4-39 所示，按右手坐标法则，绕y轴旋转$-45°$，再绕x轴旋转$45°$，再向$z = 0$面作平行正投影，求出投影后 8 个顶点的坐标。

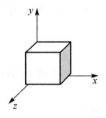

图 4-39　习题 3 图

4. 如图 4-39 所示，如果平行投影方向为$(1, 1, -1)$，求出投影到xOy平面上 8 个顶点的坐标。

5. 如图 4-39 所示，如果视点在$(0, 0, 200)$处，立方体平移$(50, 50, 0)$，求透视投影到xOy平面上 8 个顶点的坐标。

6. 给出一个简易桌子（一个桌面、四个脚）的各个顶点的坐标值，并编程绘制其正轴测投影图及斜平行投影图。

第5章 图 形 裁 剪

本章介绍的裁剪算法包括二维裁剪和三维裁剪。裁剪是抽取数据的一部分，或识别一个指定区域内部或外部的画面或图片的成分的过程。这个指定的区域通常称为"裁剪区域"或"裁剪窗口"。裁剪是计算机图形学许多重要问题的基础。裁剪最典型的应用是从一个较大的环境中抽取特定的信息，以显示某一局部的画面或视图。

裁剪区域可以是规则的，也可以是不规则的。裁剪对象可以是规则形体，也可以是不规则形体。本章在二维裁剪中，裁剪区域（即裁剪窗口）只考虑规则矩形和多边形，裁剪对象只考虑点、线段、多边形和字符等；在三维裁剪中，裁剪区域只考虑长方体和平截头正四棱锥两种裁剪盒，裁剪对象只考虑线段。

5.1 二维裁剪

图 5-1 给出了一幅二维画面和一个规则裁剪窗口。裁剪窗口是一个由左（L）、右（R）、上（T）和下（B）4 条边定义的矩形，它的左下角和右上角坐标分别为 (x_L, y_B) 和 (x_R, y_T)。图形裁剪就是确定画面中哪些点、线段或线段的一部分位于裁剪窗口之内。位于窗口之内的这些点、线段或线段的一部分被保留并显示，而画面的其他部分则被裁去。

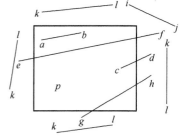

由于在一个典型画面或图形中，需要对大量的点或线段进行裁剪，因此裁剪算法的效率至关重要。

点的裁剪十分简单，一个点 $P(x, y)$ 位于裁剪窗口之内的条件为

$$x_L \leqslant x \leqslant x_R \qquad y_B \leqslant y \leqslant y_T$$

图 5-1 二维规则裁剪窗口

其中，等号表示点 (x, y) 位于窗口边界上。

线段的裁剪有多种算法，但算法的基本思想都是基于以下几点来考虑。

1）线段是否全不在窗口内，若是，则结束。

2）线段是否全在窗口内，若是，则转到步骤 4）。

3）计算该线段与窗口边界的交点，以此将线段分成两部分；丢弃不可见的部分，对剩下的部分转到步骤 2）。

4）保留并显示该线段。

从图 5-1 中可以看到，线段 *ab* 完全可见，线段 *ij*、*kl* 完全不可见，线段 *cd*、*ef* 和 *gh* 都是部分可见，其中线段 *cd* 与窗口只有一个交点，经过一次求交点计算就可确定其可见部分；而线段 *gh* 和 *ef* 则必须经过两次求交计算才能确定其可见部分。

5.1.1 Cohen-Sutherland 直线裁剪算法

Cohen-Sutherland（科恩-萨瑟兰）直线裁剪算法利用直线的端点编码进行裁剪。

1. 编码规则

如图 5-2 所示，延长窗口边界，把未经裁剪的图形空间分成 9 个区域，每个区域赋予一个 4 位二进制代码。设最右边的位为第 1 位（最低二进制位），编码规则如下。

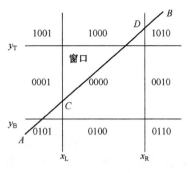

图 5-2 线段端点的区域编码

左边 3 个区域第 1 位为 1，右边 3 个区域第 2 位为 1，下边 3 个区域第 3 位为 1，上边 3 个区域第 4 位为 1，中间区域 4 位都为 0。

设线段端点 p 的坐标为 (x, y)，根据编码规则，可求出其两个端点的编码。

若 $x < x_L$，则第 1 位置 1，否则为 0；若 $x > x_R$，则第 2 位置 1，否则为 0。

若 $y < y_B$，则第 3 位置 1，否则为 0；若 $y > y_T$，则第 4 位置 1，否则为 0。

2. 裁剪方法

如图 5-2 所示，根据线段端点的区域编码，很容易对一条线段的可见性进行测试。

1）若线段两端点的 4 位代码均为 0，则两端点均在窗口内，该线段完全可见。

2）若线段两端点的 4 位代码按位逻辑"与"结果为非 0，则该线段完全不可见，可立即舍弃。

3）若线段两端点的 4 位代码按位逻辑"与"结果为 0，则该线段的可见性需进一步判断，它可能部分可见，也可能完全不可见。这时需计算线段与窗口边界的交点，再转到步骤 1）和步骤 2）继续测试。

线段与窗口边界的求交方法如下。

设线段两端点为 $p_1(x_1, y_1)$ 和 $p_2(x_2, y_2)$，过此两点的直线方程为

$$y = k(x - x_1) + y_1$$

其中，$k = (y_2 - y_1)/(x_2 - x_1)$ 为直线的斜率。上述直线方程与窗口各边界的交点为

左：$\begin{cases} x = x_L \\ y = k(x_L - x_1) + y_1 \end{cases} \quad k \neq \infty$

右：$\begin{cases} x = x_R \\ y = k(x_R - x_1) + y_1 \end{cases} \quad k \neq \infty$

下：$\begin{cases} x = x_1 + (1/k)(y_B - y_1) \\ y = y_B \end{cases} \quad k \neq 0$

上：$\begin{cases} x = x_1 + (1/k)(y_T - y_1) \\ y = y_R \end{cases} \quad k \neq 0$

3. 裁剪实例

【例 5-1】 用编码算法裁剪如图 5-3a 所示的直线 AB。

图 5-3a 中直线 AB 的左端点 A 的编码为 0101，右端点 B 的编码为 1010，$A(0101)$ 和 $B(1010)$ 按位逻辑"与"结果为 0，则线段 AB 需要裁剪。

如图 5-3b 所示，设从 A 端点开始裁剪，因为 A 端点的编码为 0101，从编码的右边开始，第 1 位是 1，所以直线与左边界有交点，求交点 C，CB 为第 1 次裁剪结果。$C(0000)$ 和 $B(1010)$ 按位逻辑"与"结果为 0，则该线段 CB 需要裁剪。

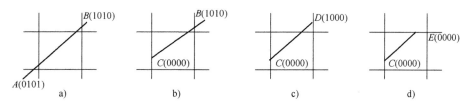

图 5-3　线段 *AB* 的裁剪过程

如图 5-3c 所示，由于 *C* 编码为 0000，已在窗口内，再从右端 *B* 点开始计算交点，因为 *B* 端点的编码为 1010，从编码的右边开始，第 2 位是 1，所以直线与右边界有交点，求交点 *D*。*D*(1000) 和 *C*(0000) 按位逻辑"与"结果为 0，则该线段 *CD* 需要裁剪。

如图 5-3d 所示，由于 *D* 的编码为 1000，从右边开始，第 4 位是 1，所以与上边界有交点，求交点 *E*。*E*(0000) 与 *C*(0000) 的 4 位代码均为 0，则两端点均在窗口内，该线段完全可见，结束。

【例 5-2】　用编码算法裁剪如图 5-4a 所示的直线 *MN*。

图 5-4a 中的直线 *MN* 的左端点 *M* 的编码为 0100，右端点 *N* 的编码为 0010，*M*(0100) 和 *N*(0010) 按位逻辑"与"结果为 0，则线段 *MN* 需要裁剪。

如图 5-4b 所示设从 *M* 端点开始，因为 *M* 端点的编码为 0100，从编码的右边开始，第 3 位是 1，所以与下边界有交点，求交点 *P*，*PN* 为第 1 次裁剪结果。*P*(0010) 和 *N*(0010) 按位逻辑"与"结果不为 0，则该线段 *PN* 不可见，结束。

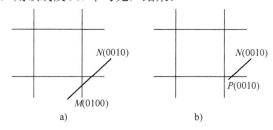

图 5-4　*MN* 线段的裁剪过程

4．程序设计

计算端点编码的函数设计如下。

```
//参数：r 为裁剪矩形框，(x,y)为端点坐标
int Code(RECT r,int x,int y)
{     int c=0;
      if(x<r.left)c=1;
      else if(x>r.right)c=2;
      if(y<r.top)c=c+4;
      else if(y>r.bottom)c=c+8;
      return c;
   }
```

裁剪直线的函数设计如下。

```
void ClippingLine(CDC *pDC,RECT r,int x1,int y1,int x2,int y2,COLORREF color)
{int t,c1,c2;
 c2=Code(r,x2,y2);                //计算(x2,y2)的区域码
 while(true)
    {     c1=Code(r,x1,y1);       //计算(x1,y1)的区域码
```

```
        if(c1==0&&c2==0)                //用(x1,y1)和(x2,y2)在窗口内绘制直线全部可见段
        { Line1(pDC,x1,y1,x2,y2,color);
         break;
        }
         else if((c1&c2)!=0)break;      //直线不可见
        else if(c1==0)
        {    t=x1,x1=x2,x2=t;           //交换(x2, y2)与(x1, y1)
             t=y1,y1=y2,y2=t;
             t=c1,c1=c2,c2=t;           //交换 c1 与 c2
        }
        if((c1&1)!=0)                    //(x1, y1)端点在窗口左边
             x1= r.left, y 1=y1+(y2-y1)*(r.left-x1)/(x2-x1);
        else if((c1&2)!=0)              //(x1, y1)端点在窗口右边
             x1=r.right ,y1=y1+(y2-y1)*(r.right-x1)/(x2-x1);
        else if((c1&8)!=0)              //(x1, y1)端点在窗口下边
        x1=x1+(x2-x1)*(r.bottom-y1)/(y2-y1),y1=r.bottom;
        else if((c1&4)!=0)              //(x1, y1)端点在窗口上边
        x1=x1+(x2-x1)*(r.top-y1)/(y2-y1),y1=r.top;

     }
  }
```

调用上述函数实例如下。

```
RECT r;
r.left=100,r.right=300,r.top=100,r.bottom=300;
Line1(pDC,r.left,r.top,r.right,r.top,RGB(255,0,0));
Line1(pDC,r.right,r.top,r.right,r.bottom,RGB(255,0,0));
Line1(pDC,r.right,r.bottom,r.left,r.bottom,RGB(255,0,0));
Line1(pDC,r.left,r.bottom,r.left,r.top,RGB(255,0,0));
ClippingLine(pDC,r,50,250,400,150,RGB(0,0,0));
```

图 5-5a 所示为裁剪前的直线，图 5-5b 所示为程序运行结果。

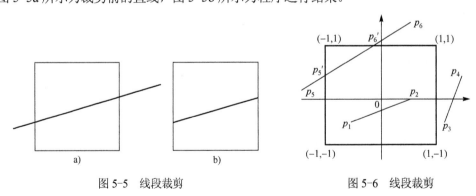

图 5-5 线段裁剪   图 5-6 线段裁剪

【例 5-3】 执行上面程序，考虑如图 5-6 所示的裁剪窗口和被裁剪线段 p_1p_2、p_3p_4 和 p_5p_6，其中各线段端点坐标为 $p_1(-1/2，-1/2)$、$p_2(1/2，0)$、$p_3(7/6，-1/2)$、$p_4(3/2，1/2)$、$p_5(-3/2，1/6)$ 和 $p_6(1/2，3/2)$。

  ● 考虑线段 p_1p_2。

p_2 的编码 c2 为 0000，p_1 的编码 c1 为 0000，程序执行 Line1(pDC,x1,y1,x2,y2,color)语句显

示线段 p_1p_2。

● 考虑线段 p_3p_4。

p_4 的编码 c2 为 0010，p_3 的编码 c1 为 0010，(c1&c2)<>0，程序执行 break 语句，丢弃线段 p_3p_4。

● 考虑线段 p_5p_6。

p_6 的编码 c2 为 1000，p_5 的编码 c1 为 0001，(c1&c2)==0，该线段既非完全可见，也非完全不可见。因为(c1&1)<>0，p_5 端点在窗口左边，计算 p_5p_6 与窗口左边界 $(x=-1)$ 的交点 p_5'。

$$x=-1$$
$$y=1/6+(3/2-1/6)(-1+3/2)/(1/2+3/2)=1/2$$

用交点 p_5' 取代 p_5，得到新线段 $p_5'(-1,1/2)p_6(1/2,3/2)$，p_5' 端点 c1 的编码为 0000，c2 仍为 1000，它仍然不是完全可见线段或显然不可见线段，交换 p_5' 与 p_6 端点的坐标及编码，因为(c1&8)<>0，p_6 在窗口上边，计算 $p_5'p_6$ 与窗口上边界的交点。

$$x=1/2+(-1-1/2)(1-3/2)/(1/2-3/2)=-1/4$$
$$y=1$$

用交点 p_6' 取代 p_6，得到新线段 $p_6'(-1/4,1)p_5'(-1,1/2)$，p_6' 和 p_5' 端点的编码 c1 和 c2 均为 0，此线段完全可见。画出此线段，再执行 break 语句。

5.1.2　中点分割算法

5.1.1 节给出的端点编码算法需对被裁剪线段和窗口各边界进行求交计算，如果不断地在中点处将线段一分为二，那么上述直接求交过程可用类似于二分区间方法求方程的根或用折半查找法替代。中点分割算法是 Sproull（斯普劳尔）和 Sutherland 为了便于硬件实现而提出的，它是 Cohen-Sutherland 直线裁剪算法的特例。如果用软件实现，本算法比前面所述用线段与窗口边界直接求交要慢，而用硬件实现时效率高，因为算法可以并行处理，而且用硬件执行加法和除 2 运算速度快。

算法采用线段端点编码和相应的检查方法，先判定线段是完全可见线段还是不可见线段，如果都不符合，再进行中点分割。算法分别从线段的两个端点出发，分别求出离本端点最远的可见点，这个可见点既可是窗口内的点，也可是线段与窗口边界的交点。两个可见点之间的线段就是所求的可见线段。为了算法描述方便，假定被裁剪线段为 p_1p_2，算法步骤如下。

首先输入线段端点 p_1、p_2，若 p_1 和 p_2 全不可见，没有输出，处理结束。

然后处理端点 p_2。

1）若 p_2 可见，则它为离 p_1 最远的可见点，处理结束。

2）$p_a=p_1$，$p_b=p_2$。

3）取 p_ap_b 的中点 p_m，若 p_mp_b 为显然不可见线段，则 $p_b=p_m$；若 p_ap_m 为显然不可见线段，则 $p_a=p_m$。

4）若 p_ap_b 很短，达到允许精度，将 p_a 或 p_b 作为可见点，处理结束；否则，转到步骤 3）。

最后对端点 p_1 重复上述的处理过程。

为了更好地理解算法，下面举一个例子加以说明。

【例 5-4】 中点分割如图 5-7 所示的线段 a、b、c 和 d。

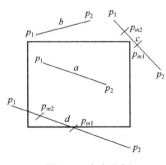

图 5-7　中点分割

- 线段 a：两端点编码为全 0，是完全可见线段。
- 线段 b：两端点编码按位逻辑与不为 0，是不可见线段。
- 线段 c：两端点编码按位逻辑与结果为 0，用中点分割法。

从 p_2 开始，$p_a=p_1$，$p_b=p_2$，计算中点 p_{m1}，$p_{m1}p_b$ 为显然不可见段并舍弃，p_{m1} 代替 p_b；取其中点 p_{m2}，$p_{m2}p_b$ 不是完全不可见段，p_{m2} 代替 p_a；继续分割，直至在给定精度下把线段近似为一个点，然后求此点的编码，可知该点不可见。

再从 p_1 开始，同样得该点不可见，最终线段 c 为不可见线段。

- 线段 d：两端点编码按位逻辑与结果为 0，用中点分割法。

从 p_2 开始，$p_a = p_1$，$p_b = p_2$，计算中点 p_{m1}，$p_{m1}p_2$ 为完全不可见段并舍弃，p_{m1} 代替 p_b；再取中点 p_{m2}，$p_{m2}p_b$ 不是完全不可见段，p_{m2} 代替 p_a；继续分割，直至在给定精度下可把线段近似为一个点，然后求此点的编码，可知该点是离 p_1 最远的可见点。

再对端点 p_1 重复以上处理过程，求得线段与窗口左边界的交点，它就是离 p_2 最远的可见点。这两个可见点之间的线段为可见段，将它画出，算法结束。

5.1.3 凸多边形窗口的 Cyrus-Beck 线裁剪算法

考虑一个凸多边形裁剪窗口 R，被裁剪线段 p_1p_2。如图 5-8 所示，说明 Cyrus-Beck（赛勒斯-贝克）线裁剪算法的思想方法。

线段 p_1p_2 的参数方程为

$$p(t) = p_1 + (p_2 - p_1)t \qquad (0 \leqslant t \leqslant 1)$$

其中，t 为参数，当 $t < 0$ 或 $t > 1$ 时，表明点 $p(t)$ 位于直线的两端点之外，可以舍去。

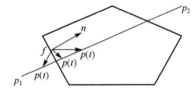

图 5-8　Cyrus-Beck 线裁剪算法

设 f 是 R 边界上一点，n 是 R 边界上在点 f 处的内法向量，对于直线 p_1p_2 上任一点 $p(t)$，点积 $n \cdot [p(t) - f]$ 的符号表明

$$n \cdot (p(t) - f) \begin{cases} > 0 & p(t) - f \text{ 指向} R \text{的内部} \\ = 0 & p(t) - f \text{ 平行包含} f \text{ 的边界且与} n \text{垂直} \\ < 0 & p(t) - f \text{ 指向} R \text{的外部} \end{cases}$$

由于一条无限长的直线与凸多边形窗口 R 至多有两个交点，且此两交点不可能在 R 的同一条边界上，因此方程 $n \cdot [p(t) - f] = 0$ 只有一个解，于是满足此方程的 t 值的点就是 p_1p_2 与 f 所在边的交点。

假定窗口 R 有 k 条边，f_i $(i=1, 2, \cdots, k)$ 是每条边上取定的点（f_i 可取凸多边形窗口的顶点，以便两条边共用），n_i 是 R 边界上在点 f_i 处的内法向量，点积的符号表明

$$n_i \cdot [p(t) - f_i] \begin{cases} > 0 & p(t) - f_i \text{指向} R \text{的内部} \\ = 0 & p(t) - f_i \text{平行包含} f_i \text{的边界且与} n_i \text{垂直} \\ < 0 & p(t) - f_i \text{指向} R \text{的外部} \end{cases}$$

将前面的线段参数方程代入 $n_i \cdot [p(t) - f_i] = 0$，可得

$$n_i [p_1 + (p_2 - p_1)t - f_i] = 0 \qquad (0 \leqslant t \leqslant 1,\ i = 1, 2, 3, \cdots, k)$$

令 $D = p_2 - p_1$ 为直线 p_1p_2 的方向向量，$w_i = p_1 - f_i$ 称为权因子。于是上式变为

$$t(n_i \cdot D) + n_i \cdot w_i = 0$$

解得 t 为

$$t = -(n_i \cdot w_i)/(n_i \cdot D), \quad D \neq 0, \quad i = 1, 2, \cdots, k$$

$n_i \cdot D = 0$ 的充要条件为 $D = 0$，这意味着 $p_1 = p_2$，即线段退化为一个点。这时，若 $n_i \cdot w_i < 0$，则这个点位于窗口 R 之外；若 $n_i \cdot w_i > 0$，则点位于窗口 R 之内。

上式可用来计算直线 $p_1 p_2$ 与窗口 R 各边交点的 t 值。若 t 值位于[0, 1]之外，则可舍弃。否则把这些 t 值分为两组，一组为下限组，它由 $n_i \cdot D > 0$ 决定，其 t 值分布于线段起点一侧；另一组为上限组，它由 $n_i \cdot D < 0$ 决定，其 t 值分布于线段终点一侧。然后求出下限组的最大 t 值 t_L、上限组的最小 t 值 t_u，则从点 $p(t_L)$ 到点 $p(t_u)$ 的线段就是所求的可见线段。

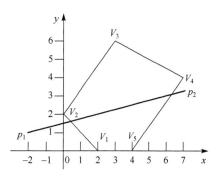

图 5-9 凸多边形窗口的线裁剪

【例 5-5】 图 5-9 给出了一个五边形的裁剪窗口，其中 $V_1(2, 0)$，$V_2(0, 2)$，$V_3(3, 6)$，$V_4(7, 4)$ 和 $V_5(4, 0)$。用 Cyrus-Beck 裁剪线段 $p_1(-2, 1)$ 到 $p_2(7, 3)$。

表 5-1 列出了 Cyrus-Beck 的裁剪结果。

表 5-1 Cyrus-Beck 线裁剪结果

边	n	f	w	$w \cdot n$	$D \cdot n$	t_L	t_u
V_1V_2	(1, 1)	(2, 0)	[−4, 1]	−3	11	3/11	
V_2V_3	(4, −3)	(3, 6)	[−5, −5]	−5	30	1/6	
V_3V_4	(−1, −2)	(3, 6)	[−5, −5]	15	−13		15/13
V_4V_5	(−4, 3)	(4, 0)	[−6, 1]	27	−30		9/10
V_5V_1	(0, 1)	(2, 0)	[−4, 1]	1	2	−1/2	

下面考虑窗口边 V_4V_5 的裁剪过程。

$D = p_2 - p_1 = (7 \quad 3) - (-2 \quad 1) = (9 \quad 2)$，取窗口边点 $f(4, 0)$，边 V_4V_5 的方向向量为 $V_5V_4 = (4 \quad 0) - (7 \quad 4) = (-3 \quad -4)$，因此该边的内法向量为 $n = (-4 \quad 3)$，$w = p_1 - f = (-2 \quad 1) - (4 \quad 0) = (-6 \quad 1)$，因为 $D \cdot n = (9 \quad 2)(-4 \quad 3) = -30$，故所求 t 值属上限组，由于

$$w \cdot n = (-6 \quad 1) \cdot (-4 \quad 3) = 27$$

故 $$t_u = -(w \cdot n)/(D \cdot n) = -27/(-30) = 9/10$$

由表 5-1 可知，最大下限值 $t_L = 3/11$，最小上限值 $t_u = 9/10$，故直线 $p_1 p_2$ 在 $3/11 \leqslant t \leqslant 9/10$ 内为可见线段，即

$$p(3/11) = p_1 + (p_2 - p_1) \cdot t = (-2 \quad 1) + (9 \quad 2) 3/11 = (5/11 \quad 17/11)$$

$$p(9/10) = p_1 + (p_2 - p_1) \cdot t = (-2 \quad 1) + (9 \quad 2) 9/10 = (61/10 \quad 28/10)$$

当凸多边形是矩形窗口，且矩形的边平行于坐标轴时，上述算法可简化为 Liang-Barsky（梁友栋-巴斯基）算法，如表 5-2 所示。

表 5-2 Liang-Barsky 算法所用的量

边	n	f	W	t
左边 $x = x_L$	(1, 0)	(x_L, y)	$(x_1 - x_L, y_1 - y)$	$(x_1 - x_L)/-(x_2 - x_1)$
右边 $x = x_R$	(−1, 0)	(x_R, y)	$(x_1 - x_R, y_1 - y)$	$-(x_1 - x_R)/(x_2 - x_1)$
下边 $y = y_B$	(0, 1)	(x, y_B)	$(x_1 - x, y_1 - y_B)$	$(y_1 - y_B)/-(y_2 - y_1)$
上边 $y = y_T$	(0, −1)	(x, y_T)	$(x_1 - x, y_1 - y_T)$	$-(y_1 - y_T)/(y_2 - y_1)$

5.1.4 内裁剪与外裁剪

前面讨论的是直线相对于规则矩形或凸多边形裁剪窗口内部的裁剪，把线段位于窗口外的部分舍弃，只保留并显示位于窗口内的部分，这样的裁剪称为内裁剪。实际上，也可以把直线相对于窗口外部进行裁剪，决定线段的哪些部分位于窗口之外，保留并显示这些位于窗口外面的部分，这样的裁剪是外裁剪。例如，在图 5-9 中，线段 p_1p_2 位于窗口之外的参数值范围为

$$0 \leqslant t < 3/11 \ \text{和} \ 9/10 < t \leqslant 1$$

即从点 $(-2, 1)$ 到 $(5/11, 17/11)$ 和 $(61/10, 28/10)$ 到 $(7, 3)$ 的两段为可见段。

外裁剪有下列两个重要的应用。

1）应用于凹多边形裁剪窗口的线段裁剪。如图 5-10 所示，线段 p_1p_2 相对于凹多边形 $v_1v_2v_3v_4v_5v_1$ 进行裁剪。连接 v_2v_4，$v_1v_2v_4v_5v_1$ 为凸多边形，应用 Cyrus-Beck 算法，先将 p_1p_2 对此凸多边形作内裁剪得到 $p_1'p_2'$，再将 $p_1'p_2'$ 对多边形 $v_2v_3v_4v_2$ 作外裁剪，最后得到窗口内部分为 $p_1'p_1''$ 和 $p_2'p_2''$。

2）应用于多重窗口显示。如图 5-11 所示，窗口 2 和窗口 3 的优先级高于窗口 1，而窗口 1 的优先级又高于显示窗口。因此，显示窗口内的数据需对自身作内裁剪，然后再对窗口 1 至窗口 3 作外裁剪。窗口 1 内的数据除需对自身作内裁剪外，还需对窗口 2 和窗口 3 作外裁剪。窗口 2 和窗口 3 内的数据只要各自对自身作内裁剪就可以了。

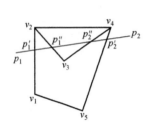

图 5-10 凹多边形窗口的线裁剪

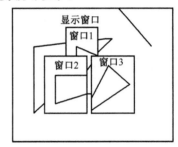

图 5-11 多重窗口裁剪

5.1.5 凹凸多边形的判定

讨论 Cyrus-Beck 线裁剪算法时，裁剪窗口必须是一个凸多边形，并需要求出窗口的每一个边界上的内法线向量。现在来讨论如何判定一个多边形的凹凸性。

设多边形由顶点序列 $v_1, v_2, \cdots, v_n$ 定义，则其边向量为 $v_iv_{i+1}(i = 1, 2, \cdots, n-1)$ 和 v_nv_1，算法描述如下。

计算多边形相邻两边向量的叉积：$v_nv_1 \times v_1v_2$，$v_iv_{i+1} \times v_{i+1}v_{i+2}(i=1, 2, \cdots, n-2)$，以及 $v_{n-1}v_n \times v_nv_1$，由于多边形在 xOy 平面上，两边向量的叉积向量垂直于 xOy 平面，其向量为（0，0，z）的形式，这里叉积的符号由 z 值决定。

- 全部为 0，则多边形各边共线。
- 一部分为正，一部分为负，则多边形为凹形。
- 全部大于 0 或等于 0，则多边形为凸形，并且沿着边的正方向，内法线指向其左侧。
- 全部小于 0 或等于 0，则多边形为凸形，并且沿着边的正方向，内法线指向其右侧。

此外，也可取多边形的一个顶点为基点，依次计算由该顶点至多边形相邻两个顶点向量的叉积，其判定规则与上述相同。

【**例 5-6**】 判定图 5-12 中两个多边形的凹凸性。

以图 5-12a 中 v_2 处说明叉积的计算，然后将两个多边形各顶点处叉积符号计算的完整结果列于表 5-3 和表 5-4 中。

表 5-3 图 5-12a 的边向量叉积

顶点	向 量 叉 积
v_1	$v_4v_1 \times v_1v_2 = (0 \quad -2 \quad 0) \times (3 \quad 1 \quad 0): +6$
v_2	$v_1v_2 \times v_2v_3 = (3 \quad 1 \quad 0) \times (0 \quad 1 \quad 0): +3$
v_3	$v_2v_3 \times v_3v_4 = (0 \quad 1 \quad 0) \times (-3 \quad 0 \quad 0): +3$
v_4	$v_3v_4 \times v_4v_1 = (-3 \quad 0 \quad 0) \times (0 \quad -2 \quad 0): +6$

表 5-4 图 5-12b 的边向量叉积

顶点	向 量 叉 积
v_1	$v_6v_1 \times v_1v_2 = (-1 \quad -1 \quad 0) \times (3 \quad 0 \quad 0): +3$
v_2	$v_1v_2 \times v_2v_3 = (3 \quad 0 \quad 0) \times (-1 \quad 2 \quad 0): +6$
v_3	$v_2v_3 \times v_3v_4 = (-1 \quad 2 \quad 0) \times (1 \quad 1 \quad 0): -3$
v_4	$v_3v_4 \times v_4v_5 = (1 \quad 1 \quad 0) \times (-3 \quad 0 \quad 0): +3$
v_5	$v_4v_5 \times v_5v_6 = (-3 \quad 0 \quad 0) \times (1 \quad -2 \quad 0): +6$
v_6	$v_5v_6 \times v_6v_1 = (1 \quad -2 \quad 0) \times (-1 \quad -1 \quad 0): -3$

在 V_2 处的相邻两边向量为

$$\pmb{p} = v_1v_2 = v_2 - v_1 = (3 \quad 1 \quad 0) - (0 \quad 0 \quad 0) = (3 \quad 1 \quad 0)$$

$$\pmb{r} = v_2v_3 = v_3 - v_2 = (3 \quad 2 \quad 0) - (3 \quad 1 \quad 0) = (0 \quad 1 \quad 0)$$

$$\pmb{p} \times \pmb{r} = (p_yr_z - p_zr_y)\pmb{i} + (p_zr_x - p_xr_z)\pmb{j} + (p_xr_y - p_yr_x)\pmb{k}$$

$$= (1 \times 0 - 0 \times 1)\pmb{i} + (0 \times 0 - 3 \times 0)\pmb{j} + (3 \times 1 - 1 \times 0)\pmb{k}$$

$$= (0 \quad 0 \quad 3)$$

式中，$\pmb{i}$、$\pmb{j}$、$\pmb{k}$ 分别为 x、y、z 轴上的单位向量，由于 $z=0$，$\pmb{p} \times \pmb{r}$ 的值就是 $p_xr_y - p_yr_x$ 的值。上面 $\pmb{p} \times \pmb{r}$ 的符号可由 3 的符号确定（正号）。

从表 5-3 中可看出多边形所有顶点处的叉积均为正，故该多边形为凸。在表 5-4 中，顶点 v_3 和 v_6 处叉积为负，而其余顶点处的叉积为正，故对应的多边形为凹。

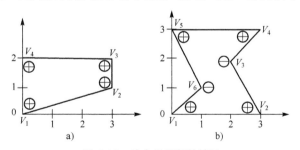

图 5-12 边向量叉积的符号

5.1.6 凹多边形的分割算法

许多裁剪算法都要求多边形裁剪窗口为凸形，已讨论过的 Cyrus-Beck 线裁剪算法就是如此。现在考虑将一个凹多边形分割为若干凸多边形的算法。假定简单多边形顶点按逆时针方向给定，凹多边形的分割算法描述如下。

1）求出多边形顶点中的所有凹点。

2）寻找多边形的凹点 v_{i+1}。

3）从凹点 v_{i+1} 沿有向边 v_iv_{i+1} 作射线，求它与多边形其余各边的交点，取离 v_{i+1} 最近的交点 p_1。

4）沿 $v_{i+1}p_1$ 将多边形分为两部分，一个多边形由 v_{i+1}，v_{i+2},…，p_1v_{i+1} 组成，另一个多边形由 v_ip_1 及其余顶点组成。

5）对分割的两个多边形递归地重复步骤 2）～步骤 4），直到所有新产生的多边形均为凸，算法结束。

如图 5-13 所示，采用 5.1.5 节中的方法计算出多边形中的凹点为 v_3 和 v_6，如图 5-13a 所示。

循环多边形的各顶点，搜索到第 1 个没处理过的凹点 v_3。从 v_3 沿有向边 v_2v_3 作射线，离 v_3 最近的交点为 v_7，如图 5-13b 所示，得到 $v_3v_4v_7v_3$ 和 $v_2v_7v_5v_6v_1v_2$ 两个多边形，其中 $v_3v_4v_7v_3$ 多边形已经是凸多边形，再对 $v_2v_7v_5v_6v_1v_2$ 多边形继续分割。

搜索到第 1 个没处理过的凹点 v_6。从 v_6 沿有向边 v_5v_6 作射线，离 v_6 最近的交点为 v_8，如图 5-13c 所示，得到 $v_6v_8v_1v_6$ 和 $v_5v_8v_2v_7v_5$ 两个多边形，这两个多边形都是凸多边形，分割结束，如图 5-13d 所示。

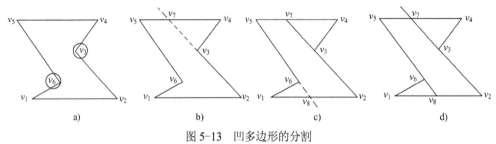

图 5-13　凹多边形的分割

5.1.7　Sutherland-Hodgman 多边形裁剪算法

Sutherland-Hodgman（萨瑟兰德-霍德曼）多边形裁剪算法的基本思想是用裁剪窗口的每一条边逐次裁剪多边形，每次所裁剪生成的多边形又作为下一条裁剪边的输入多边形。考虑到图 5-14a 原多边形被窗口左边界所裁剪，如图 5-14b 所示；生成的多边形又被窗口顶边所裁剪，如图 5-14c 所示；继续这一过程，生成的中间多边形被窗口的右边界所裁剪，如图 5-14d 所示，直至下边界裁剪完毕为止，如图 5-14e 所示。

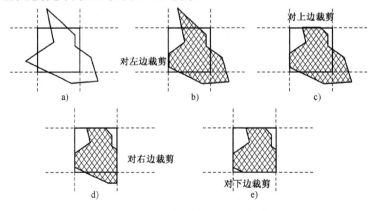

图 5-14　逐次多边形裁剪

从图 5-14 所示的裁剪过程可以看到，多边形的裁剪不能用直线的裁剪法代替，因为多边形各边的顶点是有序的，如果用直线的裁剪法对多边形各边裁剪后生成多个新的顶点，那么这些顶点是无序的，无法生成新的多边形。因此，在裁剪多边形时，顶点的顺序非常重要。逐次多边形裁剪法每一步以窗口的一条边（可任意延长）作为裁剪线，这条边把平面分成两部分，一部分包含窗口，称为可见一侧；另一部分不包含窗口，称为不可见一侧。依次考虑多边形每条边的两个端点 S、P，其中 P 是边的终点，S 是边的起点。边 SP 与裁剪线之间只有 4 种可能的关系，且仅对点 P 进行裁剪，如图 5-15 所示。

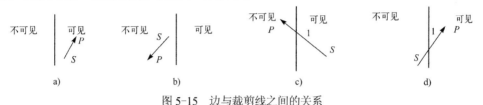

图 5-15　边与裁剪线之间的关系

设当前处理的多边形顶点为 P，前一个点为 S，如果 S、P 都可见，如图 5-15a 所示，将原多边形顶点 P 加入到裁剪后的新顶点序列；如果 S、P 都不可见，如图 5-15b 所示，多边形顶点 P 舍弃，裁剪后的新顶点序列没有加入新顶点；如果 P 不可见、S 可见，如图 5-15c 所示，说明 SP 与裁剪边有交点，计算交点 1，将 1 加入到裁剪后的新顶点序列；如果 P 可见、S 不可见，如图 5-15d 所示，说明 SP 与裁剪边有交点，计算交点 1，将 1 和 P 两个点加入到裁剪后的新顶点序列。

【例 5-7】　裁剪如图 5-16a 所示的多边形。

首先用裁剪窗口的左边进行裁剪，如表 5-5 所示。

表 5-5　图 5-16a 到图 5-16b 的裁剪过程

原多边形顶点	边与裁剪线之间的关系	对应图 5-16b 裁剪后顶点
1	图 5-15d：8 不可见，1 可见	1、2
2	图 5-15a：1、2 都可见	3
3	图 5-15c：2 可见，3 不可见	4
4	图 5-15b：3、4 都不可见	
5	图 5-15d：4 不可见，5 可见	5、6
6	图 5-15a：5、6 都可见	7
7	图 5-15c：6 可见，7 不可见	8
8	图 5-15b：7 不可见，8 不可见	

再用裁剪窗口的顶边进行裁剪，如表 5-6 所示。

表 5-6　图 5-16b 到图 5-16c 的裁剪过程

图 5-16b 多边形顶点	边与裁剪线之间的关系	对应图 5-16c 裁剪后顶点
1	图 5-15d：8 不可见，1 可见	1、2
2	图 5-15a：1、2 都可见	3
3	图 5-15a：2、3 都可见	4
4	图 5-15a：3、4 都不可见	5
5	图 5-15c：4 可见，5 不可见	6
6	图 5-15b：5、6 都不可见	
7	图 5-15d：6 不可见，7 可见	7、8
8	图 5-15c：7 可见，8 不可见	9

同理用裁剪窗口的右边和下边对多边形进行裁剪，得到图 5-16d 和图 5-16e，最后裁剪得到的多边为图 5-16f。

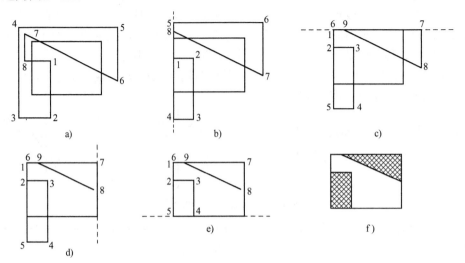

图 5-16　裁剪多边形的过程

裁剪多边表函数设计如下。

```
//输入参数：r 为裁剪矩形框，x[]、y[]为需裁剪的多边形，n 为需裁剪多边形顶点数
//输出参数：newx[]、newy[]为裁剪后的多边形，m 为裁剪后多边形顶点数
void ClippingPolygon(RECT r,int x[],int y[],int n,int newx[],int newy[],int &m)
{int xx[20],yy[20];
        int j=0,sx,sy,f,i;
//用左边裁剪
sx=x[n-1],sy=y[n-1];            // x[n-1]，y[n-1]为裁剪前多边形最后一个顶点坐标
if(sx>=r.left)f=0;              //前一点在内
else f=1;                      //前一点在外
for (i=0;i<n;i++)
    { if(x[i]>=r.left)                  //当前点在内
      { if(f==1)                        //前一点在外
          {xx[j]=r.left,   yy[j]=sy+(y[i]-sy)*(r.left-sx)/(x[i]-sx);   //交点为新点
           j++; f=0 ;                  //当前点作为下一点的前一点时，在内
          }
          xx[j]=x[i],yy[j]=y[i],j++;    //当前点为新点
      }
    else                               //当前点在外
    { if(f==0)                         //前一点在内
        { xx[j]=r.left , yy[j]=sy+(y[i]-sy)*(r.left-sx)/(x[i]-sx);    //交点为新点
          j++,f=1;                     //当前点作为下一点的前一点时，在外
        }
    }
    sx=x[i],sy=y[i];                   //当前点为下一点的前一点
}
//用上边裁剪
n=j,j=0;
```

```
sx=xx[n−1],sy=yy[n−1];                        // x[n−1]，y[n−1]为裁剪前多边形最后一个顶点坐标
if(sy>=r.top)f=0;                             //前一点在内
else f=1;                                     //前一点在外
for (i=0;i<n;i++)
            { if(yy[i]>=r.top)                //当前点在内
          { if(f==1)                          //前一点在外
              { newx[j]=sx+(xx[i]−sx)*(r.top−sy)/(yy[i]−sy), newy[j]=r.top;   //交点为新点
                    j++; f=0 ;                //当前点作为下一点的前一点时，在内
                }
                newx[j]=xx[i],newy[j]=yy[i],j++;//当前点为新点
            }
        else                                  //当前点在外
          {  if(f==0)                         //前一点在内
             { newx[j]=sx+(xx[i]−sx)*(r.top−sy)/(yy[i]−sy),  newy[j]=r.top;//交点为新点
                j++,f=1;                      //当前点作为下一点的前一点时，在外
                }
            }
        sx=xx[i],sy=yy[i];                    //当前点为下一点的前一点
}
//用右边裁剪
n=j,j=0;
sx=newx[n−1],sy=newy[n−1];                     // x[n−1]，y[n−1]为裁剪前多边形最后一个顶点坐标
if(sx<=r.right)f=0;                            //前一点在内
else f=1;                                      //前一点在外
for (i=0;i<n;i++)
            { if(newx[i]<=r.right)             //当前点在内
          { if(f==1)                           //前一点在外
              {xx[j]=r.right, yy[j]=sy+(newy[i]−sy)*(r.right−sx)/(newx[i]−sx);        //交点为新点
                j++; f=0 ;                     //当前点作为下一点的前一点时，在内
                }
                xx[j]=newx[i],yy[j]=newy[i],j++;//当前点为新点
            }
        else                                   //当前点在外
          {  if(f==0)                          //前一点在内
             {      xx[j]=r.right，  yy[j]=sy+(newy[i]−sy)*(r.right−sx)/(newx[i]−sx);    //交点为新点
                j++,f=1;                       //当前点作为下一点的前一点时，在外
                }
            }
        sx=newx[i],sy=newy[i];                 //当前点为下一点的前一点
}
//用下边裁剪
n=j,j=0;
sx=xx[n−1],sy=yy[n−1];                         // x[n−1]，y[n−1]为裁剪前多边形最后一个顶点坐标
if(sy<=r.bottom)f=0;                           //前一点在内
else f=1;                                      //前一点在外
for (i=0;i<n;i++)
        { if(yy[i]<=r.bottom)                  //当前点在内
          { if(f==1)                           //前一点在外
```

```
            { newx[j]=sx+(xx[i]−sx)*(r.bottom−sy)/(yy[i]−sy), newy[j]=r.bottom;//交点为新点
          j++,f=0;                        //当前点作为下一点的前一点时，在内
            }
          newx[j]=xx[i],newy[j]=yy[i],j++;//当前点为新点
      }
    else                                  //当前点在外
      {   if(f==0)                        //前一点在内
        { newx[j]=sx+(xx[i]−sx)*(r.bottom−sy)/(yy[i]−sy),   newy[j]=r.bottom;     //交点为新点
          j++,f=1;                        //当前点作为下一点的前一点时，在外
        }
      }
    sx=xx[i],sy=yy[i];                    //当前点为下一点的前一点
  }
 m=j;
 }
```

调用上述函数的实例如下：

```
RECT r;
r.left=100,r.right=300,r.top=100,r.bottom=300;
int x[]={80,120,120,320,320,280,200,150};
int y[]={180,180,350,280,80,80,120,70};
int newx[20],newy[20],m;
ClippingPolygon(pDC,r,x,y,8,newx,newy,m);
for(int i=0;i<m−1;i++) Line1(pDC,newx[i],newy[i],newx[i+1],newy[i+1],RGB(0,0,0));
Line1(pDC,newx[m−1],newy[m−1],newx[0],newy[0],RGB(0,0,0));
```

图 5-17a 所示是原多边形及裁剪矩形窗口，程序运行结果如图 5-17b 所示。

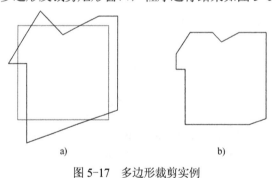

a)   b)

图 5-17   多边形裁剪实例

5.1.8   Weiler-Atherton 多边形裁剪算法

前面讨论的算法都要求裁剪窗口是一个凸区域。然而在许多应用中，如消除隐藏面，就需要考虑对凹区域的裁剪。此外，Sutherland-Hodgman 多边形裁剪算法对凸多边形裁剪后仍为连通的凹多边形会产生正确的结果，但对裁剪后形成两个或多个分离的小多边形可能产生多余的边。图 5-16e 中的线段 1 到 2 和 6 到 9 被看成裁剪后生成的多边形的边，这显然是不符合实际情况的。可以有几种方法来消除这种错误，一是将凹多边形分割为若干凸多边形，然后分别处理各个凸多边形；二是修改 Sutherland-Hodgman 多边形裁剪算法，沿着裁剪窗口的每条边界仔细检查顶点表，正确地连接顶点对。不过，最有效的还是本节要介绍的 Weiler-Atherton（维勒-阿瑟顿）多

边形裁剪算法，它可以用一个有内孔的凹多边形去裁剪另一个也有内孔的凹多边形。为了便于讨论，把被裁剪多边形简称为从属多边形，裁剪窗口称为裁剪多边形。实际上，从属多边形被裁剪后所形成的新边界就是裁剪多边形边界的一部分，因此无需再生成新的边界。

算法中从属多边形和裁剪多边形都用它们顶点的循环链表定义，并分别记为 SP 表和 CP 表。多边形的外部边界取顺时针方向，而其内边界或孔取逆时针方向，如图 5-18 所示。这样当遍历顶点时，可保证多边形的内部总是位于搜索前进方向的右侧。注意，如果从属多边形和裁剪多边形相交，那么交点必定成对地出现。其中一个交点为从属多边形进入裁剪多边形内部时的交点，另一个交点为离开裁剪多边形时的交点。

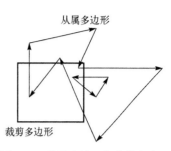

图 5-18　从属多边形与裁剪多边形

算法描述如下。

1）用循环链表建立从属多边形的顶点表 SP 和裁剪多边形的顶点表 CP。

2）求出从属多边形和裁剪多边形的交点。将交点加入到 SP 和 CP 的顶点表中，对交点加以标记，对同一交点在 SP 表和 CP 表中建立双向指针。

3）处理不相交的多边形边界。建立两个表，一个表用于记录裁剪多边形内部的边界，另一个表用于记录位于裁剪多边形外部的边界。位于从属多边形外的裁剪多边形边界可不予考虑。但是，位于从属多边形内的裁剪多边形边界将构成从属多边形的孔。因此，裁剪多边形的边界将复制并记入从属多边形的内表和外表中。

4）建立两类交点表。一个为进点表，它只包含从属多边形边进入裁剪多边形内部时的交点；另一个为出点表，它包含从属多边形离开裁剪多边形内部时的交点。沿着多边形边界，两类交点将交替出现。因此对于每一对交点，只需进行一次类型判别即可。

5）裁剪过程的具体实现分两种情况处理。

① 位于裁剪多边形内的多边形搜索。

● 从进点表中取出一个交点，若交点表为空，则处理结束。

● 跟踪 SP 表，直到发现下一个交点，复制这一段 SP 表并记入内表中。

● 根据交点处所设指针，转到 CP 表中的相应位置。

● 跟踪 CP 表，直到发现下一交点，复制这段 CP 表并记入内表中。

● 再转回 SP 表。

● 重复上述过程，直到回到起始交点处。至此所得的位于裁剪多边形内的新多边形已经封闭。

② 位于裁剪多边形外的多边形搜索。

从出点表中取出一个交点，若交点表中为空，则处理结束。

沿相反方向跟踪 CP 表直至发现下一交点，复制这一段 CP 表并记入外表中。

将孔即内部边界连到相应的外部边界上，由于外部边界取顺时针方向而内部边界取逆时针方向，实现时可先检查边界的走向。

重复上述过程，直至回到起始交点处，处理结束。

5.1.9　字符裁剪

字符或文本可由软件生成，也可由固件或硬件生成。就单个字符而言，它既可由单个的线段或笔画构成，通常称为向量式字符；也可以用点阵来表示，又称点阵式字符。用软件生成的向量式字符可以像其他线段一样进行处理，如旋转、缩放、平移，以及采用前面所述算法在任意取向为任意窗口所裁剪。

由软件生成点阵字符原则上可进行类似处理。当包含字符的字符方框（即字符掩模）为任一窗口裁剪时，必须将字符方框中的每一像素与裁剪窗口进行比较，以确定它位于窗口内还是窗口外。若位于窗口内，则该像素被激活，否则不予考虑。

由硬件生成的字符的裁剪受到较大的限制。一般而言，不是完全可见的字符均被消去。

由固件生成的字符的裁剪，其功能可强可弱，具体程度取决于固件所执行的裁剪算法。字符串裁剪可按 3 种精度来进行：串精度裁剪、字符精度裁剪，以及笔画/像素精度裁剪。采用串精度进行裁剪时，当字符串方框整个在窗口内时予以显示，否则不显示；采用字符精度裁剪时，当字符串的某个字符方框整个位于窗口内时显示该字符，否则不显示；当采用笔画/像素精度裁剪时，要判断笔画的哪一部分、字符的哪些像素位于窗口内，然后显示窗口内的笔画部分或像素，窗口外部分不予显示。

5.2　三维裁剪

二维裁剪窗口通常是矩形、凸或凹的多边形。在三维裁剪中，常用的三维裁剪体有长方体和平截头棱锥体，如图 5-19 所示。这两种裁剪体均为六面体，即包括左面、右面、顶面、底面、前面和后面。长方体裁剪体适用于平行投影或轴测投影，而平截头棱锥体适用于透视投影。

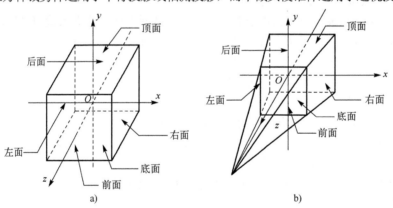

图 5-19　三维裁剪

对二维裁剪中所讲述的裁剪方法稍作修改，就可以推广到三维裁剪。下面就来研究三维裁剪。

5.2.1　三维 Cohen-Sutherland 端点编码算法

三维裁剪体的 6 个表面将三维空间划分为 27 个区域，对线段的每个端点赋予一个 6 位的二进制编码，约定第 1 位为最右端位。由于长方体裁剪体和平截头棱锥体的表面方程不同，端点位置的判定也不同。

1．长方体裁剪体

设长方体裁剪体的左面 $x = x_L$，右面 $x = x_R$，顶面 $y = y_T$，底面 $y = y_B$，前面 $z = z_H$，后面 $z = z_Y$。于是，对于端点 (x, y, z) 编码规则如下：

若 $x < x_L$，则第 1 位置 1，否则为 0；若 $x > x_R$，则第 2 位置 1，否则为 0。

若 $y < y_B$，则第 3 位置 1，否则为 0；若 $y > y_T$，则第 4 位置 1，否则为 0。

若 $z > z_H$，则第 5 位置 1，否则为 0；若 $z < z_Y$，则第 6 位置 1，否则为 0。

2．透视裁剪体

对于图 5-19b 所示的透视裁剪体，决定线段端点编码需另行考虑。取右手坐标法则，连接投影中心和透视裁剪体的中心，并使该连线与 z 轴重合。

透视裁剪体的俯视图如图 5-20 所示。必须求出裁剪体的各表面方程，以决定空间任一点 p 相对于裁剪体的位置。

在图 5-20 中，裁剪体右侧面方程为

$$\frac{x}{x_R} = \frac{z - z_{cp}}{z_Y - z_{cp}}$$

于是

$$x = \frac{z - z_{cp}}{z_Y - z_{cp}} \cdot x_R = z\alpha_1 + \alpha_2$$

其中

$$\alpha_1 = \frac{x_R}{z_Y - z_{cp}}, \alpha_2 = -\alpha_1 z_{cp}$$

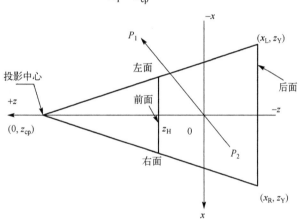

图 5-20　透视裁剪体的俯视图

由于右侧面方程式可用来决定空间任一点 $p(x, y, z)$ 位于该平面的右方、左方或右侧面上，亦即位于裁剪体的右侧、内侧或右侧面上。将点 p 的 x、z 坐标代入判别函数 $f_R = x - z\alpha_1 - \alpha_2$ 可知

$$f_R = x - z\alpha_1 - \alpha_2 \begin{cases} > 0 & \text{点} p \text{位于平面右方} \\ = 0 & \text{点} p \text{位于平面上} \\ < 0 & \text{点} p \text{位于平面左方} \end{cases}$$

类似地，可以得到左侧面、底面和顶面的判别函数。

对于左侧面：$f_L = x - z\beta_1 - \beta_2 \begin{cases} > 0 & \text{点} p \text{位于平面右方} \\ = 0 & \text{点} p \text{位于平面上} \\ < 0 & \text{点} p \text{位于平面左方} \end{cases}$

其中，$\beta_1 = \dfrac{x_L}{z_Y - z_{cp}}$，$\beta_2 = -\beta_1 z_{cp}$

对于底面：$f_B = y - z\gamma_1 - \gamma_2 \begin{cases} > 0 & \text{点} p \text{位于平面上方} \\ = 0 & \text{点} p \text{位于平面上} \\ < 0 & \text{点} p \text{位于平面下方} \end{cases}$

其中，$\gamma_1 = \dfrac{y_B}{z_Y - z_{cp}}$，$\gamma_2 = -\gamma_1 z_{cp}$

对于顶面：$f_T = y - z\delta_1 - \delta_2 \begin{cases} > 0 & \text{点} p \text{位于平面上方} \\ = 0 & \text{点} p \text{位于平面上} \\ < 0 & \text{点} p \text{位于平面下方} \end{cases}$

其中，$\delta_1 = \dfrac{y_T}{z_Y - z_{cp}}$，$\delta_2 = -\delta_1 z_{cp}$

前面和后面因平行于 $z = 0$ 平面，其判别函数更为简单。

对于前面：$f_H = z - z_H \begin{cases} > 0 & \text{点} p \text{位于平面前方} \\ = 0 & \text{点} p \text{位于平面上} \\ < 0 & \text{点} p \text{位于平面后方} \end{cases}$

对于后面：$f_Y = z - z_Y \begin{cases} > 0 & \text{点} p \text{位于平面前方} \\ = 0 & \text{点} p \text{位于平面上} \\ < 0 & \text{点} p \text{位于平面后方} \end{cases}$

当 z_{cp} 趋向于无穷时，透视裁剪体趋向于长方体，相应的判别函数变成了长方体的判别函数。

点的可见性检查如同二维裁剪。若一条线段的两端点编码为 0，则该线段完全可见；若两端点编码按位逻辑"与"不为 0，则该线段完全不可见；若按位逻辑"与"为 0，则线段可能部分可见也可能完全不可见，需对线段与裁剪体求交，做进一步的检查才能确定。

注意，当端点位于投影中心之后时，上述方法可能产生错误的编码。这是因为透视裁剪体的左侧面、右侧面、顶面和底面交于投影中心，这时点可能同时位于左侧面的左面和右侧面的右面，以及顶面之上和底面之下。Liang-Barsky 提出了一个纠正方法，即当 $z > z_{cp}$ 时，只要将对应于左面-右面、顶面-底面的代码位互相取补即可。

5.2.2　三维中点分割算法

5.1.2 节给出的中点分割算法可直接推广到三维情形。因为它们之间的区别只在于端点编码判别函数及裁剪窗口不同而已，其算法步骤完全相同。因此这里只给出一个三维中点分割算法的例子。

【例 5-8】　三维中点分割。

图 5-20 所示是透视裁剪体的俯视图。在裁剪体的后面有 $x_R = y_T = 500$，$x_L = y_B = -500$，裁剪体的前面 $z_H = 357.14$，后面 $z_Y = -500$，投影中心 $z_{cp} = 2500$，被裁剪线段从点 $P_1(-600, -600, 600)$ 到 $P_2(100, 100, -100)$。

可得到裁剪体各面判别函数为

右面：$f_R = 6x + z - 2500$　　　　左面：$f_L = 6x - z + 2500$

顶面：$f_T = 6x + z - 2500$　　　　底面：$f_B = 6y - z + 2500$

前面：$f_H = z - 357.14$　　　　　后面：$f_Y = z + 500$

下面，求点 P_1、P_2 的 6 位编码。对于端点 P_1，有

$f_L = -6 \times 600 - 600 + 2500 < 0$　　　点位于左面的左方，第 1 位置 1

$f_R = -6 \times 600 + 600 - 2500 < 0$　　　点位于右面的左方，第 2 位置 0

$f_T = -6 \times 600 + 600 - 2500 < 0$　　　点位于底面的下方，第 3 位置 1

$f_B = -6 \times 600 - 600 + 2500 < 0$　　　点位于顶面的下方，第 4 位置 0

$f_H = 600 - 357.14 > 0$　　　　　　　点位于前面的前方，第 5 位置 1

$f_Y = 600 + 500 > 0$　　　　　　　　　点位于后面的前方，第 6 位置 0

这样，得到 P_1 的端点编码为 010101，用同样的判定方法可得到 P_2 的端点编码为 000000。因为两端点编码不全为 0，故线段不是完全可见段；又因为两端点编码逻辑与为 000000，故线段也不是显然不可见段。从 P_2 的编码知，点 P_2 在裁剪体内，它是离 P_1 最远的可见点。线段 P_1P_2 与裁剪体只有一个交点，采用整数运算，可得 P_1P_2 的中点 P_m 的坐标为

$$x_m = (x_1 + x_2)/2 = (-600 + 100)/2 = -250$$
$$y_m = (y_1 + y_2)/2 = (-600 + 100)/2 = -250$$
$$z_m = (z_1 + z_2)/2 = (600 - 100)/2 = 250$$

经判定，中点 P_m 的端点编码为 (000000)，故知 P_mP_2 为完全可见段，而 P_1P_m 为部分可见段，将点 P_2 移至 P_m 处继续对分 P_1P_2，并重复以上处理步骤，直至线段 P_1P_2 的长度不大于 1，最后可得到实际交点为 $(-357.14, -357.14, 357.14)$。

5.2.3　三维 Cyrus-Beck 算法

前面讨论的 Cyrus-Beck 二维裁剪算法要求裁剪窗口是一个凸多边形，这是因为一条直线与凸多边形至多只有两个交点，而这两个交点正是算法所要求的。同样，一条直线与凸多面体至多也只有两个交点，因此 Cyrus-Beck 二维裁剪算法可直接推广到三维情形。在二维情形时，k 为裁剪窗口的边数，在三维情形中 k 为裁剪体的面数。对每个裁剪面都要在该面上取定一点，并计算该面的内法向量，所有向量都具有 x、y、z 这 3 个分量。为了说明算法的实现过程，考虑以下例子。

【例 5-9】 长方体 Cyrus-Beck 算法。

如图 5-21 所示，坐标原点位于裁剪体中心，裁剪体为 $x_R = y_T = z_H = 1$，被裁剪线段为 $P_1(-2, -1, 1/2)$ 到 $P_2(3/2, 3/2, -1/2)$。

长方体 6 个表面的内法向量为

$n_L = (1\ \ 0\ \ 0)$，$n_R = (-1\ \ 0\ \ 0)$，$n_B = (0\ \ 1\ \ 0)$

$n_T = (0\ \ -1\ \ 0)$，$n_H = (0\ \ 0\ \ -1)$，$n_Y = (0\ \ 0\ \ 1)$

因为长方体的一个顶点同时位于 3 个表面上，因此只要选取长方体对角线的两个端点即可，即

$$f_B = f_L = f_Y = (-1, -1, -1)$$
$$f_T = f_R = f_H = (1, 1, 1)$$

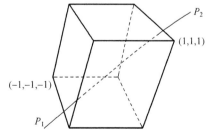

图 5-21　长方体裁剪体

线段 P_1P_2 的方向向量为

$$D = P_2 - P_1 = (3/2 \quad 3/2 \quad -1/2) - (-2 \quad -1 \quad 1/2) = (7/2 \quad 5/2 \quad -1)$$

完整的结果列于表 5-7 中。

表 5-7　结果表

平面	n	f	w	$w \cdot n$	$d \cdot n$	t_L	t_u
左面	(1　0　0)	(−1　−1　−1)	(−1　0　3/2)	−1	7/2	2/7	
右面	(−1　0　0)	(1　1　1)	(−3　−2　−1/2)	3	−7/2		6/7
底面	(0　1　0)	(−1　−1　−1)	(−1　0　3/2)	0	5/2	0	
顶面	(0　−1　0)	(1　1　1)	(−3　−2　−1/2)	2	−5/2		4/5
前面	(0　0　−1)	(1　1　1)	(−3　−2　−1/2)	1/2	1	−1/2	
后面	(0　0　1)	(−1　−1　−1)	(−1　0　3/2)	3/2	−1		3/2

由表 5-7 可知，最大下限 t 值 $t_L = 2/7$，最小上限 t 值 $t_u = 4/5$，线段 P_1P_2 的参数表示为

$$P(t) = P_1 + (P_2 - P_1)t = (-2 \quad -1 \quad 1/2) + (7/2 \quad 5/2 \quad -1)t$$

分别代入 t_L 和 t_u 值，可得

$$P(2/7) = (-2 \quad -1 \quad 1/2) + (7/2 \quad 5/2 \quad -1) \cdot 2/7 = (-1 \quad -2/7 \quad 3/14)$$

$$P(4/5) = (-2 \quad -1 \quad 1/2) + (7/2 \quad 5/2 \quad -1) \cdot 4/5 = (4/5 \quad 1 \quad -3/10)$$

因此，从点 $(-1, -2/7, 3/14)$ 到点 $(4/5, 1, -3/10)$ 为可见线段，它们是线段 P_1P_2 与左侧面和顶面的交点。

习题 5

1. 用编码算法裁剪图 5-22 中的直线 AB。

2. 给出矩形裁剪框如图 5-23 所示，用 Liang-Barsky 算法裁剪线段 $p_1(-2, 1)$ 到 $p_2(7, 3)$。

3. 请指出下面给出的多边形顶点哪些是凸多边形，对于凸多边形请求出内法向量。

图 5-22　习题 1 图

　(1) $(2, 3)$，$(7, 2)$，$(10, 6)$，$(8, 11)$，$(3, 8)$；

　(2) $(4, 4)$，$(5, 1)$，$(7, 4)$，$(5, 8)$，$(2, 4)$。

4. 画出用逐边裁剪法裁剪图 5-24 中的多边形的裁剪过程，每次用一条裁剪边进行裁剪，并标出新的顶点顺序，裁剪边的顺序为左、上、右、下。

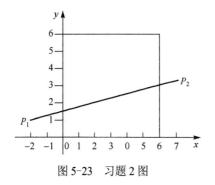

图 5-23　习题 2 图

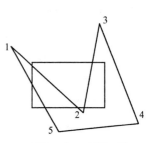

图 5-24　习题 4 图

第6章 曲线与曲面的生成

曲线与曲面在汽车、飞机、船舶、建筑、家用电器和玩具等各种与外形有关的产品和工程设计中，都有着广泛的应用。由于参数方程表示的曲线和曲面具有几何不变性等优点，在计算机图形学中常用参数形式表示曲线与曲面。

6.1 曲线的生成

曲线可分为两类，一类是常见参数方程曲线，即形状基本确定的参数方程曲线；另一类是自由曲线，即通过控制点生成的参数曲线，如 Bezier（贝赛尔）曲线、B 样条曲线等。

6.1.1 常见参数方程曲线

已知二维曲线的参数方程为 $\qquad x=f(t), y=g(t) \quad (t_1 \leqslant t \leqslant t_2)$

将其离散化后为 $\qquad x_i=f(t_i), y_i=g(t_i) \quad (t_1 \leqslant t_i \leqslant t_2)$

由于离散化后的点并不能保证在曲线上是连通的像素点，因此曲线会出现断点。在 3.2.1 节中用圆的参数方程产生圆弧时，通过圆弧的长度反算参数的间距，使圆弧上的像素点是连通的。而对于任意一个参数曲线，不易计算曲线长度，另外在相同的 $\triangle t$ 区间由于曲线上每点的梯度变化不同而长度不同。如图 6-1a 所示的椭圆就是通过绘制点生成的 $\triangle t$ 相同而像素间距不同的椭圆，可以将两像素间用直线连接，如图 6-1b 所示。

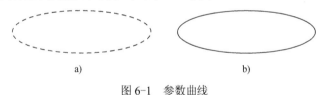

a) b)

图 6-1 参数曲线

参数曲线绘制函数设计如下。

```
//参数：fx()和fy()为所绘制参数曲线的x、y的函数，t1、t2为参数区间，dt为参数间隔
void curve1(CDC *pDC,int (*fx)(float),int (*fy)(float),float t1,float t2,float dt,COLORREF color)
{int x1,y1,x2,y2;
 x1=fx(t1),y1=fy(t1);
 for(float t=t1;t<t2+dt/5;t=t+dt)
     {x2=fx(t), y2=fy(t);
      Line1(pDC,x1,y1,x2,y2,color);
      x1=x2,y1=y2;
     }
}
```

调用上述函数之前必须定义曲线参数方程的 x、y 函数，例如定义椭圆参数方程如下。

```
int f1x(float t){return(300+100*cos(t));}
int f1y(float t){return(300+30*sin(t));}
```

调用实例如下。

```
CDC *pDC=GetDC();
curve1(pDC,f1x,f1y,0,6.28,0.1,RGB(0,0,0));
```

程序运行结果如图 6-1b 所示。需要注意的是，参数间隔 dt 取值不易过大，否则曲线会产生折线的效果。如果 dt 取值过小，直线近似于点，相当于点生成曲线。

其他常见的参数方程曲线如下。

- 抛物线：$x=2pt^2$, $y=2pt$
- 笛卡儿叶形线： $x=3at/(1+t^3)$, $y=3at^2/(1+t^2)$
- 圆的渐开线：$x=a(\cos t+t\sin t)$, $y=a(\sin t-t\cos t)$
- 摆线：$x=a(t-\sin t)$, $y=a(1-\cos t)$
- 星开线：$x=a\cos^3 t$, $y=a\sin^3 t$
- 心脏线：$x=a\cos t(1+\cos t)$, $y=a\sin t(1+\cos t)$

图 6-2 显示了不同的参数方程曲线。

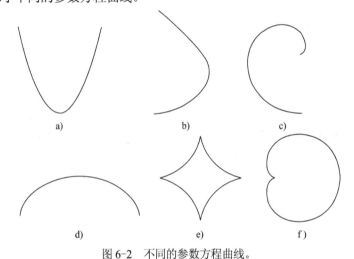

图 6-2　不同的参数方程曲线。

a) 抛物线　b) 笛卡儿叶形线　c) 圆的渐开线　d) 摆线　e) 星开线　f) 心脏线

6.1.2　Bezier 曲线

1962 年，法国雷诺汽车公司的 P. E. Bezier 构造了一种以逼近为基础的参数曲线和曲面的设计方法，并用这种方法完成了一种被称为 UNISURF 的曲线和曲面设计系统。1972 年，该系统被投入应用。Bezier 方法将函数逼近同几何表示结合起来，使得设计师在计算机上作图就像使用作图工具一样得心应手。

1. Bezier 曲线的定义

给定空间 $n+1$ 个点的位置向量 P_i ($i = 0, 1, 2, \cdots, n$)，则 Bezier 参数曲线上各点坐标的插值公式是

$$P(t) = \sum_{i=0}^{n} P_i B_{i,n}(t) \quad t \in [0,1]$$

其中，P_i 构成该 Bezier 曲线的控制多边形，$B_{i,n}(t)$ 是 n 次 Bernstein（伯恩斯坦）基函数。

$$B_{i,n}(t) = C_n^i t^i (1-t)^{n-i} = \frac{n!}{i!(n-i)!} t^i (1-t)^{n-i} \qquad (i = 0, 1, \cdots, n)$$

Bezier 曲线实例如图 6-3 所示。

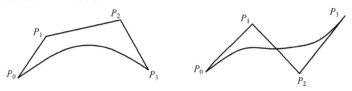

图 6-3　三次 Bezier 曲线

当 $n = 1$ 时为一次 Bezier 曲线，有 2 个控制点，Bezier 曲线是连接 P_0 与 P_1 的直线。

$$P(t) = P_0 B_{0,1}(t) + P_1 B_{1,1}(t) = P_0 (1-t) + P_1 t$$

当 $n = 2$ 时为二次 Bezier 曲线，有 3 个控制点，Bezier 曲线是一条过 P_0、P_2 的抛物线。

$$P(t) = P_0 B_{0,2}(t) + P_1 B_{1,2}(t) + P_2 B_{2,2}(t) = P_0(1-t)^2 - 2P_1 t(1-t) + P_2 t^2$$

当 $n = 3$ 时为三次 Bezier 曲线，有 4 个控制点。

$$P(t) = P_0 B_{0,3}(t) + P_1 B_{1,3}(t) + P_2 B_{2,3}(t) + P_3 B_{3,3}(t)$$
$$= P_0(1-t)^3 + 3P_1 t(1-t)^2 + 3P_2 t^2(1-t) + P_3 t^3$$

以此类推，n 次 Bezier 曲线有 $n+1$ 个控制点。

三次 Bezier 曲线如图 6-3 所示，其 Bernstein 基函数曲线如图 6-4 所示。

从图 6-3 可以看出，Bezier 曲线的起点和终点就是控制点的起点与终点。Bezier 曲线的起点处和终点处的切线方向与控制多边形的第 1 条边及最后一条边的走向一致。

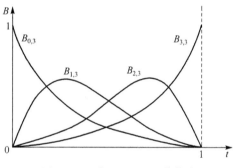

图 6-4　三次 Bezier 基函数曲线

2．Bezier 曲线的程序设计

三次 Bezier 曲线的参数方程可表示如下。

$$x = x_0(1-t)^3 + 3x_1 t(1-t)^2 + 3x_2 t^2(1-t) + x_3 t^3$$
$$y = y_0(1-t)^3 + 3y_1 t(1-t)^2 + 3y_2 t^2(1-t) + y_3 t^3$$

函数设计如下。

```
//参数：x[]、y[]为控制多边形，dt 为参数间隔
void Bezier3(CDC *pDC,int x[4],int y[4],float dt,COLORREF color)
{int x1,y1,x2,y2;
float b03,b13,b23,b33;
x1=x[0],y1=y[0];
for(float t=0;t<1.0001;t=t+dt)
    { b03=(1-t)*(1-t)*(1-t);                       //计算基函数
      b13=3*t*(1-t)*(1-t);
      b23=3*t*t*(1-t);
      b33=t*t*t;
      x2=b03*x[0]+b13*x[1]+b23*x[2]+b33*x[3];      //计算曲线上的点坐标
      y2=b03*y[0]+b13*y[1]+b23*y[2]+b33*y[3];
      Line1(pDC,x1,y1,x2,y2,color);
      x1=x2,y1=y2;
      }
}
```

调用实例如下。

```
CDC *pDC=GetDC();
int x[4]={50,100,150,230},y[4]={50,200,230,100};
for(int i=0;i<3;i++) Line1(pDC,x[i],y[i],x[i+1],y[i+1],RGB(255,0,0));    //绘制控制多边形
Bezier3(pDC,x,y,0.05,RGB(0,0,0));
```

程序运行结果如图 6-5a 所示，图 6-5b 与图 6-5c 所示为不同控制点坐标的三次 Bezier 曲线。

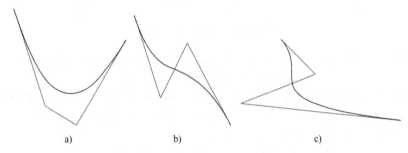

a)   b)   c)

图 6-5　不同控制点坐标的三次 Bezier 曲线及控制多边形

n 次 Bezier 曲线的参数方程可表示如下。

$$x = \sum_{i=0}^{n} \frac{n!t^i(1-t)^{n-i}}{t!(n-i)!}x_i, \quad y = \sum_{i=0}^{n} \frac{n!t^i(1-t)^{n-i}}{t!(n-i)!}y_i$$

函数设计如下。

```
//参数：x[]、y[]为控制多边形，n 为 Bezier 曲线次数，dt 为参数间隔
void BezierN1(CDC *pDC,int x[],int y[],int n,float dt,COLORREF color)
{int x1,y1,k,a,b;
  float B,x2,y2;
x1=x[0],y1=y[0];
for(float t=dt;t<1.0001;t=t+dt)
        {x2=0,y2=0;
         for(int i=0;i<=n;i++)
        {a=1,b=1;
         for(k=i+1;k<=n;k++)a=a*k;                // 计算 n!/i!
         for(k=1;k<=n-i;k++)b=b*k;                // 计算(n-i)!
         float B=(float)a/b;
            B=B*pow(t,i)*pow(1-t,n-i);            //计算基函数
         x2=x2+x[i]*B, y2=y2+y[i]*B;              //计算曲线上的点坐标
            }
    Line1(pDC,x1,y1,x2,y2,color);
    x1=x2,y1=y2;
            }
    }
```

调用实例如下。

```
CDC *pDC=GetDC();
int x[]={50,100,150,230,300,320},y[]={50,200,230,100,120,200};
for(int i=0;i<5;i++) Line1(pDC,x[i],y[i],x[i+1],y[i+1],RGB(255,0,0)); //绘制控制多边形
BezierN1(pDC,x,y,5,0.05,RGB(0,0,0));
```

程序运行结果如图 6-6a 所示，图 6-6b 所示是在图 6-6a 的基础上添加一个控制点，图 6-6c 所示是在图 6-6b 的基础上改变一个控制点的位置。可以看出，当变动一个控制点时，会改变整个曲线的形状。

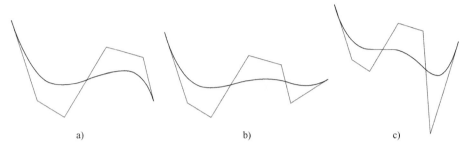

a)   b)   c)

图 6-6 n 次 Bezier 曲线及控制多边形

3．Bezier 曲线的递推算法

（1）递推算法公式

如图 6-7 所示，设 P_0、P_0^2、P_2 是一条抛物线上 3 个不同顺序的点。过 P_0 和 P_2 点的两条切线交于 P_1 点，在 P_0^2 点的切线交 P_0P_1 和 P_2P_1 于 P_0^1 点和 P_1^1 点，则以下比例成立。

$$\frac{P_0 P_0^1}{P_0^1 P_1} = \frac{P_1 P_1^1}{P_1^1 P_2} = \frac{P_0^1 P_0^2}{P_0^2 P_1^1}$$

这是所谓抛物线的三切线定理。

当 P_0、P_2 固定时，引入参数 t，令上述比值为 $t/(1-t)$，即有

$$P_0^1 = (1-t)P_0 + tP_1$$

$$P_1^1 = (1-t)P_1 + tP_2$$

$$P_0^2 = (1-t)P_0^1 + tP_1^1$$

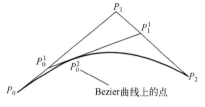

图 6-7   抛物线的三切线定理

t 从 0 变到 1，第 1、2 式分别表示控制二边形的第 1、2 条边，它们是两条一次 Bezier 曲线。将第 1、2 式代入第 3 式得

$$P_0^2 = (1-t)^2 P_0 + 2t(1-t)P_1 + t^2 P_2$$

当 t 从 0 变到 1 时，它表示由 3 个顶点 P_0、P_1、P_2 定义的一条二次 Bezier 曲线，并且表明这个二次 Bezier 曲线 P_0^2 可以定义为分别由前两个顶点(P_0, P_1)和后两个顶点(P_1, P_2)决定的一次 Bezier 曲线的线性组合。以此类推，由 4 个控制点定义的三次 Bezier 曲线 P_0^3 可被定义为分别由(P_0, P_1, P_2)和(P_1, P_2, P_3)确定的两条二次 Bezier 曲线的线性组合；由$(n+1)$个控制点 $P_i (i = 0, 1, \cdots, n)$定义的 n 次 Bezier 曲线 P_0^n 可被定义为分别由前、后 n 个控制点定义的两条$(n-1)$次 Bezier 曲线 P_0^{n-1} 与 P_1^{n-1} 的线性组合

$$P_0^n = (1-t)P_0^{n-1} + tP_1^{n-1} \quad t \in [0,1]$$

由此得到 Bezier 曲线的递推计算公式为

$$P_i^k = \begin{cases} P_i & k = 0 \\ (1-t)P_i^{k-1} + tP_{i+1}^{k-1} & k = 1, 2, \cdots, n; \ i = 0, 1, \cdots, n-k \end{cases}$$

这便是著名的 de Casteljau 算法。用这个递推公式，在给定参数下求 Bezier 曲线上一点 $P(t)$

非常有效。上式中 $P_i^0 = P_i$ 是定义 Bezier 曲线的控制点，P_0^n 即为曲线 $P(t)$ 上具有参数 t 的点。de Casteljau 算法稳定可靠，直观简便，是计算 Bezier 曲线的基本算法和标准算法。

（2）递推算法几何作图

当 $n=3$ 时，de Casteljau 算法递推出的 P_i^k 呈直角三角形，对应结果如图 6-8 所示。从左向右递推，最右边点 P_0^3 即为曲线上的点。

这一算法可用简单的几何作图来实现。给定参数 $t \in [0,1]$，把定义域分成长度为 $t : (1-t)$ 的两段。依次对原始控制多边形每一边执行同样的定比分割，所得分点就是第 1 级递推生成的中间顶点 P_i^1 $(i=0, 1, \cdots, n-1)$；对这些中间顶点构成的控制多边形再执行同样的定比分割，得到第 2 级中间顶点 P_i^2 $(i=0, 1, \cdots, n-2)$。重复进行下去，直到 n 级递推得到一个中间顶点 P_0^n，即为所求曲线上的点 $P(t)$，如图 6-9 所示。

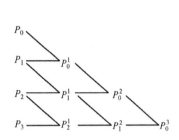

图 6-8　$n=3$ 时 P_i^n 的递推关系

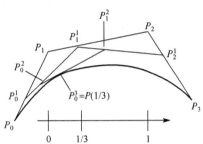

图 6-9　几何作图法求 Bezier 曲线上一点（$n=3$，$t=1/3$）

（3）递推算法程序设计

函数设计如下。

```
void BezierN2(CDC *pDC,int x[],int y[],int n,float dt,COLORREF color)
{int x1,y1,i;
 float xx[20],yy[20];
 x1=x[0],y1=y[0];
 for(float t=dt;t<1.0001;t=t+dt)
        {     for(i=0;i<=n;i++)xx[i]=x[i],yy[i]=y[i];
              for(int k=1;k<=n;k++)
                    for(i=0;i<=n-k;i++)
                        xx[i]=xx[i]*(1-t)+xx[i+1]*t, yy[i]=yy[i]*(1-t)+yy[i+1]*t;
              Line1(pDC,x1,y1,xx[0],yy[0],color);
              x1=xx[0],y1=yy[0];
         }
}
```

4．Bezier 曲线的拼接

描述复杂的曲线时必须增加控制多边形的顶点数，使 Bezier 曲线的次数提高，而高次多项式又会带来计算上的困难，实际使用中，一般不超过 10 次。因此，对于复杂的曲线有时采用多段曲线相互拼接起来，并在接合处保持一定的连续条件。下面讨论两段 Bezier 曲线达到不同阶几何连续的条件。

给定两条 Bezier 曲线 $P(t)$ 和 $Q(t)$，相应控制点为 P_i $(i=0, 1, \cdots, n)$ 和 Q_j $(j=0, 1, \cdots, m)$，且令 $a_i = P_i - P_{i-1}$，$b_j = Q_j - Q_{j-1}$，如图 6-10 所示，把两条曲线连接起来。

使它们达到 G^0（零阶连续）连续的充要条件是 $P_n = Q_0$；使它们达到 G^1（一阶连续）连续的充要条件是 P_{n-1}、$P_n = Q_0$、Q_1 三点共线。

根据 Bezier 曲线的拼接条件，可以将一个高次 Bezier 曲线分解成几个低次 Bezier 曲线。如图 6-11 所示，设给定特征多边形的顶点为 P_0、P_1、P_2、P_3、P_4、P_5，由它们控制的曲线为 5 次 Bezier 曲线（虚曲线）。如果在 P_2、P_3 直线上增加一个控制点 Q，则 P_0、P_1、P_2、Q 和 Q、P_3、P_4、P_5 分别控制两个三次 Bezier 曲线（实曲线），在连接处一阶连续。

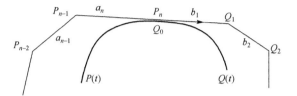

图 6-10　两条 Bezier 曲线的拼接

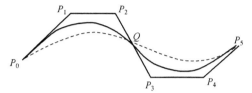

图 6-11　高次 Bezier 曲线的拼接

6.1.3　B 样条曲线

用 Bernstein 基函数构造的 Bezier 曲线有许多优越性，但有两点不足：其一是 Bezier 曲线不能做局部修改；其二是 Bezier 曲线的拼接比较复杂。1972 年，Gordon 和 Riesenfeld 等人提出了 B 样条方法，在保留 Bezier 方法全部优点的同时，克服了 Bezier 方法的缺点。

1．B 样条的定义

B 样条曲线方程的定义为

$$P(t) = \sum_{i=0}^{n} P_i N_{i,k}(t)$$

式中，$P_i(i = 0, 1, \cdots, n)$ 是控制多边形的顶点，$N_{i,k}(t)(i = 0, 1, \cdots, n)$ 称为 k 阶 $(k-1)$ 次 B 样条基函数。

B 样条的基函数由 Cox-deBoor 递推公式定义为（约定 $0/0 = 0$）

$$N_{i,1}(t) = \begin{cases} 1 & t_i \leqslant t \leqslant t_{i+1} \\ 0 & \text{其他} \end{cases}$$

$$N_{i,k}(t) = \frac{t - t_i}{t_{i+k-1} - t_i} N_{i,k-1}(t) + \frac{t_{i+k} - t}{t_{i+k} - t_{i+1}} N_{i+1,k-1}(t) \qquad (t_{k-1} \leqslant t \leqslant t_{n+1})$$

式中，t_i 是结点值，$T = [t_0, t_1, \cdots, t_{n+k}]$ 构成了 k 阶 B 样条函数的结点向量，其中的结点是非递减序列。

2．B 样条曲线类型的划分

B 样条曲线按其结点向量中结点的分布情况，可划分为多种类型。假定控制多边形的顶点为 $P_i(i = 0, 1, \cdots, n)$，下面介绍几种常用的简单类型。

（1）均匀周期样条曲线

均匀性：结点向量 $t_i = i(i = 0, 1, 2, \cdots, n+k)$，$t_i - t_{i+1} =$ 常数。

周期性：所有基函数形状一样，都可由其中一个基函数平移得到。

$$N_{i,k}(t) = N_{i-1,k}(t-1) = N_{i+1,k}(t+1)$$

图 6-12 所示为 4 个周期性二次基函数。

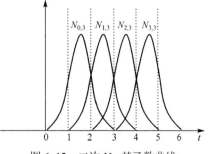

图 6-12　二次 $N_{i,3}$ 基函数曲线

1）二次均匀周期 B 样条曲线。

下面推导出二次均匀周期 B 样条曲线的表达式。

$$N_{0,1}(t)=\begin{cases}1 & 0\leqslant t\leqslant 1\\0 & 其他\end{cases}$$

$$N_{0,2}(t)=\frac{t}{1-0}N_{0,1}(t)+\frac{2-t}{2-1}N_{1,1}(t)$$

$$=tN_{0,1}(t)+(2-t)N_{0,1}(t-1)=\begin{cases}t & 0\leqslant t\leqslant 1\\2-t & 0\leqslant t\leqslant 2\end{cases}$$

$$N_{0,3}(t)=\frac{t}{2-0}N_{0,2}(t)+\frac{3-t}{3-1}N_{1,2}(t)=\frac{t}{2}N_{0,2}(t)+\frac{3-t}{2}N_{0,2}(t-1)$$

$$=\begin{cases}t^2/2 & 0\leqslant t\leqslant 1\\(t/2)(2-t)+(3-t)(t-1)/2=-t^2+3t-3/2 & 1\leqslant t\leqslant 2\\(3-t)[2-(t-1)]/2=(3-t)^2/2 & 2\leqslant t\leqslant 3\end{cases}$$

$$=tN_{0,1}(t)+(2-t)N_{0,1}(t-1)=\begin{cases}t & 0\leqslant t\leqslant 1\\2-t & 0\leqslant t\leqslant 2\end{cases}$$

根据图 6-12 可知，在任何 t 处，只有 3 个基函数的值不为零，因此得出各区间二次 B 样条分段表达式如下。

$$P(t)=P_0N_{0,3}(t)+P_1N_{1,3}(t)+P_2N_{2,3}(t) \qquad 2\leqslant t\leqslant 3$$

$$P(t)=P_1N_{1,3}(t)+P_2N_{2,3}(t)+P_3N_{3,3}(t) \qquad 3\leqslant t\leqslant 4$$

$$P(t)=P_2N_{2,3}(t)+P_3N_{3,3}(t)+P_4N_{4,3}(t) \qquad 4\leqslant t\leqslant 5$$

$$\cdots$$

$$P(t)=P_{n-2}N_{n-2,3}+P_{n-1}N_{n-1,3}+P_nN_{n,3} \qquad n\leqslant t\leqslant n+1$$

从图 6-12 中可以看出，各区间中的 3 个 N 函数形状完全一样，因此可将各区间归一化到 [0, 1] 中，N 函数全部由 $N_{0,3}$ 表示。第 i 段曲线可以表示为

$$P(t)=P_iN_{i,3}(t)+P_{i+1}N_{i+1,3}(t)+P_{i+2}N_{i+2,3}(t)$$

$$=P_iN_{0,3}(t-i)+P_{i+1}N_{1,3}(t-i)+P_{i+2}N_{2,3}(t-i)$$

令 $u=t-i-2$, $P(t)=Q(u)$, 有

$$Q(u)=P_iN_{0,3}(u+2)+P_{i+1}N_{1,3}(u+2)+P_{i+2}N_{2,3}(u+2)$$

$$=P_iN_{0,3}(u+2)+P_{i+1}N_{0,3}(u+1)+P_{i+2}N_{0,3}(u)$$

$Q(u)$ 仍用 $P(t)$ 表示为

$$P(t)=P_iN_{0,3}(t+2)+P_{i+1}N_{0,3}(t+1)+P_{i+2}N_{0,3}(t) \qquad (0\leqslant t\leqslant 1, i=0, 1, 2,\cdots, n-2)$$

$$N_{0,3}(t+2)=[3-(t+2)]^2/2=(1-t)^2/2$$

$$N_{0,3}(t+1)=-(t+1)^2+3(t+1)-3/2=-t^2+t+1/2$$

$$N_{0,3}(t)=t^2/2$$

例如，给定如图 6-13 所示的 5 个控制点，由它们控制的二次 B 样条曲线有 3 段。

由 P_0、P_1、P_2 控制的二次 B 样条曲线为

$$P(t)=P_0(1-t)^2/2+P_1(-t^2+t+1/2)+P_2t^2/2$$

当 $t=0$ 时，$P(0)=0.5P_0+0.5P_1$ （为 P_0P_1 的中点）

当 $t=1$ 时，$P(1)=0.5P_1+0.5P_2$ （为 P_1P_2 的中点）

由 P_1、P_2、P_3 控制的二次 B 样条曲线为

$$P(t)=P_1(1-t)^2/2+P_2(-t^2+t+1/2)+P_3t^2/2$$

由 P_2、P_3、P_4 控制的二次 B 样条曲线为

$$P(t)=P_2(1-t)^2/2+P_3(-t^2+t+1/2)+P_4t^2/2$$

可见二次 B 样条曲线经过控制多边形各边的中点，各段曲线在各边的中点处一阶连续，其所共有的切线就是控制多边形的边。

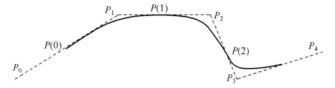

图 6-13　均匀周期二次 B 样条曲线示意图

函数设计如下。

```
void BSpline2(CDC *pDC,int x[],int y[],int n,float dt,COLORREF color)
{int x1,y1,x2,y2;
 float n0,n1,n2;
 x1=(x[0]+x[1])*0.5, y1=(y[0]+y[1])*0.5;
for(int i=0;i<n-1;i++)
     for(float t=dt;t<1.0001;t+=t+0.01)
         {    n2=(1-t)*(1-t)*0.5;
              n1=(-2*t*t+2*t+1)*0.5;
              n0=t*t*0.5;
              x2=x[i]*n2+x[i+1]*n1+x[i+2]*n0;
              y2=y[i]*n2+y[i+1]*n1+y[i+2]*n0;
              Line1(pDC,x1,y1,x2,y2,color);
         x1=x2,y1=y2;
         }
}
```

图 6-14a 所示为 6 个控制点控制的 4 段二次 B 样条曲线，图 6-14b 所示是在图 6-14a 的基础上添加一个控制点，也即添加一段二次 B 样条曲线。可以看出，添加控制点后并不影响原 4 段二次 B 样条曲线。图 6-14c 所示是在图 6-14b 的基础上改变一个控制点的位置。可以看出，当变动一个控制点时，只会影响附近 3 段二次 B 样条曲线段。因此，B 样条曲线可以做局部修改。

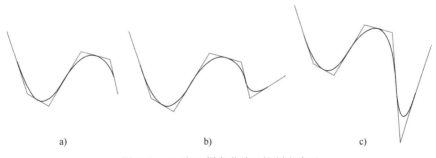

图 6-14　二次 B 样条曲线及控制多边形

2）三次均匀周期 B 样条曲线。

对于三次 B 样条曲线，需要计算 $N_{0,4}(t)$，可以得出 $N_{0,4}(t)$ 是一个 4 段函数，因此每段三次 B 样条曲线由 4 个控制点控制，其表达式为

$$P(t)=P_iN_{0,4}(t+3)+P_{i+1}N_{0,4}(t+2)+P_{i+2}N_{0,4}(t+1)+P_{i+3}N_{0,4}(t)$$

$$(0 \leqslant t \leqslant 1, \quad i=0,1,2,\cdots,n-3)$$

$$N_{0,4}(t+3)=(-t^3+3t^2+3t+1)/6$$

$$N_{0,4}(t+2)=(3t^3-6t^2+4)/6$$

$$N_{0,4}(t+1)=(-3t^3+3t-3t+1)/6$$

$$N_{0,4}(t)=t^3/6$$

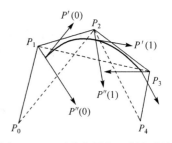

图 6-15 三次均匀周期 B 样条曲线

图 6-15 所示为两段三次 B 样条曲线，两段曲线在连接处二阶连续。图中也反映出了三次 B 样条曲线的几何特征。函数设计如下。

```
void BSpline3(CDC *pDC,int x[],int y[],int n,float dt,COLORREF color)
{int x1,y1,x2,y2;
 float n0,n1,n2,n3;
 x1=(x[0]+x[2])*0.5/3+2*x[1]/3;
 y1=(y[0]+y[2])*0.5/3+2*y[1]/3;
 for(int i=0;i<n-2;i++)
        for(float t=dt; t<1.0001; t=t+dt)
          {    n0=(-t*t*t+3*t*t-3*t+1)/6;
          n1=(3*t*t*t-6*t*t+4)/6;
          n2=(-3*t*t*t+3*t*t+3*t+1)/6;
          n3=t*t*t/6;
          x2=x[i]*n0+x[i+1]*n1+x[i+2]*n2+x[i+3]*n3;
          y2=y[i]*n0+y[i+1]*n1+y[i+2]*n2+y[i+3]*n3;
          Line1(pDC,x1,y1,x2,y2,color);
          x1=x2,y1=y2;
          }
        }
}
```

图 6-16a 所示为由 6 个控制点控制的两段三次 B 样条曲线，图 6-16b 所示为在图 6-16a 的基础上添加一个控制点，即添加一段三次 B 样条曲线，可见，添加控制点不影响原两段三次 B 样条曲线。图 6-16c 所示为改变一个控制点的位置，从而影响附近三段三次 B 样条曲线段。

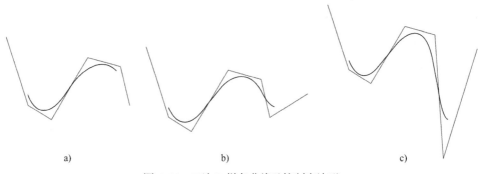

图 6-16 三次 B 样条曲线及控制多边形

（2）准均匀非周期 B 样条曲线

其与均匀周期 B 样条曲线的差别在于：两端结点具有重复度 k，基函数不是周期出现。

1）结点向量的定义。

$$t_i = \begin{cases} 0 & i < k \\ i-k+1 & k \leqslant i \leqslant n, k-1 \leqslant t \leqslant t_{n+1} \\ n-k+2 & i > n \end{cases}$$

下面假设 $n=5$（6 个控制点）时，k 取不同值时的结点向量值。

$k=2$：结点向量为 $(0, 0, 1, 2, 3, 4, 5, 5)$ $0 \leqslant t \leqslant 5$

$k=3$：结点向量为 $(0, 0, 0, 1, 2, 3, 4, 4, 4)$ $0 \leqslant t \leqslant 4$

$k=4$：结点向量为 $(0, 0, 0, 0, 1, 2, 3, 3, 3, 3)$ $0 \leqslant t \leqslant 3$

$k=5$：结点向量为 $(0, 0, 0, 0, 0, 1, 2, 2, 2, 2, 2)$ $0 \leqslant t \leqslant 2$

$k=6$：结点向量为 $(0, 0, 0, 0, 0, 0, 1, 1, 1, 1, 1, 1)$ $0 \leqslant t \leqslant 1$

如图 6-17 所示，它显示出不同 k 值的 B 样条曲线。当 $k=2$ 时，准均匀非周期 B 样条曲线就是控制多边形本身；当 $k=6$ 时，准均匀非周期 B 样条曲线就是 Bezier 曲线。

2）基函数。

准均匀非周期二次 B 样条曲线的基函数如图 6-18 所示。均匀 B 样条曲线没有保留 Bezier 曲线端点的几何性质，即样条曲线的首末端点不再是控制多边形的首末端点。采用准均匀的 B 样条曲线就是为了解决这个问题，使曲线在端点的行为有较好的控制，如图 6-19 所示。

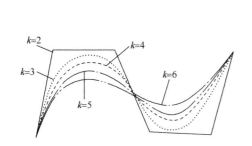

图 6-17　不同阶次的准均匀非周期 B 样条曲线

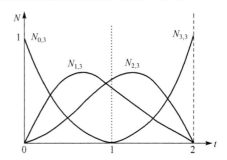

图 6-18　准均匀非周期二次 B 样条曲线的基函数

（3）非均匀 B 样条曲线

在这种类型里，任意分布的结点向量 $T = [t_0, t_1, \cdots, t_{n+k}]$，只要在数学上成立（结点序列非递减，两端结点重复度 $\leqslant k$，内结点重复度 $\leqslant k-1$）都可选取，这样的结点向量定义了非均匀 B 样条基函数。

图 6-19　准均匀三次 B 样条曲线

6.2　曲面的生成

三维曲面常用双参数表示。

$$X=x(u,v)$$

$$Y=y(u,v)$$

$$Z=z(u,v) \qquad u \in [u_1, u_2], v \in [v_1, v_2]$$

曲面定义域中的一对 (u, v) 值对应曲面上的一个点。如果 u 值固定（为一常数），v 值变化，相当于只有一个参数 v，则可得到一条被称为 u 线的曲线；反之，如果 v 值固定（为一常数），u 值变化，相当于只有一个参数 u，则可得到一条被称为 v 线的曲线。在一定范围内，所有 u 线与 v 线组成一个由曲线网形成的曲面片。曲面片是用于曲面造型的最简单的数学元素。

6.2.1 旋转曲面参数方程

曲线 Q（称为母线）绕一个定直线旋转一周所形成的曲面称为旋转曲面。

如图 6-20 所示，已知母线 Q 的参数方程如下。

$$x=x(u)$$
$$y=y(u)$$
$$z=0$$

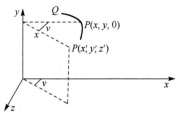

图 6-20　旋转曲面推导示意图

设曲线 Q 上任一点 $P(x, y, 0)$，绕 y 轴旋转 v 角后变为 $P'(x', y', z')$。

$$x'=x\cos v$$
$$y'=y$$
$$z'=x\sin v$$

将母线参数方程代入上式参数方程，得旋转曲面的一种通用参数方程。

$$x'=x(u)\cos v$$
$$y'=y(u)$$
$$z'=x(u)\sin v$$

如果母线绕 x 轴旋转，同样可得另一种旋转曲面的参数方程。

$$x'=x(u)$$
$$y'=y(u)\cos v$$
$$z'=y(u)\sin v$$

同理，可推出母线（在 yoz 平面上）绕 z 轴旋转的旋转曲面参数方程。

$$x'=x(u)\sin v$$
$$y'=y(u)\cos v$$
$$z'=z(u)$$

参数曲面的绘制也可采用类似 6.1.1 节中的通用方法，将母线参数方程作为函数的参数，但这种方法的不足之处是不方便控制不同曲面中的不同特征值的大小，如在 6.1.1 节的椭圆函数中，椭圆的圆心与长短轴是固定值，当绘制不同位置、不同大小的椭圆时，必须修改椭圆函数。

6.2.2 球面

1．圆球面

（1）圆球面参数方程

圆球面可以看成是由母线半径为 r 的半圆绕着 y 轴旋转一周所形成的曲面。

$$x=r\cos u$$
$$y=r\sin u \qquad u\in[-90°, 90°]$$

所以圆心在原点的参数方程为

$$x'=r\cos u\cos v$$
$$y'=r\sin u$$

$$z' = r\sin u \sin v$$

将球面平移到(x_0,y_0,z_0)，则圆心在(x_0,y_0,z_0)、半径为R的球面的参数方程为

$$x = x_0 + r\cos u \cos v$$

$$y = y_0 + r \sin u$$

$$z = z_0 + r\cos u \sin v$$

$$u \in [-90°, 90°], \quad v \in [0°, 360°]$$

（2）网格圆球面的绘制

根据圆球面的参数方程，可计算球面上任一点三维坐标，函数设计如下。

```
//输入参数：(x0,y0,z0)为圆球心坐标，r为圆球半径，(u,v)为圆球参数
//输出参数：(x,y,x)为圆球面上一点坐标
void Sphere(int x0,int y0,int z0,int r,float u,float v,float &x,float &y,float &z)
{ x=x0+r*cos(u)*cos(v);
    y=y0+r*sin(u);
    z=z0+r*cos(u)*sin(v);
}
```

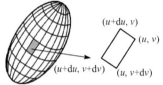

图 6-21　椭球表面划分为多个四边形

将直线生成曲线的方法扩展到四边形生成曲面的方法，如图 6-21 显示了四边形顶点的相应参数。注意四边形的顶点顺序符合右手规则，大拇指指向曲面外侧，这样处理主要是为了后面的真实感图形绘制。与生成曲线类似，$\mathrm{d}u$ 与 $\mathrm{d}v$ 的值不宜取过大，否则会出现多边形曲面的效果。另外，对三维圆球面需进行投影变换，这里采用正平行投影，在投影前进行相应的旋转变换，其结果类似正轴测投影。

网格圆球面绘制函数设计如下。

```
//输入参数：(x0,y0,z0)为圆球心坐标，r为圆球半径，du、dv为圆球参数增量
//         cx、cy、cz为绕x、y、z轴的旋转角度，dx、dy为x、y方向的平移量
void SphereFace(CDC *pDC,int x0,int y0,int z0,int r,float du,float dv,float cx,float cy,float cz,int dx,int dy)
{ float uu[4],vv[4],x[5],y[5],z[5],xx[5],yy[5],zz[5];
for(float u=-1.57;u<=1.57;u=u+du)
    for(float v=0;v<=6.28;v=v+dv)
    {   uu[0]=u,vv[0]=v,uu[1]=u+du,vv[1]=v,uu[2]=u+du,vv[2]=v+dv,uu[3]=u,vv[3]=v+dv;
        for(int i=0;i<4;i++)
        {   Sphere(x0,y0,z0,r,uu[i],vv[i],x[i],y[i],z[i]);
            RevolveX(cx,x[i],y[i],z[i],xx[i],yy[i],zz[i]);      //绕x轴旋转
            RevolveY(cy,xx[i],yy[i],zz[i],x[i],y[i],z[i]);      //绕y轴旋转
            RevolveZ(cz,x[i],y[i],z[i],xx[i],yy[i],zz[i]);      //绕z轴旋转
        }
        xx[4]=xx[0],yy[4]=yy[0];                                //封闭四边形
        for(i=0;i<4;i++)
                Line1(pDC,xx[i]+dx,yy[i]+dy,xx[i+1]+dx,yy[i+1]+dy,RGB(0,0,0)); //绘制四边形
    }
}
```

调用实例如下。

```
CDC *pDC=GetDC();
SphereFace(pDC,0,0,0,100,0.2,0.2,20*3.14/180,0,30*3.14/180,200,200);
```

程序运行结果如图 6-22a 所示，图 6-22b 所示为没有旋转的圆球面，图 6-22c 所示为旋转角度较大的圆球面。

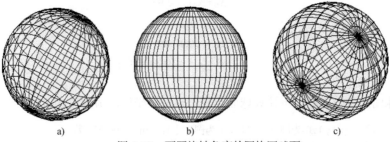

图 6-22 不同旋转角度的网格圆球面

2. 椭球面

由母线在 x 方向轴的半长为 a、y 方向轴的半长为 b 的椭圆绕 y 轴旋转一周生成的椭球面参数方程为

$$x=a\cos u \cos v$$
$$y=b\sin u$$
$$z=a\cos u \sin v$$

将椭圆绕 y 轴旋转的半径改为变长，在 z 轴上的半径变为 c，再将椭球面平移到 (x_0, y_0, z_0)，椭球面参数方程变为

$$x=x_0+a\cos u \cos v$$
$$y=y_0+b\sin u$$
$$z=z_0+c\cos u \sin v$$
$$u\in[-90°，90°]，v\in[0°，360°]$$

椭球面坐标函数设计如下。

```
void Ellipsoid(int x0,int y0,int z0,int a,int b,int c,float u,float v,float &x,float &y,float &z)
{ x=x0+a*cos(u)*cos(v);
    y=y0+b*sin(u);
    z=z0+c*cos(u)*sin(v);
}
```

网格椭球面绘制函数设计与网格圆球面绘制函数类似，主要是将调用圆球面函数换为调用椭球面函数。图 6-23 所示为不同旋转角度的网格椭球面。圆球面是椭球面的特例，当 $a=b=c$ 时，椭球面就变为圆球面。

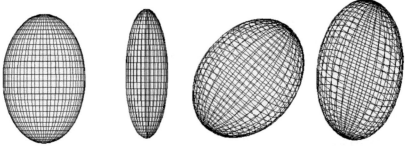

图 6-23 不同旋转角度的网格椭球面

6.2.3 圆环面

母线为一个圆心在 (x_0, y_0) 处的圆，参数方程为

$$x = x_0 + r\cos u$$
$$y = y_0 + r\sin u$$

该圆绕 y 轴旋转（旋转半径为 x_0）就是一个圆环曲面。

$$x = (x_0 + r\cos u)\cos v$$
$$y = y_0 + r\sin u$$
$$z = (x_0 + r\cos u)\sin v$$

$$u \in [0°，360°]，\quad v \in [0°，360°]$$

圆环面坐标函数设计如下。

```
void Circular(int x0,int y0,int r,float u,float v,float &x,float &y,float &z)
{ x=(x0+r*cos(u))*cos(v);
    y=y0+r*sin(u);
    z=(x0+r*cos(u))*sin(v);
}
```

图 6-24 所示为不同母线半径 r 及旋转半径 x_0 的圆环面。实际上圆球面是圆环面的特例，当 $x_0=0$, $y_0=0$ 时，圆环面将变为圆球面。

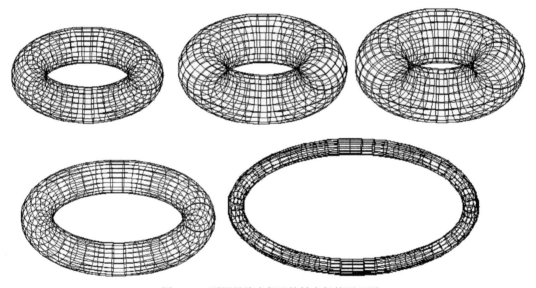

图 6-24　不同母线半径及旋转半径的圆环面

6.2.4 圆柱面、圆锥面和圆台面

1. 圆柱面

圆柱面可以看成是母线为平行于 y 轴的直线，起点为 $(r, 0)$，终点为 (r, h)，参数方程为

$$x = r$$
$$y = hu$$

该直线绕 y 轴旋转就是一个圆柱面。

$$x=r\cos v$$
$$y=hu$$
$$z=r\sin v$$
$$u\in[0,1],\quad v\in[0°,360°]$$

圆柱面坐标函数设计如下

```
void Cylinder(int r,int h,float u,float v,float &x,float &y,float &z)
{ x=r*cos(v);
   y=h*u;
   z=r*sin(v);
}
```

图 6-25 所示为圆柱面效果图。

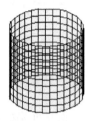

图 6-25　圆柱面

2. 圆锥面

圆锥面可以看成是母线为从 x 轴上点 $(r,0)$ 到 y 轴上的点 $(0,h)$ 的直线，参数方程为

$$x=r(1-u)$$
$$y=hu$$

该直线绕 y 轴旋转就是一个圆锥面。

$$x=r(1-u)\cos v$$
$$y=hu$$
$$z=r(1-u)\sin v$$
$$u\in[0,1],\quad v\in[0°,360°]$$

圆锥面坐标函数设计如下。

```
void Cone(int r,int h,float u,float v,float &x,float &y,float &z)
{ x=r*(1-u)*cos(v);
   y=h*u;
   z=r*(1-u)*sin(v);
}
```

图 6-26 所示为圆锥面效果图。

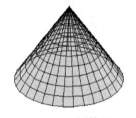

图 6-26　圆锥面

3. 圆台面

圆台面可以看成是母线为起点 $(r_1,0)$ 到终点 (r_2,h) 的直线，参数方程为

$$x=r_1+(r_2-r_1)u$$
$$y=hu$$

该直线绕 y 轴旋转就是一个圆台面。

$$x=[r_1+(r_2-r_1)u]\cos v$$
$$y=hu$$
$$z=[r_1+(r_2-r_1)u]\sin v$$
$$u\in[0,1],\quad v\in[0°,360°]$$

圆台面坐标函数设计如下。

```
void Dais(int r1,int r2,int h,float u,float v,float &x,float &y,float &z)
{ x=[r1+(r2-r1)*u]*cos(v);
```

```
        y=h*u;
        z=[r1+(r2-r1)*u]*sin(v);
    }
```

图 6-27 所示为圆台面效果图。

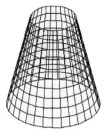

图 6-27　圆台面

6.2.5　任意曲线旋转面

这里采用二次 B 样条曲线生成任意曲线母线，旋转面的参数方程如下。

$$x=[x_i(1-u)^2/2+x_{i+1}(-u^2+u+1/2)+ x_{i+2}u^2/2]\cos v$$
$$y=[y_i(1-u)^2/2 + y_{i+1}(-u^2+u+1/2)+y_{i+2}u^2/2]$$
$$z=[x_i(1-u)^2/2+x_{i+1}(-u^2+u+1/2)+ x_{i+2}u^2/2]\sin v$$
$$(0 \leqslant u \leqslant 1,\ i=0, 1, 2,\cdots, n-2)$$

函数设计如下。

```
void ChaliceFace(CDC *pDC,int X[],int Y[],int n,float du,float dv,float cx,float cy,float cz,int dx,int dy)
{ float uu[4],vv[4],x[5],y[5],z[5],xx[5],yy[5],zz[5],n0,n1,n2;
        for(int j=0;j<n-1;j++)
          for(float u=0;u<1;u=u+du)
                for(float v=0;v<=6.28;v=v+dv)
                {
uu[0]=u,vv[0]=v,uu[1]=u+du,vv[1]=v,uu[2]=u+du,vv[2]=v+dv,uu[3]=u,vv[3]=v+dv;
                        for(int i=0;i<4;i++)
                        {       n0=(1-uu[i])*(1-uu[i])*0.5;
                                n1=(-2*uu[i]*uu[i]+2*uu[i]+1)*0.5;
                                n2=uu[i]*uu[i]*0.5;
                                x[i]=(X[j]*n0+X[j+1]*n1+X[j+2]*n2)*cos(vv[i]);
                                y[i]=Y[j]*n0+Y[j+1]*n1+Y[j+2]*n2;
                                z[i]=(X[j]*n0+X[j+1]*n1+X[j+2]*n2)*sin(vv[i]);
                                RevolveX(cx,x[i],y[i],z[i],xx[i],yy[i],zz[i]);
                                RevolveY(cy,xx[i],yy[i],zz[i],x[i],y[i],z[i]);
                                RevolveZ(cz,x[i],y[i],z[i],xx[i],yy[i],zz[i]);
                        }
                        xx[4]=xx[0],yy[4]=yy[0];
                        for( i=0;i<4;i++)Line1(pDC,xx[i]+dx,yy[i]+dy,xx[i+1]+dx,yy[i+1]+dy,RGB(0,0,0));
                }
    }
```

调用实例如下。

```
CDC *pDC=GetDC();
int x[]={50,100,100,10,10,10,110},y[]={100,200,250,300,320,350,370};
ChaliceFace(pDC,x,y,6,0.2,0.2,20*3.14/180,0,0,200,200);
```

程序运行结果为一个酒杯曲面，如图 6-28a 所示，其母线的控制多边形如图 6-28b 所示，二次 B 样条母线如图 6-28c 所示。

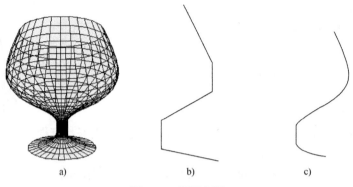

图 6-28　酒杯曲面

6.3　双线性曲面生成

双线性曲面是指曲面的参数方程关于 u、v 都是线性的。因此构成双线性曲面的 u 线与 v 线都是直线。

6.3.1　平面

平面是双线性曲面的特例。构造一个平面片有多种方法，这里介绍一种平面片参数方程。

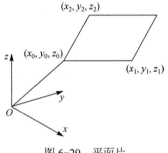

$$x = x_0 + (x_1 - x_0)u + (x_2 - x_0)v$$
$$y = y_0 + (y_1 - y_0)u + (y_2 - y_0)v$$
$$z = z_0 + (z_1 - z_0)u + (z_2 - z_0)v$$
$$u,\ v \in [0,\ 1]$$

图 6-29　平面片

上式定义了通过三点 (x_0, y_0, z_0)、(x_1, y_1, z_1)、(x_2, y_2, z_2) 的平面片，如图 6-29 所示。网格平面绘制函数设计如下。

```
void Flat (CDC *pDC,int X[3],int Y[3], int Z[3], float du,float dv,float cx,float cy,float cz,int dx,int dy)
{ float uu[4],vv[4],x[5],y[5],z[5],xx[5],yy[5],zz[5];
    for(float u=0;u<=1.0001;u=u+du)
        for(float v=0;v<=1.0001;v=v+dv)
        {   uu[0]=u,vv[0]=v,uu[1]=u+du,vv[1]=v,uu[2]=u+du,vv[2]=v+dv,uu[3]=u,vv[3]=v+dv;
            for(int i=0;i<4;i++)
            { x[i]=X[0]+(X[1]−X[0])*uu[i]+(X[2]−X[0])*vv[i];
              y[i]=Y[0]+(Y[1]−Y[0])*uu[i]+(Y[2]−Y[0])*vv[i];
              z[i]=Z[0]+(Z[1]−Z[0])*uu[i]+(Z[2]−Z[0])*vv[i];
              RevolveX(cx,x[i],y[i],z[i],xx[i],yy[i],zz[i]);         //绕 x 轴旋转
              RevolveY(cy,xx[i],yy[i],zz[i],x[i],y[i],z[i]);         //绕 y 轴旋转
              RevolveZ(cz,x[i],y[i],z[i],xx[i],yy[i],zz[i]);         //绕 z 轴旋转
            }
            xx[4]=xx[0],yy[4]=yy[0];                                 //封闭四边形
            for(i=0;i<4;i++)
                Line1(pDC,xx[i]+dx,yy[i]+dy,xx[i+1]+dx,yy[i+1]+dy,RGB(0,0,0)); //绘制四边形
```

```
            }
        }
```

调用实例如下。

```
CDC *pDC=GetDC();
int x[3]={50,250,200},y[3]={50,60,200},z[3]={100,50,0};
Flat(pDC,x,y,z,0.05,0.05,0*3.14/180,0*3.14/180,0*3.14/180,200,200);
```

程序运行结果如图 6-30a 所示。当 $x_0=x_2$, $y_0=y_1$ 时，平面变为矩形平面，矩形平面是平面的特例（见图 6-30b），其中一种参数方程为

$$x=x_0+(x_1-x_0)u$$
$$y=y_0+(y_2-y_0)v$$
$$z=0$$
$$u, \ v\in[0, \ 1]$$

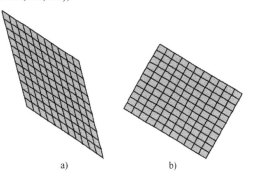

a)   b)

图 6-30　网格平面

6.3.2　双线性曲面

给定任意 4 个角点的坐标值，可构成以下参数方程的双线性曲面。

$$x=x_{00}(1-u)(1-v)+x_{01}(1-u)v+x_{10}(1-v)u+x_{11}uv$$
$$y=y_{00}(1-u)(1-v)+y_{01}(1-u)v+y_{10}(1-v)u+y_{11}uv$$
$$z=z_{00}(1-u)(1-v)+z_{01}(1-u)v+z_{10}(1-v)u+z_{11}uv$$

设 $x_{00}=30$, $y_{00}=30$, $z_{00}=0$, $x_{01}=180$, $y_{01}=200$, $z_{01}=0$, $x_{10}=150$, $y_{10}=80$, $z_{10}=0$, $x_{11}=280$, $y_{11}=50$, $z_{11}=0$

则该双线性曲面参数方程为

$$x=30(1-u)(1-v)+180(1-u)v+150(1-v)u+280uv$$
$$y=30(1-u)(1-v)+200(1-u)v+80(1-v)u+50uv$$
$$z=0$$

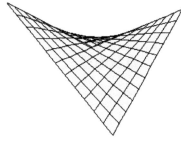

图 6-31　双线性曲面

双线性曲面绘制的程序与平面绘制程序相似，只是计算双线性曲面的参数方程不同。图 6-31 所示是上述方程的双线性曲面。

6.4　单线性曲面生成

单线性曲面是指曲面的参数方程关于 u 或 v 是线性的，而关于另一个参数是非线性的。下列方程是关于 v 线性、关于 u 非线性的单线性曲面，其中 $g(u)$、$h(u)$ 是空间中的两条边界曲线。

$$x=(1-v)g_x(u)+vh_x(u)$$
$$y=(1-v)g_y(u)+vh_y(u)$$
$$z=(1-v)g_z(u)+vh_z(u) \qquad v\in[0, \ 1], \ u\in[u_1, \ u_2]$$

6.4.1　柱面

柱面是单线性曲面的一种特例，它是由一条直母线沿一条曲线并与它自身平行地移动所生成的曲面。如图 6-32a 所示，$g(u)$ 是任意一条空间曲线，而 r 是起点 (x_1, y_1) 到终点 (x_2, y_2) 的

母线方向向量，这样可得到柱面片更一般的表达式。

$$x=g_x(u)+(x_2-x_1)v+x_1$$
$$y=g_y(u)+(y_2-y_1)v+y_1$$
$$z=g_z(u)+(z_2-z_1)v+z_1$$

设 $g(u)$ 是以下正弦曲线。

$$g_x(u)=400u, \quad g_y(u)=30\sin(4\pi u), \quad g_z(u)=0$$

且 $x_1=100$，$y_1=100$，$z_1=0$，$x_2=200$，$y_2=200$，$z_2=0$，此柱面参数方程如下。

$$x=400u+100v+100$$
$$y=30\sin(4\pi u)+100v+100$$
$$z=0 \qquad\qquad\qquad u、v\in[0，1]$$

该曲面如图 6-32b 所示。圆柱面是柱面的一个特例。

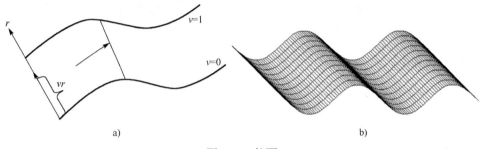

图 6-32　柱面

6.4.2　直纹面

直线以一个自由度运动的轨迹形成的曲面称为直纹面，最简单的直纹面是平面、锥面和柱面。

当单线性曲面参数方程中 $g(u)$ 与 $h(u)$ 两条边界曲线都是二次 B 样条曲线时，且控制点坐标分别为 $(x1_i, y1_i, z1)(i=0, 1, 2,\cdots, n)$ 和 $(x2_i, y2_i, z2)(i=0, 1, 2,\cdots, n)$，并设 $z=0$，单线性曲面可表示为

$$x=(1-v)[x1_i(1-u)^2/2+x1_{i+1}(-2u^2+2u+1)/2+x1_{i+2}(u^2/2)]+v[x2_i(1-u)^2/2+x2_{i+1}(-2u^2+2u+1)/2+x2_{i+2}(u^2/2)]$$
$$y=(1-v)[y1_i(1-u)^2/2+y1_{i+1}(-2u^2+2u+1)/2+y1_{i+2}(u^2/2)]+v[y2_i(1-u)^2/2+y2_{i+1}(-2u^2+2u+1)/2+y2_{i+2}(u^2/2)]$$
$$z=(1-v)[z1_i(1-u)^2/2+z1_{i+1}(-2u^2+2u+1)/2+z1_{i+2}(u^2/2)]+v[z2_i(1-u)^2/2+z2_{i+1}(-2u^2+2u+1)/2+z2_{i+2}(u^2/2)]$$
$$u,v\in[0,1], \quad i=0, 1, 2,\cdots, n-2$$

函数设计如下。

```
void SingerLinear(CDC *pDC,int x1[],int y1[],int z1[],int x2[],int y2[],int z2[],int n,float du,float dv,
    float cx,float cy,float cz,int dx,int dy)
{ float uu[4],vv[4],x[5],y[5],z[5],xx[5],yy[5],zz[5];
 for(int j=0;j<n-2;j++)
    for(float u=0;u<=1.0001;u=u+du)
     for(float v=0;v<=1.0001;v=v+dv)
      {   uu[0]=u,vv[0]=v,uu[1]=u+du,vv[1]=v,uu[2]=u+du,vv[2]=v+dv,uu[3]=u,vv[3]=v+dv;
       for(int i=0;i<4;i++)
       {x[i]=(1-vv[i])*(x1[j]*(1-uu[i])*(1-uu[i])/2+x1[j+1]*(-2*uu[i]*uu[i]+2*uu[i]+1)/2+
```

```
                x1[j+2]*(uu[i]*uu[i]/2))+vv[i]*(x2[j]*(1−uu[i])*(1−uu[i])/2
              +x2[j+1]*(−2*uu[i]*uu[i]+2*uu[i]+1)/2+x2[j+2]*(uu[i]*uu[i]/2));
              y[i]=(1−vv[i])*(y1[j]*(1−uu[i])*(1−uu[i])/2+y1[j+1]*(−2*uu[i]*uu[i]+2*uu[i]+1)/2
              +y1[j+2]*(uu[i]*uu[i]/2))+vv[i]*(y2[j]*(1−uu[i])*(1−uu[i])/2
              +y2[j+1]*(−2*uu[i]*uu[i]+2*uu[i]+1)/2+y2[j+2]*(uu[i]*uu[i]/2));
              z[i]=(1−v)*(z1[j]*(1−uu[i])*(1−uu[i])/2+z1[j+1]*(−2*uu[i]*uu[i]+2*uu[i]+1)/2
              +z1[j+2]*(uu[i]*uu[i]/2))+vv[i]*(z2[j]*(1−uu[i])*(1−uu[i])/2
              +z2[j+1]*(−2*uu[i]*uu[i]+2*uu[i]+1)/2+z2[j+2]*(uu[i]*uu[i]/2));
          RevolveX(cx,x[i],y[i],z[i],xx[i],yy[i],zz[i]);        //绕 x 轴旋转
          RevolveY(cy,xx[i],yy[i],zz[i],x[i],y[i],z[i]);        //绕 y 轴旋转
          RevolveZ(cz,x[i],y[i],z[i],xx[i],yy[i],zz[i]);        //绕 z 轴旋转
          }
      xx[4]=xx[0],yy[4]=yy[0];                          //封闭四边形
      for(i=0;i<4;i++)
                  Line1(pDC,xx[i]+dx,yy[i]+dy,xx[i+1]+dx,yy[i+1]+dy,RGB(0,0,0)); //绘制四边形
      }
  }
```

调用实例如下。

```
  CDC *pDC=GetDC();
  int x1[]={50,100,150,230,300,320,370},y1[]={50,200,230,100,120,200,50},z1[]={0,0,0,0,0,0,0};
  int x2[]={50,80,120,200,270,300,320},y2[]={150,220,280,350,200,400,100},z2[]={0,0,0,0,0,0};
  SingerLinear(pDC,x1,y1,z1,x2,y2,z2,6,0.1,0.1,0,0,0,200,200);
```

程序运行结果如图 6-33a 所示，图 6-33b 所示是改变边界控制点坐标后的单线性曲面。

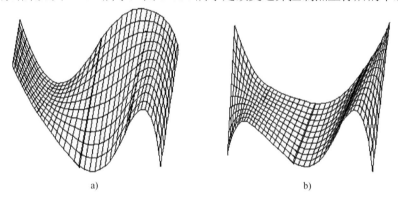

图 6-33　边界曲线都是二次 B 样条曲线的单线性曲面

6.5 Bezier 曲面及其拼合

6.5.1 Bezier 曲面

Bezier（贝赛尔）曲线有一个控制多边形，Bezier（贝赛尔）曲面则有一个控制多面体。将 Bezier 曲线上点的一般方程做简单的推广，可得到 Bezier 曲面上点的方程。

$$p(u,\ v)=\sum_{i=0}^{m}\sum_{j=0}^{n}p_{ij}B_{i,m}(u)B_{j,n}(v) \qquad u,\ v\in[0,\ 1]$$

式中，p_{ij} 是控制多面体的顶点，它们形成 $(m+1)\times(n+1)$ 矩形点阵，$B_{i,m}(u)$ 和 $B_{j,n}(v)$ 是 Bernstein 基函数。

对于双三次 Bezier 曲面片。如图 6-34 所示，控制多面体顶点 $p_{ij}(i, j = 0, 1, 2, 3)$，现用母线法来构造双三次 Bezier 曲面片。利用控制多面体顶点 $p_{ij}(i, j = 0, 1, 2, 3)$ 可定义 4 条三次 Bezier 曲线。

$$p_i(v) = \sum_{j=0}^{3} B_{j,3}(v) p_{ij} \quad (i = 0, 1, 2, 3)$$

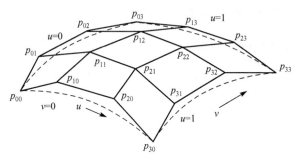

图 6-34　控制多面体

先固定一个 v 的值，令 $v = v*$，$v* \in [0, 1]$，于是在上述 4 条曲线上得到 4 个点 $p_i(v*)$ $(i = 0, 1, 2, 3)$，以这 4 个点为控制多边形顶点又可定义一条三次 Bezier 曲线。

$$Q(u) = \sum_{j=0}^{3} B_{i,3}(u) p_i(v*) \quad u \in [0, 1]$$

这是曲面上的一条母线，当 $v*$ 由 0 变到 1 时，得到双三次 Bezier 曲面方程为

$$p(u, v) = \sum_{i=0}^{3} B_{i,3}(u) p_i(v) = \sum_{i=0}^{3}\sum_{j=0}^{3} B_{i,3}(u) p_{ij} B_{j,3}(v)$$

$$= (B_{0,3}(u) \quad B_{1,3}(u) \quad B_{2,3}(u) \quad B_{3,3}(u)) \begin{pmatrix} p_{00} & p_{01} & p_{02} & p_{03} \\ p_{10} & p_{11} & p_{12} & p_{13} \\ p_{20} & p_{21} & p_{22} & p_{23} \\ p_{30} & p_{31} & p_{32} & p_{33} \end{pmatrix} \begin{pmatrix} B_{0,3}(v) \\ B_{1,3}(v) \\ B_{2,3}(v) \\ B_{3,3}(v) \end{pmatrix} = \boldsymbol{U M_z p M_z^T V^T}$$

式中，$\boldsymbol{U} = (u^3 \quad u^2 \quad u \quad 1)$，$\boldsymbol{V} = (v^3 \quad v^2 \quad v \quad 1)$　$u, v \in [0, 1]$

$$\boldsymbol{M_z} = \begin{pmatrix} -1 & 3 & -3 & 1 \\ 3 & -6 & 3 & 0 \\ -3 & 3 & 0 & 0 \\ 1 & 0 & 0 & 0 \end{pmatrix}$$

在双三次 Bezier 曲面中，4 条基线只有 $p_0(v)$ 和 $p_3(v)$ 在曲面上，而 $p_1(v)$ 和 $p_2(v)$ 不在曲面上。在给定的 16 个顶点中，只有 4 个角点 p_{00}、p_{03}、p_{30} 和 p_{33} 在曲面上，其余顶点均不在曲面上。点 p_{10}、p_{20}、p_{01}、p_{02}、p_{31}、p_{32}、p_{13} 和 p_{23} 控制边界曲线的斜率。点 p_{11}、p_{21}、p_{12}、p_{22} 起着双三次曲面片扭矢的作用，控制着边界曲线的跨界斜率。

Bezier 曲面需要多次计算 Bernstein 基函数，计算 Bernstein 基函数的程序如下。

```
float B(int i,int n,float t)
{int a=1,b=1,k;
for(k=i+1;k<=n;k++)a=a*k;          // 计算 n!/j!
for(k=1;k<=n-i;k++)b=b*k;          // 计算(n-j)!
float BB=(float)a/b;
BB=BB*pow(t,i)*pow(1-t,n-i);       //计算基函数
return(BB);
}
```

网格 Bezier 曲面绘制的函数设计如下。

```
void BezierFace(CDC *pDC,int X[10][10],int Y[10][10],int Z[10][10],int m,int n,float du,float dv,
                float cx,float cy,float cz,int dx,int dy)
{ float uu[4],vv[4],x[5],y[5],z[5],xx[5],yy[5],zz[5],b1,b2;
  for(float u=0;u<=1.0001;u=u+du)
     for(float v=0;v<=1.0001;v=v+dv)
      {   uu[0]=u,vv[0]=v,uu[1]=u+du,vv[1]=v,uu[2]=u+du,vv[2]=v+dv,uu[3]=u,vv[3]=v+dv;
         for(int i=0;i<4;i++)
         {    x[i]=0,y[i]=0,z[i]=0;
            for(int j=0;j<=m;j++)
               for(int k=0;k<=n;k++)
                { b1=B(j,m,uu[i]),b2=B(k,n,vv[i]);
                   x[i]=x[i]+X[j][k]*b1*b2;
                   y[i]=y[i]+Y[j][k]*b1*b2;
                   z[i]=z[i]+Z[j][k]*b1*b2;
                }
            RevolveX(cx,x[i],y[i],z[i],xx[i],yy[i],zz[i]);      //绕 x 轴旋转
            RevolveY(cy,xx[i],yy[i],zz[i],x[i],y[i],z[i]);      //绕 y 轴旋转
            RevolveZ(cz,x[i],y[i],z[i],xx[i],yy[i],zz[i]);      //绕 z 轴旋转
         }
         xx[4]=xx[0],yy[4]=yy[0];                               //封闭四边形
         for(i=0;i<4;i++)
            Line1(pDC,xx[i]+dx,yy[i]+dy,xx[i+1]+dx,yy[i+1]+dy,RGB(0,0,0)); //绘制四边形
      }
}
```

调用实例如下。

```
int x[10][10]={{60,150,230,300},{80,180,260,330},{120,230,280,350},{180,280,330,380}};
int y[10][10]={{180,140,140,190},{120,50,60,110},{50,20,30,70},{80,40,50,80}};
int z[10][10]={0};
BezierFace(pDC,x,y,z,3,3,0.05,0.05,0,0,0,200,200);
```

程序运行结果如图 6-35b 所示,图 6-35a 所示是相应的控制多面体;图 6-35d 所示是改变
控制点多面体(见图 6-35c)坐标后的单线性曲面;图 6-35f 和图 6-35h 所示是添加控制点多
面体(见图 6-35e 和图 6-35g)后的单线性曲面。

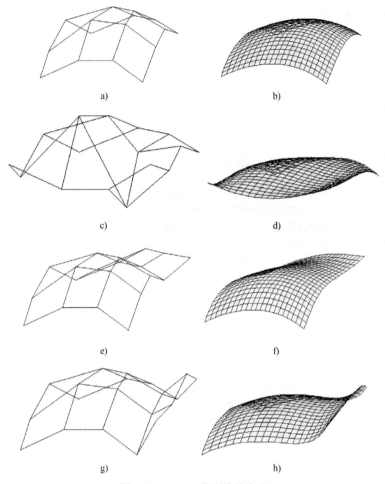

a)   b)

c)   d)

e)   f)

g)   h)

图 6-35　Bezier 曲面片的生成

6.5.2　Bezier 曲面的拼合

如图 6-36 所示，两个三次 Bezier 曲面片 $p_{(1)}(u, v)$ 和 $p_{(2)}(u, v)$，其方程分别为

$$P_{(1)}(u, v) = UM_z P_{(1)} M_z^T V^T$$

$$P_{(2)}(u, v) = UM_z P_{(2)} M_z^T V^T \qquad u, v \in [0, 1]$$

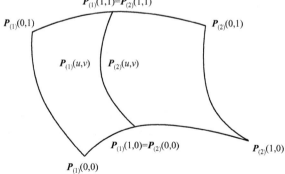

图 6-36　Bezier 曲面的拼合

1）若 $\boldsymbol{P}_{(1)}(u, v)$ 和 $\boldsymbol{P}_{(2)}(u, v)$ 达到 C^0 连续，此时，对于 $v\in[0,1]$ 的所有 v 有

$$\boldsymbol{P}_{(1)}(1, v) = \boldsymbol{P}_{(2)}(0, v)$$

根据上式方程，这一条件可写为

$$(1\ 1\ 1\ 1)\boldsymbol{M}_z\,\boldsymbol{P}_{(1)}\,\boldsymbol{M}_z^{\mathrm{T}}\,\boldsymbol{V}^{\mathrm{T}}=(0\ 0\ 0\ 1)\boldsymbol{M}_z\,\boldsymbol{P}_{(2)}\,\boldsymbol{M}_z^{\mathrm{T}}\,\boldsymbol{V}^{\mathrm{T}}$$

因等式两边均为 v 的三次多项式，令各对应项系数相等，可得

$$(1\ 1\ 1\ 1)\boldsymbol{M}_z\,\boldsymbol{P}_{(1)}\,\boldsymbol{M}_z^{\mathrm{T}} =(0\ 0\ 0\ 1)\boldsymbol{M}_z\,\boldsymbol{P}_{(2)}\,\boldsymbol{M}_z^{\mathrm{T}}$$

上式两边乘以 $(\boldsymbol{M}_z^{\mathrm{T}})^{-1}$，可得到 4 个关系式如下。

$$\boldsymbol{P}_{(1)3i} = \boldsymbol{P}_{(2)0i} \quad (i = 0, 1, 2, 3)$$

上式表明，两曲面片之间若有一条共同的边界线，则需要在边界上有一个共同的特征多边形。

2）若 $\boldsymbol{P}_{(1)}(u, v)$ 和 $\boldsymbol{P}_{(2)}(u, v)$ 达到 C^1 连续，要使两曲面片在跨界时一阶导矢连续，对于 $v\in[0,1]$ 中的所有 v，$\boldsymbol{P}_{(1)}(u, v)$ 在 $u = 1$ 的切平面必须与 $\boldsymbol{P}_{(2)}(u, v)$ 在 $u = 0$ 的切平面重合，即两曲面片的法线方向跨界时是连续的。于是有

$$p_{(2)}^u(0, v)\times p_{(2)}^v(0, v) = \lambda(v)\, p_{(1)}^v(1, v)\times p_{(1)}^v(1, v)$$

引入正值纯量 $\lambda(v)$，考虑到两曲面片法向量在模上可能出现的不连续性，有两种方式可满足这个连续方程，讨论如下。

① 因为有 $p_{(2)}^v(0, v) = p_{(1)}^v(1, v)$，因而最简单的解就是令

$$p_{(2)}^u(0, v) = \lambda(v)\, p_{(1)}^u(1, v)$$

上式表明，在组合曲面上所有等 v 线都将具有梯度方向连续性，这对于拼合曲面要求在边界上连续来说，结果是合理的。于是可得

$$(0\ 0\ 1\ 0)\boldsymbol{M}_z\,\boldsymbol{P}_{(2)}\,\boldsymbol{M}_z^{\mathrm{T}}\,\boldsymbol{V}^{\mathrm{T}}= \lambda(v)(3\ 2\ 1\ 0)\boldsymbol{M}_z\,\boldsymbol{P}_{(1)}\,\boldsymbol{M}_z^{\mathrm{T}}\,\boldsymbol{V}^{\mathrm{T}}$$

由于上式左边是 v 的三次多项式，因此只能取 $\lambda(w) = \lambda$，即为一正参数，以与右端的 v 的三次多项式相匹配。方程式对所有 $v\in[0,1]$ 都成立，因此对应项的系数必须相等，并且两边乘以 $(\boldsymbol{M}_z^{\mathrm{T}})^{-1}$ 可得到 4 个方程如下。

$$\boldsymbol{P}_{(2)1i} - \boldsymbol{P}_{(2)0i} = \lambda\,(\boldsymbol{P}_{(1)3i}-\boldsymbol{P}_{(1)2i}) \quad (i = 0, 1, 2, 3)$$

以上方程表明交于边界的多边形的 4 对棱边必须共线。这意味着跨界切矢的模的比值沿公共边界必须保持不变。

实际上这一限制过于苛刻，考虑如图 6-37 所示的曲面片的构造。如果曲面片 A 可任意选择 16 个顶点，由于边界及一阶导矢连续的条件，使得曲面片 B 和 C 只能任意选择 8 个顶点；对于曲面片 D，由于要求同时与 B 和 C 保持边界及一阶导矢连续，能够自由的顶点只剩下 4 个了。

② 放宽拼合的条件，采用

$$p_{(2)}^u(0, v) = \lambda(v)\, p_{(1)}^u(1, v) + u(v)\, p_{(1)}^v(1, v)$$

式中，$u(v)$ 是 v 的另一纯量函数。这意味着要求 $p_{(2)}^u(0, v)$ 位于 $p_{(1)}^u(1, v)$ 和 $p_{(1)}^v(1, v)$ 的平面内，即在曲面片有关边界点的切平面内。

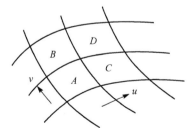

图 6-37　组合曲面片跨界切矢比值不变

展开上面的方程得

$$(0\ 0\ 1\ 0)\boldsymbol{M}_z\boldsymbol{P}_{(2)}\boldsymbol{M}_z^{\mathrm{T}}\boldsymbol{V}^T=\lambda\,(v)(3\ 2\ 1\ 0)\boldsymbol{M}_z\boldsymbol{P}_{(1)}\boldsymbol{M}_z^{\mathrm{T}}\boldsymbol{V}^T+u(v)(1\ 1\ 1\ 1)\boldsymbol{M}_z\boldsymbol{P}_{(1)}\boldsymbol{M}_z^{\mathrm{T}}\begin{pmatrix}3v^2\\2v\\1\\0\end{pmatrix}$$

这时，跨边界的梯度向量不再有方向连续性了，而是在曲面拼合的角点处切矢共面。由于上式方程两边均为 v 的三次多项式，于是有 $\lambda(v)=\lambda$，λ 为任意正常数；$u(v)=u_0+u_1v$ 为 v 的任意线性函数。由于方程两边对应的 v 的各幂次系数必须相等，于是得到

$$P_{(2)10}-P_{(2)00}=\lambda\,(P_{(1)30}-P_{(1)20})+u_0(P_{(1)31}-P_{(1)30})$$

$$P_{(2)11}-P_{(2)01}=\lambda(P_{(1)31}-P_{(1)21})+1/3u_0(2P_{(1)32}-P_{(1)31}-P_{(1)30})+1/3u_1(P_{(1)31}-P_{(1)30})$$

$$P_{(2)12}-P_{(2)02}=\lambda\,(P_{(1)32}-P_{(1)22})+1/3u_0(P_{(1)33}+P_{(1)32}-2P_{(1)31})+2/3u_1(P_{(1)32}-P_{(1)31})$$

$$P_{(2)13}-P_{(2)03}=\lambda\,(P_{(1)33}-P_{(1)23})+(u_0+u_1)(P_{(1)33}-P_{(1)32})$$

在这种情形下，从图 6-38 可以看出，角点附近 $P_{(2)10}$、$P_{(2)00}=P_{(1)30}$、$P_{(1)20}$、$P_{(1)31}=P_{(2)01}$ 这 4 点共面，即有关切矢 $p^u_{(2)00}$、$p^u_{(1)10}$、$p^v_{(1)10}$ 共面；$P_{(2)13}$、$P_{(2)03}=P_{(1)33}$、$P_{(1)23}$、$P_{(1)32}=P_{(2)02}$ 这 4 点共面，即有关切矢 $p^u_{(2)01}$、$p^u_{(1)10}$、$p^v_{(1)11}$ 共面。

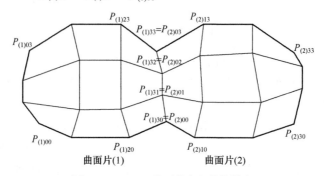

图 6-38　Bezier 曲面放宽条件的拼合

6.6　B 样条曲面

B 样条曲面和 Bezier 曲面一样，由特征多面体定义，曲面的形状逼近该多面体，B 样条曲面方程为

$$p(u,v)=\sum_{i=0}^{m}\sum_{j=0}^{n}p_{ij}\boldsymbol{N}_{i,k}(u)\boldsymbol{N}_{j,l}(v)$$

其中，p_{ij} 是定义多面体的顶点，$\boldsymbol{N}_{i,k}(u)$ 和 $\boldsymbol{N}_{j,l}(w)$ 是调和函数，幂次分别由 k 和 l 控制，k 和 l 的值越大，曲面逼近多面体的效果越差。计算 B 样条曲面片要用到变量 u 和 w 的单位正方形。逼近 $(m+1)\times(n+1)$ 矩形点阵的非闭合的周期 B 样条曲面的一般矩阵形式是

$$p_{st}(u,v)=\boldsymbol{U}_k\boldsymbol{M}_k\boldsymbol{P}_{kl}\boldsymbol{M}_l^T\boldsymbol{V}_l^T\qquad u,v\in[0,1],\ s\in[1,\ m+2-k],\ t\in[1,\ n+2-l]$$

式中，k 和 l 是控制该曲面连续性及调和函数多项式幂次的参数；s 和 t 用来标识曲面中一块特定的曲面片。s 和 t 的变化范围是参数 k、l 及控制点矩形阵列维数的函数。矩阵

$$U_k = (u^{k-1} \ u^{k-2} \ \cdots \ u^1) \quad V_l = (v^{l-1} \ v^{l-2} \ \cdots \ v^1)$$

控制点的 $k \times l$ 阶矩阵 $\boldsymbol{P}_{kl}$ 的元素依赖于要计算的特定的曲面片。用 p_{ij} 表示这些矩阵的元素，则

$$\boldsymbol{P}_{kl} = (p_{ij}) \quad i \in [s-1, s+k-2], \ j \in \{t-1, t+l-2\}$$

矩阵 $\boldsymbol{M}_k$ 和 $\boldsymbol{M}_l$ 与 B 样条曲线的变换矩阵 $\boldsymbol{M}$ 相同。

如果 B 样条曲面部分是闭合的(即卷成两端开口的管子)，那么，s、t 和 i、j 的范围必须反映出这种闭合性。例如，当 $v = 0$ 的曲线是闭曲线时，则

$$s \in [1, m+1], \ t \in [1, n+2-l]$$

$$i \in [(s-1) \bmod (m+1), (s+k-2) \bmod (m+1)], \ j \in [t-1, t+l-2]$$

当 u 等于常数的曲线是闭合曲线时，要用类似的表达式。

下面研究双三次 B 样条曲面片的具体构造，设给定空间一组控制点 $p_{ij}(i, j = 0, 1, 2, 3)$，参数 u、$v \in [0, 1]$，$k = l = 4$，用母线法来进行构造。如图 6-39 所示，以 p_{i0}、p_{i1}、p_{i2} 和 $p_{i3}(i = 0, 1, 2, 3)$ 为特征的多边形顶点可定义 4 条三次 B 样条曲线。

$$\boldsymbol{P}_i(v) = \sum_{j=0}^{3} \boldsymbol{N}_{j,4}(u) p_{ij} \qquad (i = 0, 1, 2, 3)$$

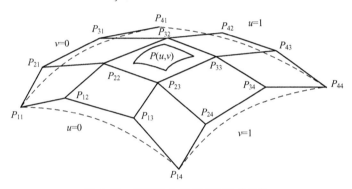

图 6-39 双三次 B 样条曲面片的构造

现固定 v 的一个值 $v = v*$，$v* \in [0, 1]$，上述 4 条曲线上可得到 4 个相应的点 $p_i(v*) (i = 0, 1, 2, 3)$，以这 4 个点为特征的多边形顶点可定义一条三次 B 样条曲线。

$$Q(u) = \sum_{i=0}^{3} \boldsymbol{N}_{i,4}(u) p_i(v*)$$

$Q(u)$ 是曲面上的一条母线，让 $w*$ 由 0 变到 1 时，得到双三次 B 样条曲面方程为

$$P(u, v) = \sum_{i=0}^{m} \sum_{j=0}^{n} \boldsymbol{N}_{i,4}(u) p_{ij} \boldsymbol{N}_{j,4}(v)$$

上式方程写成矩阵形式为

$$\boldsymbol{P}(u, v) = \boldsymbol{U} \boldsymbol{M}_B \boldsymbol{P} \boldsymbol{M}_B^T \boldsymbol{V}^T \qquad 其中$$

$$\boldsymbol{M}_B = \frac{1}{6} \begin{pmatrix} -1 & 3 & -3 & 1 \\ 3 & -6 & 3 & 0 \\ -3 & 0 & 3 & 0 \\ 1 & 4 & 1 & 0 \end{pmatrix}, \ \boldsymbol{P} = \begin{pmatrix} p_{00} & p_{01} & p_{02} & p_{03} \\ p_{10} & p_{11} & p_{12} & p_{13} \\ p_{20} & p_{21} & p_{22} & p_{23} \\ p_{30} & p_{31} & p_{32} & p_{33} \end{pmatrix}$$

在实际应用中，定义具有 $k=1$ 的 B 样条曲面常常更为有效。例如，直纹面可能要求在一个参数方向上具有二阶导数连续性；而在另一个参数方向上，也许具有一阶导数连续性就可以。在构造 B 样条曲面时，如果加上一定条件时，可以得到部分闭合的 B 样条曲面。得益于 B 样条曲线的性质，使得 B 样条公式能在复杂的曲面上保持任意的连续性，并且 B 样条曲面上局部形状的任意改变不会涉及整个曲面。这些特性使 B 样条曲面特别适用于交互造型的环境。

习题 6

1. 已知控制多边形如图 6-40 所示，画出由其控制的 Bezier 曲线及均匀周期二次 B 样条曲线示意图。

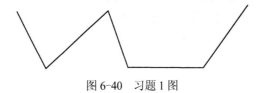

图 6-40　习题 1 图

2. 编程实现一个现实生活中的旋转曲面。

3. 已知一个矩形平面 $(z = 0)$ 如图 6-41 所示，写出它的参数方程式。

4. 给定以下 4 个顶点坐标，写出由其控制的双线性曲面表达式。

$$x(0,0) = 30, \quad y(0,0) = 10, \quad z(0,0) = 10$$
$$x(0,1) = 150, \quad y(0,1) = 100, \quad z(0,1) = 80$$
$$x(1,0) = 100, \quad y(1,0) = 60, \quad z(1,0) = 0$$
$$x(1,1) = 260, \quad y(1,1) = 30, \quad z(1,1) = 20$$

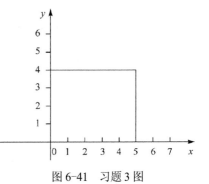

图 6-41　习题 3 图

5. 现需绘制如图 6-42 所示的单线性曲面，请给出均匀周期二次 B 样条曲线的控制点近似坐标。

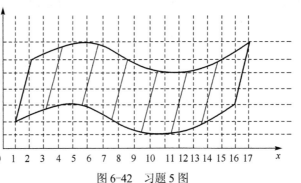

图 6-42　习题 5 图

6. 双五次 Bezier 曲面片需用多少个控制点？

7. 请给出绘制一个对称球体的 Bezier 控制点坐标。

第7章　消除隐藏线和隐藏面

本章介绍消除隐藏线和隐藏面的几种常用算法。消除隐藏线和隐藏面是计算机图形学中比较困难的问题之一。

7.1　隐藏线和隐藏面

所谓隐藏线和隐藏面，是相对于空间给定位置的观察者，在一定类型的投影（平行投影或透视投影）情况下，不能被看到的线段、棱边和表面。消隐算法是决定相对于空间给定位置的观察者，哪些线段、棱边和表面是可见的，哪些是不可见的。消除隐藏线和隐藏面后，不仅增强了显示图像的真实感，而且还可以排除任何多义性。如图 7-1a 所示是一个立方体的线框图，它既可以认为观察点在立方体的右上方，又可认为观察点在立方体的右下方。为了消除这种二义性，可以去掉那些不可见的线和面。结果分别如图 7-1b 和图 7-1c 所示。

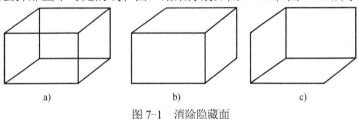

图 7-1　消除隐藏面

a) 线框图　b) 从右上方观察　c) 从右下方观察

通常，消隐线处理是针对线框图而言的，如机械零件的轴测投影或透视投影的线框图。而消隐面的处理主要是针对实面图形，既能生成具有高度真实感的图形，还能进行连续色调、阴影、透明、表面纹理，以及反射、折射等视觉效果的处理。因此，许多真实感效果已同消隐算法结合在一起。在算法设计上，需要在计算速度和图形细节之间进行权衡，两者一般较难兼得。

消隐算法根据坐标系或空间可以分为两大类。

一类是图像空间算法，它在物体显示时所在的屏幕坐标系中实现，一旦达到屏幕的分辨率，计算就不再进行下去。画面中的每一个物体必须与屏幕坐标系中的每一个像素进行比较。

另一类是物体空间（或对象空间）算法，算法把 n 个对象中的每一个与其他 $n-1$ 个对象进行比较，消去不可见的对象。

一般来说，物体空间算法主要用于消除隐藏线，而图像空间算法主要用于消除隐藏面。消隐问题的复杂性导致许多不同的算法，但是没有一种算法是最好的。每种算法都针对某些特定的应用，有些算法强调快速，而有些算法则强调真实感图形。

7.2　Roberts 算法消除隐藏线

Roberts（罗伯茨）算法是第一个应用较多的隐藏线消除算法，属于物体空间算法。算法的前提是画面中的所有物体都是凸多面体。对于凸多面体的每个面要么可见，要么不可见，不可能出现一个面部分可见，部分不可见。如果是凹多面体，需预先分割为凸多面体的组合。该算法的基本思想是先消除被物体自身遮挡的边和面，即自身隐藏线和自身隐藏面；然后，每一凸多面体上留下的边再与其他凸多面体逐一比较，以确定哪些部分被遮挡。该算法的特点是数学处理简单、精确，适用性强。

1. 消除自身隐藏线算法

对于每个凸多面体，其自身隐藏线就是每个面的边线，所以消除自身隐藏线就是要确定不可见面。该算法步骤如下。

（1）确定凸多面体各平面法向量方向

凸多面体是由若干平面围成的物体，假设这些平面方程为

$$a_i x + b_i y + c_i z + d_i = 0 \quad (i = 1, 2, \cdots, n)$$

调整系数的符号，使每个平面的法向量指向凸多面体外部。也就是说，凸多面体内任一点满足 $a_i x + b_i y + c_i z + d_i < 0$，凸多面体外任一点满足 $a_i x + b_i y + c_i z + d_i > 0$。

具体实现方法是使凸多面体中各平面顶点的顺序符合右手规则，大拇指指向凸多面体外侧，也就是平面的法向量。已知某平面上不同线的 3 个顶点的坐标为 (x_1, y_1, z_1)、(x_2, y_2, z_2) 和 (x_3, y_3, z_3)，法向量 (a, b, c) 的计算公式为

$$a = (y_2 - y_1)(z_3 - z_1) - (y_3 - y_1)(z_2 - z_1)$$
$$b = (z_2 - z_1)(x_3 - x_1) - (z_3 - z_1)(x_2 - x_1)$$
$$c = (x_2 - x_1)(y_3 - y_1) - (x_3 - x_1)(y_2 - y_1)$$

（2）确定自身隐藏线

设投影方向为 (X_p, Y_p, Z_p)，当 $(a_i, b_i, c_i) \cdot (X_p, Y_p, Z_p) > 0$ 时，多面体中该平面的法向量与投影方向的夹角小于 $90°$，此面为自身隐藏面，是不可见的面，此面的边线就是自身隐藏线。

【例 7-1】 如图 7-2a 所示，投影面为 $z = 0$ 面，投影方向从 $(0, 0, 1)$ 到 $(1, 1, 0)$，即 $(1, 1, -1)$（斜投影），求出自身隐藏面。

0321 面：$(0, 0, -1) \cdot (1, 1, -1) = 1$ 不可见

4567 面：$(0, 0, 1) \cdot (1, 1, -1) = -1$ 可见

0154 面：$(0, -1, 0) \cdot (1, 1, -1) = -1$ 可见

2376 面：$(0, 1, 0) \cdot (1, 1, -1) = 1$ 不可见

0473 面：$(-1, 0, 0) \cdot (1, 1, -1) = -1$ 可见

1265 面：$(1, 0, 0) \cdot (1, 1, -1) = 1$ 不可见

最后绘出可见的面的边线，如图 7-2b 所示。3 个自身隐藏面没有绘制边线，也即消除了 3 条自身隐藏线。

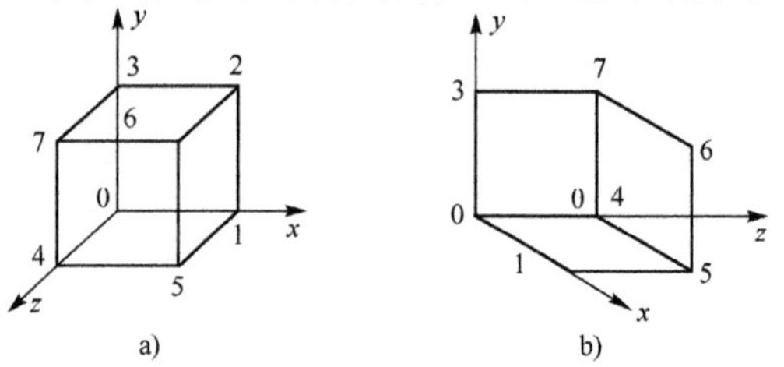

2. 消除自身隐藏线程序设计

消隐与投影方式有关，下面介绍 3 种投影消除自身隐藏线的程序设计。

（1）正轴测投影消隐

正轴测投影的消隐主要是先计算形体旋转平移变换后的坐标，再计算相关平面的法向量，最后与投影方向进行运算。这里采用系统默认坐标系，坐标原点在视图区的左上角。根据右手规则，z 轴的正方向朝视图区的内侧，因此正轴测投影方向一般是 $(0, 0, -1)$，根据 Roberts 算

图 7-2 Roberts 消隐

法，只需计算平面法向量的 z 量即可。

1）凸多面体消隐。

对于凸多面体，修改 4.3.2 节平行投影中的正轴测投影函数，多面体正轴测投影消除自身隐藏线线框图函数如下。

```
void    PolyhedraClearHidde1(CDC *pDC,int x[],int y[],int z[],int pn,int PLine[],int LFaceS[],
                    int LFaceE[],int fn,float cx,float cy,int dx,int dy,COLORREF color)
{    int xx[50],yy[50];
    for(int i=0;i<pn;i++)
        xx[i]=x[i]*cos(cy)+z[i]*sin(cy)+dx,
        yy[i]=x[i]*sin(cy)*sin(cx)+y[i]*cos(cx)-z[i]*cos(cy)*sin(cx)+dy;
    for(i=0;i<fn;i++)
    {    int j=LFaceS[i];
        float c=(float)(xx[PLine[j+1]]-xx[PLine[j]])*(yy[PLine[j+2]]-yy[PLine[j]])
                -(xx[PLine[j+2]]-xx[PLine[j]])*(yy[PLine[j+1]]-yy[PLine[j]]);
        if(c<0)
            for(int j=LFaceS[i];j<LFaceE[i];j++)
                Line1(pDC,xx[PLine[j]],yy[PLine[j]],xx[PLine[j+1]],yy[PLine[j+1]],color);
    }
}
```

调用实例如下。

```
CDC *pDC=GetDC();
int x[]={0,100,100,0,0,100,100,0};
int y[]={0,0,100,100,0,0,100,100};
int z[]={0,0,0,0,200,200,200,200};
int pl[]={0,3,2,1,0,4,5,6,7,4,0,4,7,3,0,1,2,6,5,1,2,3,7,6,2,
        0,1,5,4,0,};
int lfs[]={0,5,10,15,20,25};
int lfe[]={4,9,14,19,24,29};
PolyhedraClearHidde1(pDC,x,y,z,8,pl,lfs,lfe,6,
        45*3.14/180,45*3.14/180,100,300,RGB(0,0,0));
```

程序运行结果如图 7-3 所示。

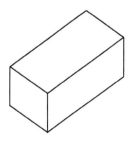

图 7-3　多面体正轴测投影 Roberts 消隐

2）参数曲面消隐。

由于消隐及后面的真实感处理都需要计算平面的法向量，这里先设计计算单位法向量的函数如下。

```
void vector(float x[],float y[],float z[],float &a,float &b,float &c)
{        a=(y[1]-y[0])*(z[2]-z[0])-(y[2]-y[0])*(z[1]-z[0]);
        b=(z[1]-z[0])*(x[2]-x[0])-(z[2]-z[0])*(x[1]-x[0]);
        c=(x[1]-x[0])*(y[2]-y[0])-(x[2]-x[0])*(y[1]-y[0]);
        float nn=(float)(sqrt(a*a+b*b+c*c));
        a=a/nn,b=b/nn,c=c/nn;
}
```

在 6.2 节中的参数曲面绘制中，曲面由四边形组成，当四边形足够小时，可近似为一个平面块，每个小平面块进行消隐处理。以椭球面为例，消除自身隐藏线正轴测投影椭球面线框图函数如下。

```
void EllipsoidClearHidde1(CDC *pDC,int x0,int y0,int z0,int a,int b,int c,float du,float dv,
                          float cx,float cy,float cz,int dx,int dy)
{ float uu[4],vv[4],x[5],y[5],z[5],xx[5],yy[5],zz[5],aa,bb,cc;
 for(float u=−1.57;u<1.57;u=u+du)
     for(float v=0;v<6.28;v=v+dv)
       { uu[0]=u,vv[0]=v,uu[1]=u+du,vv[1]=v,uu[2]=u+du,vv[2]=v+dv,uu[3]=u,vv[3]=v+dv;
           for(int i=0;i<4;i++)
           {    Ellipsoid(x0,y0,z0,a,b,c,uu[i],vv[i],x[i],y[i],z[i]);
                RevolveX(cx,x[i],y[i],z[i],xx[i],yy[i],zz[i]);
                RevolveY(cy,xx[i],yy[i],zz[i],x[i],y[i],z[i]);
                RevolveZ(cz,x[i],y[i],z[i],xx[i],yy[i],zz[i]);
           }
           vector(xx,yy,zz,aa,bb,cc);
           if(cc<0)
               {xx[4]=xx[0],yy[4]=yy[0];
                for(i=0;i<4;i++)
                    Line1(pDC,xx[i]+dx,yy[i]+dy,
                    xx[i+1]+dx,yy[i+1]+dy,RGB(0,0,0));
               }
       }
 }
}
```

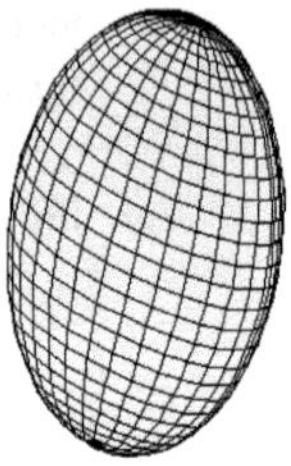

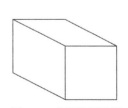

图 7-4   椭球面 Roberts 消隐

图 7-4 所示为椭球面 Roberts 消隐。

（2）斜平行投影消隐

用 Roberts 算法在斜平行投影中进行消隐时，投影方向取决于斜平行的投影方向，当确定某一平面是否可见时，直接利用原多面体的各平面法向量及斜平行投影的方向的夹角关系进行判别。如果某个面可见，再利用多面体的斜投影变换坐标值进行绘制。修改 4.3.2 节的斜平行投影程序，多面体斜平行投影消除自身隐藏线线框图函数如下。

```
void    PolyhedraClearHidde2(CDC *pDC,int x[],int y[],int z[],int pn,int PLine[],int LFaceS[],int LFaceE[],
                             int fn,int xp,int yp,int zp,int dx,int dy,COLORREF color)
{ int xx[50],yy[50]; float a,b,c;
 for(int i=0;i<pn;i++)
     xx[i]=x[i]−(float)xp/zp*z[i]+dx, yy[i]=y[i]−(float)yp/zp*z[i]+dy;
 for(i=0;i<fn;i++)
     { int j=LFaceS[i];
       a=(float)(y[PLine[j+1]]−y[PLine[j]])*(z[PLine[j+2]]−z[PLine[j]])
           −(y[PLine[j+2]]−y[PLine[j]])*(z[PLine[j+1]]−z[PLine[j]]);
       b=(float)(z[PLine[j+1]]−z[PLine[j]])*(x[PLine[j+2]]−x[PLine[j]])
           −(z[PLine[j+2]]−z[PLine[j]])*(x[PLine[j+1]]−x[PLine[j]]);
       c=(float)(x[PLine[j+1]]−x[PLine[j]])*(y[PLine[j+2]]−y[PLine[j]])
           −(x[PLine[j+2]]−x[PLine[j]])*(y[PLine[j+1]]−y[PLine[j]]);
       if(a*xp+b*yp+c*zp<0)
           for(int j=LFaceS[i];j<LFaceE[i];j++)
           Line1(pDC,xx[PLine[j]],yy[PLine[j]],
                     xx[PLine[j+1]],yy[PLine[j+1]],color);
     }
}
```

图 7-5   多面体斜平行投影 Roberts 消隐

图 7-5 所示为多面体斜平行投影 Roberts 消隐。

（3）透视投影消隐

用 Roberts 算法在透视投影中进行消隐时，对于不同的平面，其投影方向取决于视点位置与平面的位置，当确定某一平面是否可见时，首先对平面进行相应的几何变换，再计算平面的法向量，以及视点与该平面任一顶点的投影方向，根据平面法向量及投影方向的夹角关系来判别是否可见，如果可见，最后再进行透视投影变换。多面体斜透视投影消隐自身隐藏线线框图函数设计如下。

```
void    PolyhedraClearHidde3(CDC *pDC,int x[],int y[],int z[],int pn,int PLine[],int LFaceS[],int LFaceE[],int fn,
                int h,float cx,float cy,int ddx,int ddy,int ddz,int dx,int dy,COLORREF color)
{    int xx[50],yy[50],zz[50],xp,yp,zp,xs,ys,xe,ye;
    float x1[50],y1[50],z1[50],x2[50],y2[50],z2[50],float H;
    for(int i=0;i<pn;i++)
            RevolveY(cy,x[i],y[i],z[i],x1[i],y1[i],z1[i]),
            RevolveX(cx,x1[i],y1[i],z1[i],x2[i],y2[i],z2[i]),
            xx[i]=x2[i]+ddx,yy[i]=y2[i]+ddy,zz[i]=z2[i]+ddz;    //几何变换
    for(i=0;i<fn;i++)
    {    int j=LFaceS[i];
        float a=(float)(yy[PLine[j+1]]-yy[PLine[j]])*(zz[PLine[j+2]]-zz[PLine[j]])
            -(yy[PLine[j+2]]-yy[PLine[j]])*(zz[PLine[j+1]]-zz[PLine[j]]);
        float b=(float)(zz[PLine[j+1]]-zz[PLine[j]])*(xx[PLine[j+2]]-xx[PLine[j]])
            -(zz[PLine[j+2]]-zz[PLine[j]])*(xx[PLine[j+1]]-xx[PLine[j]]);
        float c=(float)(xx[PLine[j+1]]-xx[PLine[j]])*(yy[PLine[j+2]]-yy[PLine[j]])
            -(xx[PLine[j+2]]-xx[PLine[j]])*(yy[PLine[j+1]]-yy[PLine[j]]);
        xp=xx[PLine[j]],yp=yy[PLine[j]],zp=zz[PLine[j]]-h;    //计算投影方向
        if(a*xp+b*yp+c*zp<0)
            for(int j=LFaceS[i];j<LFaceE[i];j++)
            {    H=1-(float)zz[PLine[j]]/h,xs=xx[PLine[j]]/H,ys=yy[PLine[j]]/H;    //透视投影变换
                H=1-(float)zz[PLine[j+1]]/h,xe=xx[PLine[j+1]]/H,ye=yy[PLine[j+1]]/H;
                Line1(pDC,xs,ys,xe,ye,color);
            }
    }
}
```

图 7-6a 所示为一点透视投影消隐图，图 7-6b 所示为二点透视投影消隐图，图 7-6c 所示为三点透视投影消隐图。

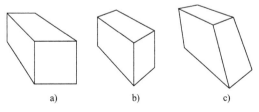

图 7-6   多面体透视投影 Roberts 消隐

3．凸多面体对线段的遮挡

消除自身隐藏线后，需考虑未被消除的线段是否被画面中的其他面遮挡。为此，对余下的每一条棱边，需与画面中其他所有面一一进行比较。为减少与棱边进行比较的面的个数，可采用以下两种方法进行预处理。

- 优先级排序（z 排序）。对画面中所有物体按其离眼睛最近点的 z 向距离优先级排序。因为若优先表上所有物体的最近点比某棱边的最远点离眼睛的距离大，则这些物体都不可能遮挡该棱边。
- 简单的最大最小包围盒检查。若剩下物体的包围盒完全位于某棱边包围盒的左、右、上、下面，那么该物体不会遮挡这一棱边。

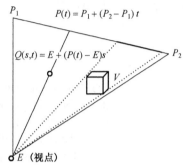

图 7-7　线段被物体遮挡

下面来研究直线 P_1P_2 与单个物体的比较。

直线 P_1P_2 的参数形式为

$$P(t)=P_1+(P_2-P_1)t \qquad (0 \leqslant t \leqslant 1)$$

如图 7-7 所示，只有位于以视点 E 和线段 P_1P_2 所构成的三角形区域内的物体才有遮挡线段的可能。现构造由直线上一点 $P(t)$ 到视点 E 的直线。

$$
\begin{aligned}
Q(s,t) &= E+(P(t)-E)s \\
&= E+(P_1+(P_2-P_1)t-E)s \\
&= E+(P_1-E)s+(P_2-P_1)ts
\end{aligned}
$$

Q 有点在 V 中，则表示 V 挡住了线段（N_i 为多面体的内法向量）。

$$N_i \cdot Q(s,t)+d_i>0 \quad (N_i=(a_i \quad b_i \quad c_i)) \quad 0 \leqslant t \leqslant 1, \ 0 \leqslant s \leqslant 1$$

以上不定式组有解时，求出 t 的最小的最大值 t_{minmax} 和最大的最小值 t_{maxmin}，在 $t_{maxmin} < t < t_{minmax}$ 之间的线段为隐藏线。

7.3　消除隐藏面

7.3.1　Z 缓冲器算法

Z 缓冲器算法又称深度缓冲器算法，它是一种最简单的隐藏面消除算法，适用于凹凸多面体及任意形状曲面。该算法最早由 Catmull（卡特穆尔）提出，属于图像空间算法。该算法的基本思想是，对于屏幕上的每个像素，记录下位于此像素内最靠近观察者的一个像素的 Z（深度）值和亮度值。如图 7-8a 所示，过屏幕上（投影面）任一像素 $p^*(x, y)$，引出平行于 z 轴的射线交物体表面于点 P_1、P_2、P_3，则 P_1、P_2、P_3 为物体表面上对应于像素 $p^*(x, y)$ 的点，P_1、P_2、P_3 的 Z 值称为该点的深度，P_3 的 Z 值最大，离观察者最近，其 Z 值和亮度值将被保存下来。如果 z 轴朝向里，如图 7-8b 所示，则离观察者最近，Z 值最小。

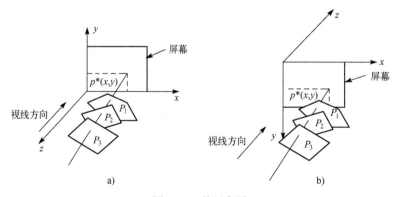

图 7-8　z 值示意图

该算法在实现上需增加一个 Z 缓冲器，用于存放图像空间中每一个可见像素相应的深度值或 z 坐标。可见该算法较适用于正投影。该方法算法描述如下。

```
缓冲区中各位置 Z 赋最小值（或 Z 赋最大值）
将物体的各多边形进行相应的几何变换
for (多边形面)
{  计算多边形平面方程系数(a，b，c，d)
        for (扫描线)
          {for(扫描线上多边形中所有像素)
              {     求像素的 Z 值
                 If (z >缓冲区中相应位置 Z )（或 If (z<缓冲区中相应位置 Z ))
                    { 缓冲区中相应位置 Z 用 z 代替
                      该像素置该多边形颜色
                    }
              }
          }
}
```

Z 缓冲器及赋初值函数定义如下。

```
float Zuff[500][500];
void InitZ()
{for(int i=0;i<500;i++)
  for(int j=0;j<500;j++)
     Zuff[i][j]=1e10;
}
```

对于多面体的某一个面，修改 3.4.2 节中的多边形域填充函数，其 Z 缓冲器消隐填充函数如下。

```
void FullZ(CDC *pDC,float x[],float y[],float z[],int n,COLORREF InColor)
{int ymin,ymax,i,k,j,h,m,xd[10],t;
float a,b,c,d,zz;
vector(x,y,z,a,b,c);     //计算平面系数
d=-(a*x[0]+b*y[0]+c*z[0]);
ymin=y[0],ymax=y[0];
for(i=1;i<n;i++)
    { if(y[i]<ymin)ymin=y[i];
      if(y[i]>ymax)ymax=y[i];
    }
for(h=ymin;h<=ymax;h++)          //扫描线循环
    { k=0;                       //交点数赋初值 0
    for(i=0;i<n;i++)             //多边形边循环
    if(y[i+1]!=y[i])             //不包括水平线
        if ((h+0.5-y[i])*(h+0.5-y[i+1])<0)   //抬高 0.5 的扫描线是否与边有交线
            xd[k++]=x[i]+(x[i+1]-x[i])*(h-y[i])/(y[i+1]-y[i]);
    for(int i=0; i<k-1;i++)
        { m=i;
         for (int j=i+1;j<k;j++)
             if (xd[j]<xd[m])m=j;
        if (m!= i) t=xd[i], xd[i]=xd[m], xd[m]=t;
```

```
                    }
            for(i=0;i<k;i=i+2)
                for(j=xd[i];j<=xd[i+1];j++)
                        {zz=-(a*j+b*h+d)/c;              //计算深度
                         if(zz<Zuff[j][h])               //消隐判断
                                { Zuff[j][h]=zz;
                                  pDC->SetPixel(j,h,InColor);
                                }
                        }
                }
        }
}
```

多面体正平行投影 Z 缓冲器消隐函数设计如下。

```
   void    PolyhedraClearHiddeZ(CDC *pDC,int x[],int y[],int z[],int pn,int PLine[],int LFaceS[],int LFaceE[],
                                int fn,float cx,float cy,float cz,int dx,int dy,int dz)
   {    float xx[10],yy[10],zz[10],X[10],Y[10],Z[10],x1[10],y1[10],z1[10],x2[10],y2[10],z2[10];
        for(int i=0;i<pn;i++)
            RevolveX(cx,x[i],y[i],z[i],x1[i],y1[i],z1[i]),
            RevolveY(cy,x1[i],y1[i],z1[i],x2[i],y2[i],z2[i]),
            RevolveZ(cz,x2[i],y2[i],z2[i],x1[i],y1[i],z1[i]),
            xx[i]=x1[i]+dx,yy[i]=y1[i]+dy,zz[i]=z1[i]+dz;      //多面体几何变换
        for(i=0;i<fn;i++)                                     //循环多面体所有边
            {int k=0;
            for(int j=LFaceS[i];j<=LFaceE[i];j++)
                {X[k]=xx[PLine[j]],Y[k]=yy[PLine[j]],Z[k]=zz[PLine[j]],k++;
                FullZ(pDC,X,Y,Z,k-1,RGB(i*20,i*20,i*20));   //Z 缓冲器消隐填充各面不同的灰度
                }
            }
   }
```

上述程序中，多面体每个面的颜色采用不同的灰度值，主要是为了使图形有立体效果，如果多面体的每个面用相同的颜色（或灰度），则多面体就变形为多边形。调用上述函数的实例如下。

```
   CDC *pDC=GetDC();
   InitZ();
   int x[]={0,50,100,100,0,0,50,100,100,0}; int y[]={0,50,0,100,100,0,50,0,100,100};
   int z[]={0,0,0,0,0,100,100,100,100,100};
   int pl[]={0,4,3,2,1,0,5,6,7,8,9,5,0,5,9,4,0,2,3,8,7,2,1,6,7,2,1,3,4,9,8,3,0,5,6,1,0};
   int lfs[]={0,6,12,17,22,27,32};    int lfe[]={5,11,16,21,26,31,36};
   PolyhedraClearHiddeZ(pDC,x,y,z,10,pl,lfs,lfe,7,30*3.14/180,-20*3.14/180,0,150,300,0);
   int x1[]={0,100,100,0,0,100,100,0};    int y1[]={0,0,100,100,0,0,100,100};
   int z1[]={0,0,0,0,100,100,100,100};
   int pl1[]={0,3,2,1,0,4,5,6,7,4,0,4,7,3,0,1,2,6,5,1,2,3,7,6,2,0,1,5,4,0,};
   int lfs1[]={0,5,10,15,20,25};    int lfe1[]={4,9,14,19,24,29};
   PolyhedraClearHiddeZ(pDC,x1,y1,z1,8,pl1,lfs1,lfe1,6,30*3.14/180,-20*3.14/180,0,80,320,200);
```

程序运行结果如图 7-9a 所示是两个多面体的消隐结果，图 7-9b 所示是两个多面体相交的消隐结果。

Z 缓冲器算法的最大优点在于简单。它可以方便地处理隐藏面以及显示复杂曲面之间的交

线。画面可以任意复杂，因图像空间大小固定，计算量随画面复杂度线性增长。由于扫描多边形无次序要求，因此无需按深度优先级排序。Z缓冲器算法的缺点是需占用大量存储单元。

下面讨论深度值的计算。假定多边形的平面方程为

$$ax + by + cz + d = 0$$

则点(x, y)处的深度值为

$$z(x, y) = -(ax + by + d)/c \qquad c \neq 0$$

若$c = 0$，表示该平面平行于z轴。采用增量法很容易计算扫描线上相邻像素$(x + 1, y)$和相邻扫描线上$(x, y + 1)$处的深度值，即

$$z(x + 1, y) = z(x, y) - a/c$$
$$z(x, y + 1) = z(x, y) - b/c$$

如图7-10所示，$P_1P_2P_3P_4$是一个非平行多边形，现考虑扫描线y_s上点P的深度值z_p的计算。

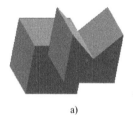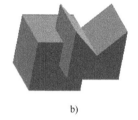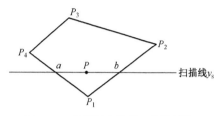

图7-9　Z缓存器消隐　　　　　　图7-10　像素深度值的双线性插值

首先，在多边形边P_1P_4和P_1P_2上线性插值，可得到扫描线y_s上点a和点b的深度值。

$$z_a = z_1 + (z_4 - z_1)(y_1 - y_s)/(y_1 - y_4)$$
$$z_b = z_1 + (z_2 - z_1)(y_1 - y_s)/(y_1 - y_2)$$

然后，在扫描线上线性插值，得到点P的深度值为

$$z_p = z_a + (z_b - z_a) - (x_a - x_p)/(x_a - x_b)$$

7.3.2　画家算法

画家算法是表优先级算法的一种简单情况。在处理如多边形这种简单的画面元素时，表优先级算法常被称为画家算法。这是因为其运算过程与画家创作一幅油画的过程类似——画家先画背景，再画中间景，最后才画近景。

几乎所有消除隐藏线和隐藏面算法的实现都涉及建立优先级，也就是确定画面中的物体离视点的远近或深度顺序。因此，画家算法的基本思想是从深度优先级排序开始，按照画面中各元素离视点的距离确定一个深度优先级表。若该表是完全确定的，则画面中任何两个元素在深度上均不重叠。算法执行时，先从离视点最远的画面元素开始，依次将每个元素写入帧缓冲器，表中离视点较近的元素覆盖帧缓冲器中原有的内容。这样，隐藏面问题迎刃而解。

对于简单画面，可以直接建立一个确定的深度优先级表。例如，多边形可按其最大或最小Z值排序。如图7-11a所示，若按最大Z值对P、Q、R排序，R排在Q之前。而Q排在P之前。然而，如图7-11b所示的情形，若按最小Z值排序，Q应排在P之前，这样，Q将部分遮挡P，但实际上是

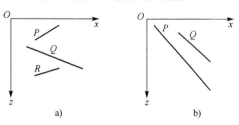

图7-11　多边形的深度值优先级

P 部分遮挡 Q。解决的办法是在优先级表中交换 P、Q 的位置。

对于多边形贯穿或交叉覆盖的情况，排序时同样发生问题。考察图 7-12a，P 在 Q 的前面，Q 在 R 前面，而 R 又在 P 的前面。在图 7-12b 和图 7-12c 中，P 在 Q 的前面，Q 又在 P 前面。在这 3 种情况下，均无法直接建立确定的深度优先级表。解决办法是沿多边形所在平面之间的交线循环地分割这些多边形，直到最终可建立确定的优先级表。可将图 7-12 中的 3 个交叉多边形进行分割，如图 7-13 所示，这样就可对图 7-12 建立优先级表。

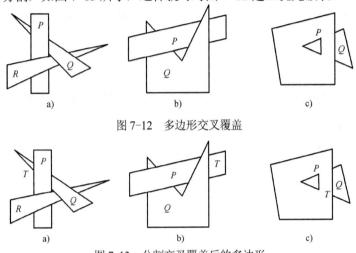

图 7-12　多边形交叉覆盖

图 7-13　分割交叉覆盖后的多边形

7.3.3　扫描线算法

扫描线算法按扫描线顺序依次处理一帧画面，并在图像空间中实现。

将由视点（位于 z 轴正向无穷远处）和扫描线所决定的平面称为扫描平面（见图 7-14），扫描平面与三维画面的交线定义一个扫描线窗口，隐藏面问题就在这个扫描线窗口中解决。在图中还给出了扫描平面与画面中多边形的交线，由此将隐藏面问题简化为在扫描线的每个点上判定哪一条线段可见的问题。因此，扫描线消隐算法是单个多边形扫描转换的推广，它将三维的消隐问题简化为二维问题。

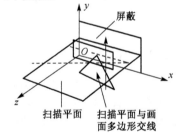

图 7-14　扫描平面与扫描线窗口

1. 扫描线 Z 缓冲器算法

本算法是 Z 缓冲器算法的特例。它将每条扫描线用一个 Z 缓冲器保存当前离视点最近的多边形在此像素中的 Z 值，克服了 Z 缓冲器算法占用内存大的缺点。具体算法如下。

```
for (各扫描线)
{扫描线 Z 缓冲器赋最小值（或最大值）
    for (各多边形面)
        {计算多边形平面方程系数(a,b,c,d)
            求出该多边形与扫描线相交的区间
            for (区间内所有像素)
                {求像素的 Z 值
                    if(z > 缓冲区中相应位置 Z   （或 if(z < 缓冲区中相应位置 Z）
                        {缓冲器中相应位置 Z 用 z 代替
```

該像素置該多邊形顏色
                }
            }
        }
    }

本算法不包含任何排序運算，但如果用每一條掃描線對所有多邊形進行檢查，效率仍然很低。算法在具體實現時可採用有序邊表的一種變化形式，即 y 桶分類、有效多邊形表和多邊形表，以提高算法的效率。這樣數據表必須進行以下一些預處理。

1）求出與每一個多邊形相交的最高掃描線。

2）將多邊形鏈入對應該掃描線的 y 桶中。

3）將每一個多邊形的下述數據存入鏈表中：① 穿過該多邊形的掃描線條數 Δy；② 多邊形邊表；③ 多邊形所在平面方程系數（a，b，c，d）；④ 多邊形的繪製屬性（每個像素的亮度值）。

以上數據結構類似第 3 章中區域填充的有效邊表掃描線填充算法。

2．區間掃描線算法

掃描線 Z 緩衝器算法需計算掃描線上每個像素處多邊形的深度值，引入區間概念可減少深度值計算的次數。如圖 7-15a 所示，它顯示了兩個多邊形與一個掃描平面的交線。掃描線被各邊交叉點分割為一個個區間。這樣，隱藏面問題可轉換為決定每一區間中可見的區段。以圖 7-15a 為例，可知有以下 3 種類型的區間。

- 區間為空，如區間 $[a_0, a_1]$，這時按背景色顯示。
- 區間中只包含一個區段，如區間 $[a_1, a_2]$ 和 $[a_3, a_4]$，此時按該段所在多邊形的亮度值顯示。
- 區間中包含多個區段，如區間 $[a_2, a_3]$ 中有兩個區段，計算該區間中各區段的深度值，具有最大 Z 值的區段為該區間中的可見段，按此區段所在的多邊形亮度值顯示。

對於如圖 7-15b 和圖 7-15c 所示的情況則需另行考慮。

若不出現互相貫穿的多邊形，則僅需計算區間中各段在任一端點的深度值；若兩區段交於區間的一個端點但不貫穿，則只需計算區間中點處的深度值，如圖 7-15b 所示。

若出現互相貫穿的多邊形，如圖 7-15c 所示，掃描線上的分割點除應包含多邊形各邊的交叉點（見圖 7-15c 中的 I_5）外，還應包含各區段間的交點（見圖 7-12c 中的 I_1、I_2、I_3 和 I_4），計算區間中點處的深度值。

區間掃描線算法在具體實現上，同樣可使用有效多邊形表、有效邊表和增量計算來提高算法的效率。

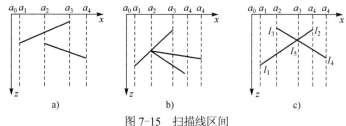

图 7-15　扫描线区间

7.3.4　可见面光线追踪算法

光线追踪算法基于下述思想：观察者能够看见景物，是由于光源发出的光照射到物体上的结果，其中一部分到达人的眼睛引起视觉。到达观察者眼中的光可由物体表面反射而来，也可通过表面折射或透射而来。若从光源出发追踪光线，因为只有极少量的光能到达观察者眼中，所以处理计算效率很低。这里采用 Appel（阿佩尔）提出的按相反途径追踪光线，即按从观察者到景物的方向。图 7-16 所示给出了一个最简单的光线追踪算法。假定画面中的景物均已变换到图像空间，并假设视点或观察者位于 z 轴正向无穷远处，因此所有光线均平行于 z 轴。光线从观察者出发，通过光栅中像素的中心进入画面，然后沿光线路径进行追踪，以决定它与画面中的哪一物体相交。每一光线均需与画面中的每一物体进行比较。如果相交，则需求出该光线与物体的所有可能的交点。光线可能与画面中的多个物体相交，而形成多个交点，将这些交点按深度值排序，具有最大 Z 值的交点对应的面为在此像素内的可见面。该像素处的显示值由相应物体的属性决定。对于这个简单的算法伪代码可描述如下。

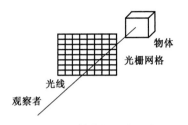

图 7-16　简单的光线跟踪

```
for(光栅的每一条扫描线)
    for(扫描线上的每一个像素)
        {计算从视点到像素的光线
        for(画面中的每个物体)
            判断光线与物体是否相交，若是，则求出交点并把它放入交点表中
        if(交点表非空)
            {确定最近的交点
            把最近交点像素置为物体的属性(亮度值)
            }
        else
            把像素置为背景值
        }
```

对于不在无穷远处的视点，算法略为繁杂。假设观察者仍位于 z 轴正向，图像平面垂直于 z 轴。这时只要从视点向图像平面作透视投影就可以了。

求交是可见面光线追踪算法最重要也是最费时的工作。画面景物可以由平面多边形、多面体、三次曲面或双三次参数曲面所围成的物体组成。画面中包含的所有景物都需要有相对应的求交程序。为减少不必要的求交计算，可先检查光线与包围该物体的最小包围体是否相交，若不相交，不必计算该光线与包围体物体的交点。包围体可以是长方体（包围盒）或球。

现以求空间一条光线与球面相交为例来说明。因为若包围球的球心到光线的距离大于球的半径，那么光线与包围球不相交，因而也就不可能与球面内物体相交。这样，包围球的检查可简化为决定点（球心）到空间一直线（光线）的距离。过空间两点 $p_1(x_1, y_1, z_1)$ 和 $p_2(x_2, y_2, z_2)$ 的直线的参数方程为

$$p(t) = p_1 + (p_2 - p_1) t$$

各分量为

$$x = x_1 + (x_2 - x_1) t = x_1 + at$$
$$y = y_1 + (y_2 - y_1) t = y_1 + bt$$
$$z = z_1 + (z_2 - z_1) t = z_1 + ct$$

其中 $(a \quad b \quad c) = (x_2 - x_1 \quad y_2 - y_1 \quad z_2 - z_1)$ 为直线 $p_1 p_2$ 的法向量，点 $p_0 (x_0, y_0, z_0)$ 到直线的最小距

离 d 为

$$d^2 = (x - x_0)^2 + (y - y_0)^2 + (z - z_0)^2$$

直线上取到最小距离的点 $p(t)$ 的参数值为

$$t = \frac{a(x_1 - x_0) + b(y_1 - y_0) + c(z_1 - z_0)}{a^2 + b^2 + c^2}$$

假设包围球半径为 r，若 $d^2 > r^2$，则光线不与球所包围的物体相交。

习题 7

1．已知立方体长度为 50，如图 7-17 所示，按右手坐标法，绕 y 轴旋转–45°，再绕 x 轴旋转 45°，确定各面是否可见，并画出消隐后的正投影图。

2．如图 7-18 所示，在斜平行投影中，投影面为 xOy 面，当投影方向为 $(1, -1, -1)$ 时，用凸多面体消隐方法确定各面是否可见，并画出消隐后的斜投影图（各面编号：后面为 1，前面为 2，左面为 3，右面为 4，上面为 5，下面为 6）。

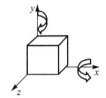

图 7-17　习题 1 图

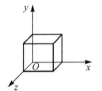

图 7-18　习题 2 图

3．Z 缓冲器算法比较适于平行投影，如果在透视投影中该如何处理？

4．已知视线方向是过视点位置 $(0, 0, 100)$ 与 $(100, 100, 0)$ 的直线，计算该视线是否与下面给出的坐标决定的平面相交？如果相交，求出交点。

（1）$(0, 100, 0)$，$(200, 200, 50)$，$(50, -100, 70)$；

（2）$(0, 0, 0)$，$(20, 50, 10)$，$(10, 0, 30)$。

第8章　真实感图形技术

本章主要介绍颜色模型、简单光照模型、纹理表示、光线跟踪，以及阴影与透明等算法。

8.1　颜色

决定一个物体外观的因素是多方面的，主要有以下几种。

- 物体本身的几何形状。自然界中物体的形状很复杂，有些可以表示成多面体，有些可以表示成曲面体，而有些则根本无法用简单的数字函数来表示（如云、水、雾、火）。
- 物体表面的特征，包括材料的粗糙度、感光度、表面颜色和纹理。对于透明体，还要包括物体的透光性。纸和布的不同在于它们是不同类型的材料。而同样是布，又可通过布的质地、颜色和花纹来区分。
- 照射物体的光源。光源发出的光有亮有暗，光的颜色有深有浅，可以用光的波长（即颜色）和光的强度（即亮度）来描述。光源还有点光源、线光源、面光源和体光源之分。
- 物体与光源的相对位置。
- 物体周围的环境。它们通过对光的反射和折射，形成环境光，在物体表面上产生一定的强度，还会在物体上形成阴影。

人们能够看到颜色（简称人眼的色感）的机理非常复杂。颜色是一种心理生物和心理物理现象。人对颜色的感觉决定于光的物理性质。光是一种电磁波，能对周围环境互相作用。同时，对颜色的感觉还决定于光在人的眼脑视觉系统中引起的反应。这是一个庞大、复杂的领域，在这里只介绍颜色的一些基本术语、颜色所涉及的物理现象、各种颜色描述系统，以及它们之间的相互转换。

人的视觉系统所能看到的可见光是一种电磁波信号，其波长在 400～700nm 之间。光通常有两种来源，一种是光源直接发出，另一种是经由物体表面上反射或折射间接而来。

8.1.1　色度与三刺激理论

当眼睛接收到的光包含所有波长的可见光信号，且其强度大致相等时，则发出光线的光源或所看到的物体是非彩色的。非彩色的光源为白光，而从物体反射或透射的非彩色光可能呈现白色、黑色或不同层次的灰色。在光源的白光照射下，若物体可反射 80% 以上的入射光，则物体看上去是白色的；若反射光小于 3%，则物体看上去是黑色的；介于它们之间的反射率，则形成了各种深浅不同的灰度。通常，反射光强取值在 0～1 之间，0 对应黑色，1 对应白色，而各中间值对应灰色。

下面讲解亮度和明度这两个难于严格区分的概念。通常亮度是指发光体本身所发出的光为眼睛所感知的有效数量（高□低），而明度是指本身不发光而只能反射光的物体所引起的一种视觉（黑□白）。物体的亮度或明度决定于眼睛对不同波长的光信号的相对敏感度。图 8-1 所示为眼睛的相对敏感度曲线。从图中可见，人的眼睛在白天对 550nm 左右波长的光最为敏感。在可见光谱的两端，眼睛的敏感程度迅速减弱。这一曲线称为光效率曲线。

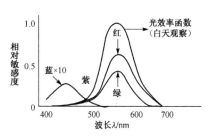

图 8-1　眼睛的相对敏感度曲线

如果眼睛感受到的光信号中各波长的光占任意比例且各不相同，则形成彩色光。实际上，一定波长的电磁能本身不带颜色，所谓颜色不过是人的眼睛和大脑结合在一起对客观现象产生的一种感觉而已。物体呈现出来的颜色既决定于光源中各种光波长的分布，也决定于物体本身的物理性质。如果一个物体仅反射或透射很窄频带内的光而吸收其他波长的光，则它会显示出颜色来。具体颜色由反射光或透射光的波长决定。一定颜色的入射光照射在某种具有反射或透射光谱的材料表面，可能导致令人惊奇的结果。例如，用绿光作为入射光照射在一个红色物体上，物体呈现黑色，这是因为无反射光生成的缘故。

颜色在心理生物学上可用色彩、饱和度和明度 3 个参量来描述。色彩是某种颜色据以定义的一个名称，如红色、绿色或蓝色等；饱和度是单色光中掺入白光的度量。单色光的饱和度为 100%，加入白光后，其饱和度下降，非彩色光的饱和度为 0%；明度为非彩色光的光强值。

同样，颜色在心理物理学上也有 3 个与色彩、饱和度和明度相对应的参量，它们是主波长、色纯和亮度。在可见光谱上，单一波长的电磁能所产生的颜色是单色的。用 E_1 表示单色光的能量分布，E_2 表示单色光中掺入白光的量，于是色纯可由 E_1、E_2 值的相对大小来决定。显然，当 E_2 降至 0 时，色纯增到 100%；当 E_2 增至 E_1 时，色纯降至 0%，此时光呈白色。色纯可表示为

$$\left(1 - \frac{E_2}{E_1}\right) \times 100\% , \quad E_1 \geqslant E_2$$

亮度是单位面积上所接受的光强，它与光的能量成正比。

在实际生活中，人们所看到的颜色几乎都是混合色，纯的单色光很少见。关于颜色混合有所谓的三刺激理论，它是基于以下假设：人的眼睛中央部位有 3 种类型的颜色敏感锥状细胞，其中一种对应于可见光谱近于中间位置的光波敏感，这种光波经过人的眼脑视觉系统转换产生绿色感。另外两种对应于可见光谱的上、下端的光波敏感，它们分别识别红色和蓝色。人的眼睛对绿色光较敏感，而对红、蓝色光受到相同程度的辐射率，则眼睛看到的是白光。从生理学的角度看，由于眼睛只包含 3 种不同类型的锥状细胞，因此只要 3 种颜色中任意两种组合不生成第 3 种颜色，对任意 3 种颜色适当混合都可产生白光的视觉。这 3 种颜色称为三原色或三基色。

8.1.2　CIE 色度图

根据颜色的三维属性，可沿正交坐标轴画出每个三刺激分量的值，以形成所谓三刺激空间见图 8-2，一种颜色 C 可由三刺激空间的一个向量表示，其分量为 rR、gG 和 bB。向量 C 与单位平面的交点就是为获得颜色 C 所需 R、G、B 的相对权因子。相对权因子又称为色度值或色度坐标，有

$$\overline{r} = \frac{r}{r+g+b}, \ \overline{g} = \frac{g}{r+g+b}, \ \overline{b} = \frac{b}{r+g+b}$$

显然有 $\overline{r} + \overline{g} + \overline{b} = 1.0$。图 8-2a 所示的单位平面在坐标面上的投影产生的色度图如图 8-2b 所示。色度图直接给出了两种原色之间的函数关系，并间接给出其与第 3 种原色的关系。

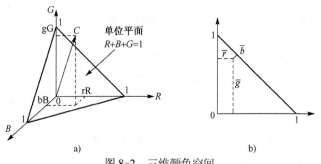

图 8-2　三维颜色空间

a) 单位平面　b) 色度图

1931 年，国际照明委员会（CIE）于英国举行的国际颜色定义和度量标准会议上，规定了通用的二维色度图和一套标准色度观察者光谱三刺激值。通常把它称为 1931CIE 色度图。CIE 设想的三原色为 X、Y、Z，X、Y、Z 之所以称为设想的原色，是因为它们是为消除色度坐标中的负值而设计的，实际上并不存在。由 X、Y、Z 三原色所形成的三角形色度图包括了整个可见光谱轨迹。CIE 色度值为

$$x = \frac{X}{X+Y+Z}, \quad y = \frac{Y}{X+Y+Z}, \quad z = \frac{Z}{X+Y+Z}$$

且 $x + y + z = 1$，当 XYZ 三角形投影在二维平面上生成 CIE 色度图时，色度坐标取为 x 和 y，表示为生成一种颜色所需的 XYZ 三原色的相对量，但不表示颜色的亮度（光强）。亮度由 Y 表示，X 和 Z 可根据它们对 y 值的比例确定。由此，色度可以同时由 (x, y, Y) 坐标值表示。由色度值至 XYZ 三刺激值的变换为

$$X = x\frac{Y}{y}, \quad Y = Y, \quad Z = (1-x-y)\frac{Y}{y}$$

经调整后，使得当 3 个设想原色 X、Y、Z 取相等值时，所生成的颜色为白色。

色度图有多种用途，如图 8-3 所示，其翼形轮廓线代表所有可见光波长的轨迹，即可见光谱的轨迹。线上的数字标明该位置可见光的波长。如果想获得一种光谱色的补色，只需从这一点通过标准白点作一直线，求出其与对侧光谱轨迹线的交点，即可求得补色的波长。例如，求得红橙色 $C_4(\lambda = 610\text{nm})$ 的补色为蓝绿色 $C_5(\lambda = 491\text{nm})$。两种补色按一定的比例相加得到白色。又如，要求一种颜色的主波长时，只需连接其与标准白点的直线，直线与位于颜色

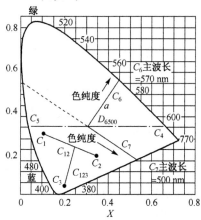

图 8-3　色度图的用途

同侧的光谱轨迹的交点即为主波长。例如，可得颜色 C_6 的波长为 570nm，这是一种黄绿色。如果直线交于紫色线上，则在可见光谱中将找不到该颜色相应的主波长。这时其主波长可用其补色的光谱值附以后缀 C 表示。这一光谱值可以通过反向延伸直线直到与对侧光谱边界线相交而求得。例如，据此可求得颜色 C_1 的主波长为 500nm。

单纯色或全饱和色位于光谱轨迹上，其色纯度为 100%，而标准白色的色纯度为 0%。任一中间颜色的色纯度等于标准白点与它之间的距离除以标准白点至光谱轨迹线或紫色线之间的距离。

例如，颜色 C_6 的色纯等于 $a/(a + b)$，而颜色 C_1 的色纯等于 $c/(c + d)$。注意，色纯度应用百分数表示。

计算两种颜色的混合色的色度坐标时，可按 Grassman 定律，将两原色相加。

例如，对于颜色 $C_1(x_1, y_1, Y_1)$ 和颜色 $C_2(x_2, y_2, Y_2)$，其混合色 C_{12} 为

$$C_{12} = (X_1 + X_2) + (Y_1 + Y_2) + (Z_1 + Z_2)$$

由前面的色度值与 XYZ 三刺激值式子，并令

$$T_1 = \frac{Y_1}{y_1}, \quad T_2 = \frac{Y_2}{y_2}$$

可得混合色的色度坐标为

$$x_{12} = \frac{x_1 T_1 + x_2 T_2}{T_1 + T_2}, \quad y_{12} = \frac{y_1 T_1 + y_2 T_2}{T_1 + T_2}, \quad Y_{12} = Y_1 + Y_2$$

彩色监视器、彩色胶卷及彩色印刷不能生成可见光谱上的全部颜色。加色系统所能再生成的全部颜色包含在色度图上的一个三角形中，其 3 个顶点对应于 RGB 三原色的色度坐标，三角形内任一颜色可由这三原色混合而成。表 8-1 显示了由一个典型的彩色 CRT 监视器的 RGB 原色以及由 NTSC 标准 RGB 原色所能生成的全部颜色。

表 8-1　RGB 三原色的 CIE 色度系数

类　　型	颜　　色	x	y
CIE XYZ 原色	红	0.735	0.265
	绿	0.274	0.717
	蓝	0.167	0.009
NTSC 标准	红	0.670	0.330
	绿	0.210	0.710
	蓝	0.140	0.080
彩色 CRT 监视器	红	0.150	0.346
	绿	0.268	0.588
	蓝	0.628	0.070

8.1.3　颜色系统之间的转换

CIE 色度坐标和三刺激值给出了描述颜色的标准、精确的方法。然而，涉及颜色的工业部门都各有一套颜色描述的规则和习惯。因此，从 CIE 坐标值到另一原色系统的变换及其逆变换就显得格外重要。计算机图形学需要在 CIE XYZ 系统和电视监视器上常用的 RGB 原色系统之间进行变换。

两种加色系统之间的变换可由 Grassman 定律导出，由 RGB 颜色空间至 CIE XYZ 颜色空间的变换为

$$\begin{pmatrix} X \\ Y \\ Z \end{pmatrix} = \begin{pmatrix} X_r & X_g & X_b \\ Y_r & Y_g & Y_b \\ Z_r & Z_g & Z_b \end{pmatrix} \begin{pmatrix} R \\ G \\ B \end{pmatrix}$$

式中，X_r、Y_r、Z_r 为生成单位量的 R 原色所需的三刺激值，X_g、Y_g、Z_g 及 X_b、Y_b、Z_b 类同，若 $R = 1$，$G = 0$，$B = 0$，则上式可得 $X = X_r$，$Y = Y_r$，$Z = Z_r$。若已知 RGB 三原色相应的 CIE 色度坐标值 (x, y)，则由

$$x_r = \frac{X_r}{X_r + Y_r + Z_r} = \frac{X_r}{C_r}$$

$$y_r = \frac{Y_r}{X_r + Y_r + Z_r} = \frac{Y_r}{C_r}$$

$$z_r = 1 - x_r - y_r = \frac{Z_r}{X_r + Y_r + Z_r} = \frac{Z_r}{C_r}$$

及关于 x_g、y_g、z_g 和 x_b、y_b、z_b 的类似关系，并令 $C_g = X_g + Y_g + Z_g$，$C_b = X_b + Y_b + Z_b$，前面的变换式可变为

$$\begin{pmatrix} X \\ Y \\ Z \end{pmatrix} = \begin{pmatrix} x_r C_r & x_g C_g & x_b C_b \\ y_r C_r & y_g C_g & y_b C_b \\ (1-x_r-y_r)C_r & (1-x_g-y_g)C_g & (1-x_b-y_b)C_b \end{pmatrix} \begin{pmatrix} R \\ G \\ B \end{pmatrix}$$

或简写为

$$X' = C'R'$$

C_r、C_g 和 C_b 是完全确定两个原色系统之间的转换所必需的量，若已知单位量的 RGB 原色的亮度 Y_r、Y_g、Y_b，则

$$C_r = \frac{Y_r}{y_r}, C_g = \frac{Y_g}{y_g}, C_b = \frac{Y_b}{y_b}$$

若已知标准白色的三刺激值为(X_w, Y_w, Z_w)，则需求解前面的变换式，其中 $R' = (C_r \; C_g \; C_b)^T$，$X' = (X_w \; Y_w \; Z_w)^T$。

8.1.4　颜色模型

颜色模型主要有 RGB、HSI、HSV、CHL、LAB、CMY、XYZ 和 YUV 等。这里重点介绍 3 种模型。

1. RGB 颜色模型

RGB（Red, Green，Blue）颜色模型称为与设备相关的颜色模型，RGB 颜色模型所覆盖的颜色域取决于显示设备荧光点的颜色特性，是与硬件相关的。它是人们使用最多、最熟悉的颜色模型，采用三维直角坐标系。红、绿、蓝原色是加性原色，各个原色混合在一起可以产生复合色，RGB 颜色模型通常采用如图 8-4 所示的单位立方体来表示。在正方体的主对角线上，各原色的强度相等，产生由暗到明的白色，也就是不同的灰度值。$(0, 0, 0)$ 为黑色，$(1, 1, 1)$ 为白色。正方体的其他 6 个角点分别为红、黄、绿、青、蓝和品红。

2. HSI 颜色模型

HSI 颜色模型是从人的视觉系统出发，用色调（Hue）、饱和度（Saturation）和亮度（Intensity）来描述色彩，色调主要表示颜色，饱和度表示颜色的鲜明程度，亮度表示明亮程度，它比 RGB 色彩空间更符合人的视觉特性，HIS 颜色模型可用圆柱表示，如图 8-5 所示。色调 H 用角度表示，0° 表示红色；120° 表示绿色；240° 表示蓝色。饱和度 S 用半径长度表示，$S = 0$ 表示颜色最暗，即无色；$S = 1$ 表示颜色最鲜明。亮度 I 用高度表示，沿高度方向逐渐变化，底处 $I = 0$ 表示黑色；顶处 $I = 1$ 表示白色。

RGB 与 HIS 之间的关系如下。

（1）RGB 转换到 HIS

对任何 3 个 [0，1] 范围内的 R、G、B 值，其对应 HSI 模型中的 I、S、H 分量的计算公

式为

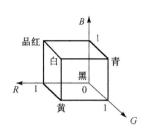

图 8-4　RGB 颜色模型

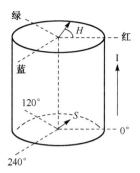

图 8-5　HIS 颜色模型

$$I = \frac{1}{3}(R + G + B)$$

$$S = 1 - \frac{3}{(R + G + B)}[\min(R, G, B)]$$

$$H = \arccos\left\{\frac{[(R - G) + (R - B)]/2}{[(R - G)^2 + (R - B)(G - B)]^{1/2}}\right\}$$

RGB 转换为 HSI 的函数程序设计如下。

```
//输入参数：r,g,b——RGB 三分量值（0～255）
//输出参数：h,s,i——HSI 三分量值（h:0～2π，s: 0～1，i: 0～255）
void   RGB_HSI(float r,float g, float b,float &h, float &s, float &i)
{ float m;
r=r/255.0,g=g/255,b=b/255;
i= (r+b+g) / 3 ;
if(b<=r&&b<=g)m=b;
else if(r<=b&&r<=g)m=r;
else if(g<=b&&g<=r)m=g;
s=1-3*m/(r+g+b);
h=acos((2*r-g-b)/2/sqrt((r-g)*(r-g)+(r-b)*(g-b)));
if(b>g)h=6.28-h;
i=i*255;
}
```

（2）HSI 转换到 RGB

假设 S、I 的值在 [0, 1] 之间，R、G、B 的值也在 [0, 1] 之间，则 HSI 转换为 RGB 的公式为（分成 3 段以利用对称性）

$$B = I(1 - S)$$

$$R = I\left[1 + \frac{S\cos H}{\cos(60° - H)}\right] \qquad H \in [0°, 120°]$$

$$G = 3I - (B + R)$$

$$R = I(1 - S)$$

$$G = I\left[1 + \frac{S\cos(H - 120°)}{\cos(180° - H)}\right] \qquad H \in [120°, 240°]$$

$$B = 3I - (R + G)$$

$$G = I(1-S)$$
$$B = I\left[1 + \frac{S\cos(H-120°)}{\cos(300°-H)}\right] \qquad H \in [240°, 360°]$$
$$R = 3I - (G+B)$$

HSI 转换为 RGB 的函数程序设计如下。

```
//输入参数：h,s,i——HSI 三分量值（h:0~2π，s: 0~1，i: 0~255）
//输出参数：r,g,b——RGB 三分量值（0~255）
void   HSI_RGB (float h, float s, float i , float &r ,float &g , float &b)
{ float p=(float)(3.14/180);
if (h >= 0 && h <120*p)
        { b= i*(1−s);
            r= i*(1+s*cos(h) /cos(60*p− h));
            g= 3*i−(b+r);
        }
else if (h >=120*p&&h<240*p)
        { r= i*(1−s);
          g= i*(1+s*cos(h−120*p)/cos(3.14−h));
          b=(int)(3*i− (g+r));
        }
else if (h >=240*p&&h<360*p)
        { g = i* (1−s);
          b=i* (1+s*cos(h−240*p)/cos(300*p−h));
          r=3*i−(g+b);
        }
if(r>255)r=255;   if(g>255)g=255;   if(b>255)b=255;
if(r<0)r=0   if(g<0)g=0;   if(b<0)b=0;
        }
```

3. YUV 颜色模型

YUV 模型被广泛应用在电视的色彩显示等领域，YUV 中的 Y 分量表示颜色的亮度，U、V 分别表示蓝色和红色的色度，YUV 的重要性是它的亮度信号 Y 和色度信号 U、V 是分离的。如果只有 Y 信号分量而没有 U、V 分量，那么这样表示的图像就是黑白灰度图像。彩色电视采用 YUV 空间正是为了用亮度信号 Y 解决彩色电视机与黑白电视机的兼容问题，使黑白电视机也能接收彩色电视信号。该颜色空间的主要优点是计算效率高。

YUV 与 RGB 相互转换的公式如下。

$Y=0.256789R+0.504129G+0.097906B+16$
$U=-0.148223R-0.290992G+0.439215B+128$
$V=0.439215R-0.367789G-0.071426B+128$

$R=1.164383(Y-16)+1.596027(V-128)$
$G=1.164383(Y-16)-0.391762(U-128-0.812969(V-128)$
$B=1.164383(Y-16)+2.017230(U-128)$

RGB 与 HSI 的转换函数程序设计如下。

```
void   RGB_YUV(float r,float g, float b,float &y, float &u, float &v)
```

```
{    y=0.256789*r+0.504129*g+0.097906*b+16;
     u=-0.148223*r-0.290992*g+0.439215*b+128;
     v=0.439215*r-0.367789*g-0.071426*b+128;
}
void   YUV_RGB (float y, float u, float v , float &r ,float &g , float &b)
{    r=(y-16)*1.164383+1.596027*(v-128);
     g=(y-16)*1.164383-0.391762*(u-128)-0.812969*(v-128);
     b=(y-16)*1.164383+2.017230*(u-128);
}
```

生成真实感图形技术的关键在于充分考察影响物体外观的因素，建立合适的光照模型，并通过显示算法将物体在显示器上显示出来。

8.2 简单光照模型

当光照射到某一物体表面上时，它可能被吸收、反射或透射。其中被吸收部分转化为热量，而反射或透射部分的光才使物体可见。如果入射光全部被吸收，物体将不可见，该物体称为黑体。光能被吸收、反射或透视的数量取决于光的波长。若入射光中所有波长的光被吸收的量近似相等，则在白光照射下，物体呈现灰色。若几乎所有的光均被吸收，物体呈现黑色。若其中只有一小部分被吸收，则物体呈白色。若某些波长的光被有选择地吸收，则物体呈现出颜色。物体的颜色取决于它所选择吸收的那部分光的波长。

从物体表面反射出来的光取决于光源中光的成分、光线的方向、光源的几何性质，以及物体表面的朝向和表面性质。

这里讨论的是简单的光照模型，假定光源为点光源且物体非透明，透射光可忽略不计。因此，简单光照模型只考虑反射光的作用。物体表面的反射光又可分为漫反射光、镜面反射光及环境光。

1. 漫反射光

粗糙、无光泽的物体表面呈现为漫反射。漫反射光可以认为是光穿过物体表面并被吸收，然后又重新发射出来的光。漫反射光均匀地散布在各个方向，因此从任何角度去观察这种表面，都有相同的亮度。根据 Lambert 定律，一个完全漫反射体上反射出来的光的强度同入射光与物体表面法线之间夹角的余弦成正比，即

$$I_d = I_t K_d \cos\theta \qquad 0 \leqslant \theta \leqslant \frac{\pi}{2}$$

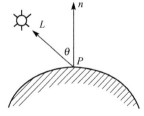

式中，I_d——漫反射光光强。

I_t——点光源发出的入射光光强。

K_d——漫反射常数（$0 \leqslant K_d \leqslant 1$），取决于物体表面的材料。

θ——入射光 L 与表面法线 n 之间的夹角，（见图 8-6），

图 8-6 漫反射示意图

当 $\theta > \frac{\pi}{2}$ 时，光源位于物体后面。

图 8-7a～图 8-7d 显示了漫反射效果图，图中正方形平面长度为 100 个像素单位，点光源位于平面法向量（指向用户）方向 100 个像素单位处，其中图 8-7a 与图 8-7b 的漫反射常数为 0.5，图 8-7c 与图 8-7d 的漫反射常数为 0.8，图 8-7a 与图 8-7b 中的光源在平面中上方，图 8-7b 与图 8-7d 中的光源在平面左下角法向量（指向用户）方向 100 个像素单位处。

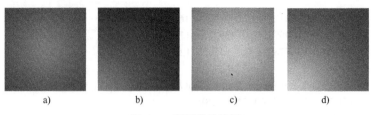

a)   b)   c)   d)

图 8-7　漫反射效果图

2．环境光

在点光源情况下，没有受到点光源直接照射的物体会呈黑色，但是在实际场景中，物体还会接收到从周围景物散射出来的光，如房间的墙壁。这种环境光代表一种分布光源，这里把它作为常数的漫反射项，即

$$I_e = I_a K_a$$

式中，I_e——环境光的漫反射光光强。

　　　I_a—— 入射的环境光光强。

　　　K_a—— 环境光的漫反射常数。

图 8-8 显示了漫反射与环境光的效果图，与图 8-7 相比，图中平面上的光强因环境光而总体增强。

图 8-8　漫反射与环境光效果图

3．镜面反射光

光滑的物体表面呈现镜面反射。镜面反射光的光强取决于入射光的角度、入射光的波长及反射表面的材料性质。对于理想的反射表面，反射角等于入射角。只有位于此角度上的观察者才能看到反射光。这意味着在图 8-9 中视线向量 S 将与反射光向量 R 重合，即 α 角等于 0。对于非理想反射表面，到达观察者的光取决于镜面反射光的空间分布。光滑表面上反射光的空间分布会聚性较好，而粗糙表面反射光将散射开。在发亮的物体表面上，经常能看到高光区，这是由于镜面反射光沿反射方向会聚的结果。在简单光照模型中，镜面反射光常采用 Phong 提出的实验模型，即

$$I_s = I_t K_s \cos^n \alpha$$

式中，I_s——镜面反射光光强。

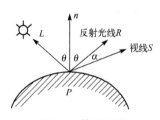

图 8-9　镜面反射

　　　I_t——点光源发出的入射光光强。

　　　K_s——镜面反射常数，$0 \leqslant K_s \leqslant 1$。

　　　α——视线向量 S 与反射光向量 R 的夹角。

　　　n——幂次，用以模拟反射光的空间分布，表面越光滑，
　　　　　　n 越大。

图 8-10a～图 8-10e 是有镜面反射的效果图，图中点光源在平面左下角法向量（指向用户）方向 100 个像素单位处。视点在平面右上角法向量（指向用户）方向 100 个像素单位

处。图中的中心光强区是镜面反射光，左下角光强区是漫反射光强。图 8-10 中镜面反射的幂次依次为 10、8、6、4、2，从图中可以看出，平面的光滑程度从强到弱。

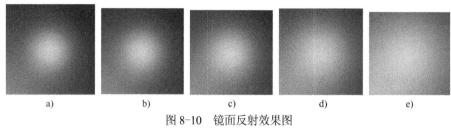

图 8-10　镜面反射效果图

a) $n=10$　b) $n=8$　c) $n=6$　d) $n=4$　e) $n=2$

将上述环境光照射、漫反射和镜面反射结合在一起，得到简单的光照模型如下。

$$I = I_e + I_d + I_s = I_a K_a + I_t (K_d \cos\theta + K_s \cos^n \alpha)$$

在计算机图形学中，上式常称为明暗函数，用来确定物体表面上的每一点或屏幕上每一像素处的光强或明暗色调。要想生成一幅彩色图像，需要分别对三原色的每一分量使用明暗函数进行计算。如果存在 m 个点光源，可将它们的效果线性叠加，此时光照模型为

$$I = I_a K_a + \sum_{i=1}^{m} I_i (K_d \cos\theta_i + K_s \cos_i^n \alpha_i)$$

4. 简单光照模型的计算

由两向量的点积公式可得

$$\cos\theta = \frac{n \cdot L}{|n||L|} \qquad \cos\alpha = \frac{R \cdot S}{|R||S|}$$

两式中的 n、L、R、S 的含义如前所述，把它们代入简单的光照模型，点光源的简单光照模型又可写成

$$I = I_a K_a + I_t \left[K_d \cdot \frac{n \cdot L}{|n||L|} + K_s \left(\frac{R \cdot S}{|R||S|} \right)^n \right]$$

$$\approx I_a K_a + I_t \left[K_d \cdot \frac{n \cdot L}{|n||L|} + K_s \left(\frac{H \cdot n}{|H||n|} \right)^n \right]$$

$$H = L + S$$

5. 真实感图形程序设计

在第 7 章中的多边形 Z 缓存器消隐基础上，绘制像素点前计算该点的光强（亮度），就可绘制出有明暗效果的图形。

（1）绘制真实感多边形平面

绘制一个多边形平面的真实效果的函数设计如下（没有考虑镜面反射光）。

```
//参数：x[]、y[]、z[]为多边形顶点坐标，n 为多边形顶点数，(Lx,Ly,Lz)为光源坐标，It 为光源强度，
//     Kd 为多边形平面反射系数，Ie 为环境光强度，H 为平面色度，S 为平面饱和度
void FullReal(CDC *pDC,float x[],float y[],float z[],int n,int Lx,int Ly,int Lz,int It,float Kd,int Ie,float H,float S)
{int ymin,ymax,i,k,j,h,m,xd[10],t,I;
float a,b,c,d,zz,R,G,B,vx,vy,vz,cos1;
```

```
vector(x,y,z,a,b,c);        //计算平面系数
d=-(a*x[0]+b*y[0]+c*z[0]);
ymin=y[0],ymax=y[0];
for(i=1;i<n;i++)
        { if(y[i]<ymin)ymin=y[i];
              if(y[i]>ymax)ymax=y[i];
        }
for(h=ymin;h<=ymax;h++)          //扫描线循环
        { k=0;                     //交点数赋初值 0
        for(i=0;i<n;i++)           //多边形边循环
        if(y[i+1]!=y[i])           //不包括水平线
              if((h+0.5-y[i])*(h+0.5-y[i+1])<0)
                    xd[k++]=x[i]+(x[i+1]-x[i])*(h-y[i])/(y[i+1]-y[i]);
        for(int i=0;i<k-1;i++)
              { m=i;
                    for(int j=i+1;j<k;j++)
                    if (xd[j]<xd[m])m=j;
              if (m!=i)t=xd[i],xd[i]=xd[m],xd[m]=t;
              }
        for(i=0;i<k;i=i+2)
              for(j=xd[i];j<=xd[i+1];j++)
                    {zz=-(a*j+b*h+d)/c;     //计算深度
                    if(zz<Zuff[j][h])       //消隐判断
                        { Zuff[j][h]=zz;
                          vx=Lx-j,vy=Ly-h,vz=Lz-zz;   //计算光源向量
                          cos1=(vx*a+vy*b+vz*c)/sqrt(vx*vx+vy*vy+vz*vz);   //计算光源与平面法
向量夹角余弦
                          I=It*Kd*cos1+Ie;             //计算光强
                        if(I<0)I=0;
                          if(I>255)I=255;
                          HSI_RGB(H,S,I,R,G,B);
                          pDC->SetPixel(j,h,RGB(R,G,B));
                        }
                    }
              }
        }
}
```

图 8-11 多边形真实效果图

调用实例如下。

```
CDC *pDC=GetDC();
float X[]={100,100,200,200},Y[]={100,200,200,100},Z[]={100,200,100,100};
FullReal(pDC,X,Y,Z,4,300,300,-200,250,0.8,50,0,1);
```

程序运行的效果如图 8-11 所示。

（2）绘制真实感多面体

绘制一个多面体的真实效果的函数设计如下。

```
void   PolyhedraClearHiddeZR(CDC *pDC,int x[],int y[],int z[],int pn,int PLine[],int LFaceS[],int LFaceE[],int fn,
            float cx,float cy,float cz,int dx,int dy,int dz,int Lx,int Ly,int Lz,int It,float Kd,int Ie,float H,float S)
```

```
{    float xx[10],yy[10],zz[10],X[10],Y[10],Z[10];
     for(int i=0;i<pn;i++)
             RevolveX(cx,x[i],y[i],z[i],xx[i],yy[i],zz[i]),
             RevolveY(cy,xx[i],yy[i],zz[i],X[i],Y[i],Z[i]),
             RevolveZ(cz,X[i],Y[i],Z[i],xx[i],yy[i],zz[i]),
             xx[i]=xx[i]+dx,yy[i]=yy[i]+dy,zz[i]=zz[i]+dz;
     for(i=0;i<fn;i++)                                  //循环物体所有边
             {int k=0;
              for(int j=LFaceS[i];j<=LFaceE[i];j++)
              X[k]=xx[PLine[j]],Y[k]=yy[PLine[j]],Z[k]=zz[PLine[j]],k++;
              FullReal(pDC,X,Y,Z,k-1,Lx,Ly,Lz,It,Kd,Ie,H,S);
              }
}
```

调用实例如下。

```
CDC *pDC=GetDC();
 InitZ();
int x1[]={0,100,100,0,0,100,100,0};
int y1[]={0,0,100,100,0,0,100,100};
int z1[]={0,0,0,0,100,100,100,100};
int pl1[]={0,3,2,1,0,4,5,6,7,4,0,4,7,3,0,1,2,6,5,1,2,3,7,6,2,0,1,5,4,0,};
int lfs1[]={0,5,10,15,20,25};
int lfe1[]={4,9,14,19,24,29};
PolyhedraClearHiddeZR(pDC,x1,y1,z1,8,pl1,lfs1,lfe1,6,30*3.14/180,-20*3.14/180,0,80,320,200,
                 300,300,-400,250,0.8,50,0,1);
```

程序运行的效果如图 8-12 所示。

（3）绘制真实感曲面

曲面是由多个四边形小平面组成的，由于小平面足够小，可认为平面内的亮度相同，因此，在计算亮度时，无需计算每个像素点的位置，只计算每个小平面的亮度。小平面真实感绘制函数如下（没有考虑镜面反射光）。

图 8-12　多面体真实效果图

```
void FullRealSmall(CDC *pDC,float x[],float y[],float z[],int n,int Lx,int Ly,int Lz,int It,float Kd,int Ie,
               float H,float S)
{int ymin,ymax,i,k,j,h,m,xd[10],t;
float a,b,c,d,zz,R,G,B,vx,vy,vz,cos1,I;
vector(x,y,z,a,b,c);      //计算平面系数
d=-(a*x[0]+b*y[0]+c*z[0]);
vx=Lx-x[0],vy=Ly-y[0],vz=Lz-z[0];      //计算光源向量
cos1=(vx*a+vy*b+vz*c)/sqrt(vx*vx+vy*vy+vz*vz);   //计算光源与平面法向量夹角余弦
I=It*Kd*cos1+Ie;              //计算光强
if(I<0)I=0;
if(I>255)I=255;
HSI_RGB(H,S,I,R,G,B);
ymin=y[0],ymax=y[0];
for(i=1;i<n;i++)
     { if(y[i]<ymin)ymin=y[i];
```

```
            if(y[i]>ymax)ymax=y[i];
        }
    for(h=ymin;h<=ymax;h++)                    //扫描线循环
        { k=0;                                 //交点数赋初值 0
        for(i=0;i<n;i++)                       //多边形边循环
        if(y[i+1]!=y[i])                       //不包括水平线
            if((h-y[i])*(h-y[i+1])<0)          //抬高 0.5 的扫描线是否与边有交线
                xd[k++]=x[i]+(x[i+1]-x[i])*(h-y[i])/(y[i+1]-y[i]);
        for(int i=0;i<k-1;i++)
            { m=i;
            for(int j=i+1;j<k;j++)
                if (xd[j]<xd[m])m=j;
            if (m!=i)t=xd[i],xd[i]=xd[m],xd[m]=t;
            }
        for(i=0;i<k;i=i+2)
            for(j=xd[i];j<=xd[i+1];j++)
                {zz=-(a*j+b*h+d)/c;            //计算深度
                if(zz<Zuff[j][h])              //消隐判断
                    { Zuff[j][h]=zz;
                      pDC->SetPixel(j,h,RGB(R,G,B));
                    }
                }
            }
        }
    }
```

绘制一个圆环真实效果的函数设计如下。

```
    void CircularFaceReal(CDC *pDC,int x0,int y0,int r,float du,float dv,float cx,float cy,float cz,int dx,int dy,int dz,
                          int Lx,int Ly,int Lz,int It,float Kd,int Ie,float H,float S)
    { float uu[4],vv[4];
      float x[5],y[5],z[5],xx[5],yy[5],zz[5];
    for(float u=0;u<6.28;u=u+du)
        for(float v=0;v<6.28;v=v+dv)
        {   uu[0]=u,vv[0]=v,uu[1]=u+du,vv[1]=v,uu[2]=u+du,vv[2]=v+dv,uu[3]=u,vv[3]=v+dv;
            for(int i=0;i<4;i++)
            {   Circular(x0,y0,r,uu[i],vv[i],x[i],y[i],z[i]);
                RevolveX(cx,x[i],y[i],z[i],xx[i],yy[i],zz[i]);
                RevolveY(cy,xx[i],yy[i],zz[i],x[i],y[i],z[i]);
                RevolveZ(cz,x[i],y[i],z[i],xx[i],yy[i],zz[i]);
                xx[i]=xx[i]+dx,yy[i]=yy[i]+dy,zz[i]=zz[i]+dz;
            }
            xx[4]=xx[0],yy[4]=yy[0];
            FullRealSmall(pDC,xx,yy,zz,4,Lx,Ly,Lz,It,Kd,Ie,H,S);
        }
    }
```

调用实例如下。

```
    CDC *pDC=GetDC();
    InitZ();
```

CircularFaceReal(pDC,100,100,30,0.1,0.05,30*3.14/180,0*3.14/180,0*3.14/180,300,200,0,300,300,-400,
200,0.3,20,120*3.14/180,1);

　　该程序运行的效果如图 8-13a 所示。如果将绘制真实感圆环曲面函数改为其他曲面函数，再调用相应的曲面函数，就可得到图 8-13b 和图 8-13c 所示的其他曲面图形。

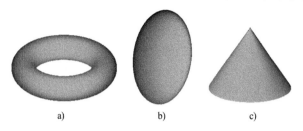

图 8-13　曲面真实效果图

8.3　多边形表示的明暗处理

　　应用简单光照模型对由平面多边形组成的场景进行真实感绘制是一种经常采用的方法。如果场景的表面是曲面，如前所述，必须用多个平面多边形来逼近。前面的方法是将多边形取得比较小，将每个多边形用恒定光强来绘制，这种方法称为恒定光强的多边形绘制。

8.3.1　恒定光强的多边形绘制

　　恒定光强的多边形绘制又称恒定光强的明暗处理，这是一种简单且高效的多边形绘制方法。它只用一种光强值绘制整个多边形。在每一个多边形上任取一点，利用简单光照模型计算其光强，该光强就是多边形的颜色值。

　　这种方法虽然简单、速度快，但如果多边形取得较大，产生的图像效果欠佳。因为相邻多边形的法向量不同，因而计算出的光强值也不相同，使得整个景物表面明暗过渡不光滑，尤其是会在边界处产生不连续的变化，呈块状效应，如图 8-14 所示。改进的方法是把曲面离散成很小的多边形片，但这会增加处理时间，更有效的方法是采用 Gouraud 或 Phong 明暗处理方法。

图 8-14　曲面的分割较大多边形效果图

8.3.2　Gouraud 明暗处理

　　Gouraud（高氏）明暗处理又称亮度插值的明暗处理。在采用扫描线算法绘制物体时，需要根据光照模型计算每一像素的光强值。多边形内扫描线上每一像素的光强值是由多边形顶点光强进行线性插值而得到的。因此，用 Gouraud 明暗处理可按以下步骤进行。

　　1）计算每个多边形顶点处的法向量。若多边形的平面方程已经建立，则表面在顶点处的法向量可取包围该顶点的各多边形的法向量平均值。例如，在图 8-15 中，包围顶点 V_1 的 3 个多边形为 P_0、P_1、P_4，它们所在平面方程的系数分别为 a_0、b_0、c_0、a_1、b_1、c_1 和 a_4、b_4、c_4，则点 V_1 处的近似法线方向为

$$n_{v1} = (a_0 + a_1 + a_4)\boldsymbol{i} + (b_0 + b_1 + b_4)\boldsymbol{j} + (c_0 + c_1 + c_4)\boldsymbol{k}$$

若仅求法线方向，则无需将各法线向量之和除以包围顶点的多边形个数。

若各多边形平面方程系数未知，顶点处的法线可取决于该顶点的各棱边叉积的平均值。同样考虑图 8-15 中的顶点 V_1，其近似法线的方向可取为

$$n_{v1} = V_1V_2 \times V_1V_4 + V_1V_5 \times V_1V_2 + V_1V_4 \times V_1V_5$$

📖 求平均值时只计外法线。

2）根据简单光照模型计算多边形每个顶点处的光强。

3）采用双线性插值方法确定在扫描线上每个像素处的光强值。例如，如图 8-16 所示的多边形 $ABCD$，计算扫描线上点 P 处的光强值。首先，根据顶点 A、B、C 处的光强 I_A、I_B 和 I_C，先对顶点 A 和 B 处的光强进行线性插值，得到点 Q 的光强为

$$I_Q = uI_A + (1 - u)\,I_B \qquad 0 \leqslant u \leqslant 1$$

式中，$u = AQ/AB$。再对顶点 B 和 C 处的光强进行线性插值，得到点 R 的光强为

$$I_R = wI_B + (1 - w)\,I_C \qquad 0 \leqslant w \leqslant 1$$

式中，$w = BR/BC$。最后，沿扫描线对 Q 和 R 的光强作线性插值，得到点 P 处的光强为

$$I_p = tI_Q + (1 - t)\,I_R \qquad 0 \leqslant t \leqslant 1$$

式中，$t = QP/QR$。

扫描线上各像素的光强可用增量方式计算。考虑扫描线上位于 t_1 和 t_2 处的两个像素 P_1 和 P_2，其光强为

$$I_{p2} = t_2I_Q + (1 - t_2)\,I_R$$
$$I_{p1} = t_1I_Q + (1 - t_1)\,I_R$$

将第一式减去第二式，可得到沿扫描线的增量公式为

$$I_{p2} = I_{p1} + (I_Q - I_R)\,(t_2 - t_1) = I_{p1} + \Delta I\Delta t$$

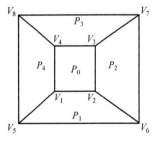

图 8-15　多边形向量的近似计算

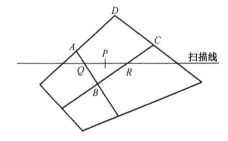

图 8-16　明暗双线性插值计算

Gouraud 明暗处理的优点是算法简单，计算量小，解决了两个多边形之间明暗度不连续及多边形片内光强单一的问题，把它应用于简单的漫反射光照模型时效果最好。然而，这种方法也有一些不足之处。

1）明暗插值法只保证在多边形边界两侧光强的连续性，不能保证其变化的连续性，在表面上会出现过亮或过暗的条纹，存在明显的马赫带效应痕迹。所谓马赫带效应，是一种视觉特性，

当观察画面上具有常数光强的区域时，在其边界处眼睛所感受到的明亮度常常会超出实际值。

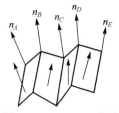

2）处理如图 8-17 所示的情况时，由于按取多边形法向量平均的方法计算在顶点 B、C、D 处的曲面法向量，因它们具有同一法线方向而取相同光强值，使得表面上出现一个平坦区域。

3）这种方法只考虑了漫反射，对镜面反射效果不尽如人意，主要表现在高光域的形状不规则。

图 8-17　B、C、D 处法向量同向

8.3.3　Phong 明暗处理

Phong（蓬）明暗处理又称为法向量插值明暗处理。Phong 方法的基本步骤如下。

1）近似地算出在多边形顶点处的曲面法向量，以近似表示曲面弯曲性。

2）应用双线性插值方法，求得多边形内每个像素处的法向量。

例如，在图 8-16 中，先对 A、B 处法向量作线性插值求出 Q 处法向量；再对 B、C 处法向量作线性插值求出 R 处法向量；最后对 Q、R 处法向量线性插值求出点 P 处的表面法向量，即

$$n_Q = un_A + (1-u)\,n_B \qquad 0 \leqslant u \leqslant 1$$
$$n_R = wn_B + (1-w)\,n_C \qquad 0 \leqslant w \leqslant 1$$
$$n_p = tn_Q + (1-t)\,n_R \qquad 0 \leqslant t \leqslant 1$$

式中，$u = AQ/AB$，$w = BR/BC$，$t = QP/QR$。

若位于扫描线上 t_1 和 t_2 处的两个像素 P_1 和 P_2，其法向量按增量公式计算。

$$n_{p2} = n_{p1} + (n_Q - n_R)\,(t_2 - t_1) = n_{p1} + \Delta n \Delta t$$

3）根据所得法向量按光照模型确定多边形内每一像素的光强。

由于 Phong 方法较好地在局部范围内模拟表面弯曲程度，因而可得到较好的曲面绘制效果，尤其是镜面高光显得更加真实。这种方法解决了 Gouraud 方法所遇到的大多数问题。然而，它本质上仍属线性插值模式，因此光强函数的一阶不连续仍将导致马赫带效应。由于明暗处理是在图像空间中进行的，无论是 Gouraud 方法还是 Phong 方法，都不具有图形旋转不变性，当从一幅画面到另一幅画面物体的朝向发生改变时，其明暗跟着明显变化，即不适合处理动画显示。

8.4　纹理表示

在计算机图形学中，物体的表面细节称为纹理。不同的材质有不同的纹理。例如，刨光的木材表面有木纹，家具上有用油漆画出的各种图案等，这类在光滑的物体表面上通过颜色或明暗度变化体现出来的细节称为颜色纹理或光滑纹理。另一类则是物体表面上呈现出凹凸不平的形状，例如，橘子皮表面的皱纹和未磨光石材表面的凹痕等，这类纹理称为粗糙纹理、凹凸纹理或几何纹理。物体的纹理显示就是用计算机来模拟物体表面的细节。

8.4.1　颜色纹理显示

颜色纹理一般有两种方法来实现，一种是通过数学模型，表示颜色的变化规律；另一种是预先定义纹理模式，然后建立物体表面的点与纹理模式的点之间的对应关系。当物体表面的

可见点确定之后，以纹理模式的对应点结合光照模型进行计算，可将纹理模式附加到物体表面上，这种方法称为纹理映射。

1. 数学模型方法

数学模型方法需要在物体的参数方程表示的基础上，根据颜色纹理的特征设计颜色变化的参数表示。例如，表面有条纹纹理的西瓜颜色纹理的设计过程如下。

1）西瓜的表面条纹纹理是由于颜色的饱和度不同造成的，纹理沿西瓜（椭球）v参数方向周期出现，用周期函数

$$S=0.8|\sin(Bv)|$$

控制表面的饱和度条纹纹理出现的频率，根据西瓜品种的不同，确定B的取值，这里B取5，使暗色条纹沿v方向出现$2\times5=10$次，如图8-18a所示。

2）由于条纹不是光滑的，必须对条纹沿u参数方向进行周期干扰，控制表面颜色的饱和度函数变为

$$S=0.8|\sin[Bv+A\sin(Cu)]|$$

根据不同的品种确定干扰的幅度及频率，这里设沿u方向扰动15次效果较好（$C=40$），干扰的幅度$A=0.15$，如图8-18b所示。

3）由正弦函数控制的颜色饱和度条纹是渐变过程，而实际的西瓜条纹边界是清晰的，因此，对上述函数进行二值处理，如图8-18c所示。

当$S<=0.4$时，$S=0.4$；当$S>0.4$时，$S=0.8$。

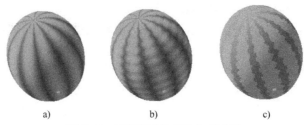

图8-18　西瓜颜色纹理的生成过程

a) 增加条纹纹理　b) 条纹干扰纹理　c) 条纹边界清晰纹理

绘制西瓜的函数设计如下。

```
void Watermelon(CDC *pDC,int x0,int y0,int z0,int a,int b,int c,float du,float dv,float cx,float cy,float cz,
               int dx,int dy,int dz, int Lx,int Ly,int Lz,int It,float Kd,int Ie,float H)
{ float uu[4],vv[4],x[5],y[5],z[5],xx[5],yy[5],zz[5];
for(float u=-1.57;u<1.57;u=u+du)
    for(float v=0;v<6.28;v=v+dv)
    {    uu[0]=u,vv[0]=v,uu[1]=u+du,vv[1]=v,uu[2]=u+du,vv[2]=v+dv,uu[3]=u,vv[3]=v+dv;
        for(int i=0;i<4;i++)
        {    Ellipsoid(x0,y0,z0,a,b,c,uu[i],vv[i],x[i],y[i],z[i]);
            RevolveX(cx,x[i],y[i],z[i],xx[i],yy[i],zz[i]);
            RevolveY(cy,xx[i],yy[i],zz[i],x[i],y[i],z[i]);
            RevolveZ(cz,x[i],y[i],z[i],xx[i],yy[i],zz[i]);
            xx[i]=xx[i]+dx,yy[i]=yy[i]+dy,zz[i]=zz[i]+dz;
        }
        xx[4]=xx[0],yy[4]=yy[0];
        float S=0.8*fabs(sin(5*v+0.15*sin(40*u)));
```

```
            if(S<0.4)S=0.4;
            else S=0.8;
            FullRealSmall(pDC,xx,yy,zz,4,Lx,Ly,Lz,It,Kd,Ie,H,S);;
        }
    }
```

2. 纹理映射方法

首先预先定义纹理模式，然后建立物体表面的点与纹理模式的点之间的对应关系。当物体表面的可见点确定之后，以纹理模式的对应点结合光照模型进行计算，可将纹理模式附加到物体表面上。纹理映射也称为纹理贴图。

在光滑表面上描绘花纹图案是花纹图案在表面上的映射，在数学上描绘花纹图案可简化为从一个坐标系到另一个坐标系的变换。假定花纹图案定义在纹理空间中的一个正交坐标系(u, v)中，而表面定义在另一个正交坐标系(θ, Φ)中，这样必须在两个空间中定义一个映射函数。即

$$\theta = f(u, v) \qquad \Phi = g(u, v)$$

或

$$u = r(\theta, \Phi) \qquad w = s(\theta, \Phi)$$

通常假定映射函数是一个线性函数，如

$$\theta = Au + B$$
$$\Phi = Cv + D$$

式中，A、B、C、D为待定系数，可由两个坐标系中已知点之间的关系获得。

显示在表面上的花纹图案除了考虑由纹理空间到物体（对象）空间的坐标变换外，还涉及由物体空间到图像空间的映射，此外还需进行适当的视图变换。

假设图像空间对应一个光栅设备，可应用 Catmull 算法实现由物体空间到图像空间的映射，其基本思想是不断地分割曲面片和花纹图案，直至一个子曲面片仅包含一个像素中心时，取其相应的花纹图案子片上的平均光强值作为该像素的光强值。Catmull 算法的实质是首先分割物体空间中的曲面片，然后将结果分别变换到图像空间和纹理空间，并且不需要考虑由图像空间到物体空间的逆变换，也不需要考虑在图像空间中各子曲面片的z值。

【例8-1】 圆柱木纹纹理映射。

设圆柱的高为h，底面半径为r（底面圆心在坐标原点），参数u、$v \in [0, 1]$，其参数方程可表示为

$$x = r\cos(v)$$
$$y = hu$$
$$z = r\sin(v)$$

图像坐标$x \in [0, w]$，$y \in [0, h]$，图像在(x, y)处的颜色值为$pic(k, x, y)$，则圆柱曲面坐标与图像坐标的映射函数为

$$x(u, v) = vw/2\pi$$
$$y(u, v) = uh$$

圆柱纹理映射函数设计如下。

```
void ImageMapCylinder(CDC *pDC,BYTE pic[3][500][500],int ih,int iw,BYTE R,BYTE G,BYTE B,int h,int r,
float du,float dv,float cx,float cy,float cz,int dx,int dy,int dz)
{   float uu[4],vv[4],x[5],y[5],z[5],xx[5],yy[5],zz[5],a,b,c;
for(float u=0;u<1;u=u+du)
    for(float v=0;v<6.28;v=v+dv)
```

```
{       uu[0]=u,vv[0]=v,uu[1]=u+du,vv[1]=v,uu[2]=u+du,vv[2]=v+dv,uu[3]=u,vv[3]=v+dv;
        for(int i=0;i<4;i++)
        {       Cylinder(r,h,uu[i],vv[i],x[i],y[i],z[i]);
                RevolveX(cx,x[i],y[i],z[i],xx[i],yy[i],zz[i]);
                RevolveY(cy,xx[i],yy[i],zz[i],x[i],y[i],z[i]);
                RevolveZ(cz,x[i],y[i],z[i],xx[i],yy[i],zz[i]);
                xx[i]=xx[i]+dx,yy[i]=yy[i]+dy,zz[i]=zz[i]+dz;
        }
        xx[4]=xx[0],yy[4]=yy[0];
        if (zz[0]<Zuff[(int)xx[0]][(int)yy[0]])
                {Zuff[(int)xx[0]][(int)yy[0]]=zz[0];
                i=v*iw/6.28; int j=u*ih;
                vector(xx,yy,zz,a,b,c );
                if(c<0)
                    pDC->SetPixel(xx[0],yy[0], RGB(pic[0][i][j],pic[1][i][j],pic[2][i][j]));
                else
                    pDC->SetPixel(xx[0],yy[0], RGB(R,G,B));
                }
        }
    }
}
```

图 8-19 所示是木纹图像映射在圆柱面上的效果图。

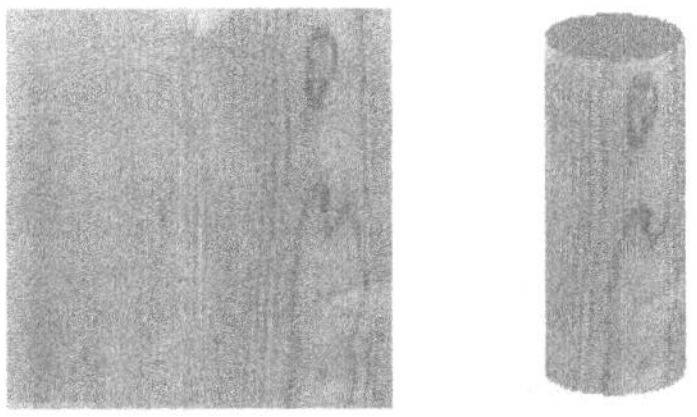

8.4.2 凹凸纹理表示

图 8-19 木纹图像映射在圆柱面上

前面讨论的颜色纹理是在光滑表面上描绘花纹图案，当花纹绘上后，表面仍然光滑如故。凹凸纹理是为了表现物体表面凹凸不平的粗糙质感。凹凸表面纹理应具有随机的法线方向，以产生随机的反射光线方向。1978 年，Blinn 提出了扰动表面法线方向的方法，以获得表面凹凸纹理的真实感效果。

假定物体表面为一个参数曲面 $P(u, w)$，现考虑其表面上任一点处的法向量为

$$n = P^u \times P^w$$

式中，P^u、P^w 分别为沿 u 和 w 方向的偏导向量。

为了在表面上产生凹凸纹理，在表面上每一采样点处沿法线方向附加一个以扰动函数 $b(u, w)$ 作为分量的向量，从而得到一个新的表面 $Q(u, w)$，其任一点的位置向量为

$$Q(u, w) = P(u, w) + b(u, w) \frac{n}{|n|}$$

新表面 $Q(u, w)$ 在表面任一点处的法向量为

$$n' = Q^u \times Q^w$$

式中，偏导向量 Q^u、Q^w 可写为

$$Q^u = \frac{\partial(P + bn/|n|)}{\partial u} = p^u + b^u \frac{n}{|n|} + b \left(\frac{n}{|n|} \right)^u$$

$$Q^w = \frac{\partial(P + bn/|n|)}{\partial w} = p^w + b^w \frac{n}{|n|} + b \left(\frac{n}{|n|} \right)^w$$

由于粗糙表面的凹凸高度相对于表面尺寸一般要小得多，也就是扰动函数 $b(u, w)$ 很小，

因此上述两式的最后一项可以略去，得

$$Q^u = p^u + b^u \frac{n}{|n|}$$

$$Q^w = p^w + b^w \frac{n}{|n|}$$

扰动后的表面法向量为

$$n' = Q^u \times Q^w = \left(p^u + b^u \frac{n}{|n|} \right) \times \left(p^w + b^w \frac{n}{|n|} \right) = p^u \times p^w + \frac{b^u \left(n \times p^w \right)}{|n|} + \frac{b^w \left(n \times p^u \right)}{|n|} + \frac{b^u b^w \left(n \times n \right)}{|n|^2}$$

因为 $n \times n = 0$，故上式最后一项为 0，于是有

$$n' = P^u \times P^w + \frac{b^u \left(n \times p^w \right)}{|n|} + \frac{b^w \left(n \times p^u \right)}{|n|}$$

上式中的第一项为扰动前的表面法向量 n，而后两项为原表面法向量的扰动项，n' 经单位规范化后用于光照模型中产生扰动作用。图 8-20 所示说明了使用一维模拟的概念，值得注意的是，法向量的方向和长度都被扰动。

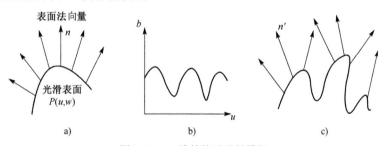

图 8-20　一维的扰动映射模拟

a) 光滑表面　b) 扰动映射函数　c) 扰动后的表面法向量

偏导数存在的任一函数几乎都可作为纹理扰动函数，它可以是简单的网格图案、字符位映射、Z 缓冲器，以及随意手描的花纹图案等。纹理的映射中还可采用碎片表面，碎片表面由随机定义的多边形或二项式小面片组成。多边形碎片表面可通过递归地分割一个初始多边形来构造。碎片表面已被广泛用于表现许多自然纹理，如岩石、树木、瀑布和云彩等。

【例 8-2】 对球面进行凹凸纹理处理。

圆心在原点，半径为 R 的球面参数方程为

x=Rcosu cosv

y=R sinu

z=Rcosu sinv　　$u \in [-90°, 90°]$，$v \in [0°, 360°]$

凹凸纹理的扰动函数为 $g(u, v)=10\sin(10u) \sin(10v)$，函数设计如下。

```
float Deformation1(float u,float v)
{return(10*sin(10*u)*sin(10*v));}
```

设球面上任一点 (x, y, z) 的外单位法向量为 (a, b, c)，则有凹凸纹理的球面上任一点的坐标

x=Rcosu cosv+ag(u, v)

y=R sinu+bg(u, v)

z=Rcosu sinv+cg(u, v)　　　$u \in [-90°, 90°]$，$v \in [0°, 360°]$

凹凸纹理的效果如图 8-21 所示，以下为球面凹凸纹理的函数设计。

```
void SphereFaceRealDeformation1(CDC *pDC,int x0,int y0,int z0,int r,float du,float dv,
float cx,float cy,float cz,int dx,int dy,int dz,
                               int Lx,int Ly,int Lz,int It,float Kd,int Ie,float H,float S)
{    float uu[4],vv[4],x[5],y[5],z[5],xx[5],yy[5],zz[5],a,b,c;
for(float u=-1.57;u<1.57;u=u+du)
    for(float v=0;v<6.28;v=v+dv)
     {    uu[0]=u,vv[0]=v,uu[1]=u+du,vv[1]=v,uu[2]=u+du,vv[2]=v+dv,uu[3]=u,vv[3]=v+dv;
          for(int i=0;i<4;i++)
          {    Sphere(x0,y0,z0,r,uu[i],vv[i],x[i],y[i],z[i]);
               RevolveX(cx,x[i],y[i],z[i],xx[i],yy[i],zz[i]);
               RevolveY(cy,xx[i],yy[i],zz[i],x[i],y[i],z[i]);
               RevolveZ(cz,x[i],y[i],z[i],xx[i],yy[i],zz[i]);
               xx[i]=xx[i]+dx,yy[i]=yy[i]+dy,zz[i]=zz[i]+dz;
          }
          vector(xx,yy,zz,a,b,c);
          for (i=0;i<4;i++)
          {    xx[i]=xx[i]+a*Deformation1(uu[i],vv[i]);
               yy[i]=yy[i]+b*Deformation1(uu[i],vv[i]);
               zz[i]=zz[i]+c*Deformation1(uu[i],vv[i]);
          }
          xx[4]=xx[0],yy[4]=yy[0];
          FullRealSmall(pDC,xx,yy,zz,4,Lx,Ly,Lz,It,Kd,Ie,H,S);
     }
}
```

图 8-21　球面的凹凸纹理

8.5　透明处理与阴影显示

8.5.1　透明处理

前面介绍的光照模型和各种消隐算法都假定所考虑的物体是不透明的。然而自然界中许多物体都是透明的，如玻璃、明胶板和水等。当光线从一种媒介进入另一种媒介时，光线由于折射产生弯曲。例如，部分插入水中的直棍会变弯，这就是光线折射的缘故。光线弯曲程度由 Snell 定律决定，该定律指出，折射光与入射光位于同一平面内，且折射角和入射角之间存在下列关系。

$$\eta_1\sin\theta=\eta_2\sin\theta'$$

式中，θ 为入射角，θ' 为折射角，η_1 和 η_2 分别为光线在第一种媒介和第二种媒介中的折射率，如图 8-22 所示。

类似镜面反射和漫反射，光也有规则透射和漫透射。透明材料（如玻璃）会产生规则透射，如果透射光线是发散的，则形成漫透射。

折射产生的效果既可用于对象空间算法或在对象空间和图像空间之间作适当变换而予以消除，也可结合到整体光照模型的光线追踪可见面算法中予以实现。

Newell（纽厄尔）提出了最简单的透明算法，既不考虑折射的影响，也不考虑光线在媒介中所经路径长度对光强的影响，描述如下。

对透明的多边形或表面注以标记。若可见面是透明面，则应取它与同它相距最近的另一表面光强的线性组合，并将所得如下光强写入帧缓冲器

$$I = tI_1 + (1 - t)I_2 \quad 0 \leqslant t \leqslant 1$$

式中，I_1 为可见面的光强，I_2 为可见面后第一个表面上的光强，t 为 I_1 所对应表面的透明度。$t = 0$ 对应不可见面，$t = 1$ 为不透明面。若 I_2 所对应表面也是透明面，则此算法可递归地进行下去，直到取到一个不透明面或背景时为止。

例如，有3个平面P_1、P_2、P_3，它们对应的光强分别为I_1、I_2、I_3，其中P_1在P_2前面，P_2在P_3前面，则光强的线性组合为

$$I = t_2[t_1I_1 + (1 - t_1)I_2] + (1 - t_2)I_3 \quad (0 \leqslant t_1、t_2 \leqslant 1)$$

式中，t_1 为 P_1 面的透明度，t_2 为 P_2 面的透明度。透明效果如图 8-23 所示。

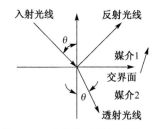

图 8-22　光线的反射与透射　　　　　图 8-23　透明效果示意图

上述线性近似算法并不适用于曲面物体。这是因为在曲面的侧影线上，介质厚度增加，透明度降低。例如，在玻璃杯的边缘处，透明度明显比中间低。为了更好地模拟这种透明效果，Kay 提出了一个基于曲面法向量的 Z 分量的简单非线性近似方法，即取透明系数为

$$t = t_{min} + (t_{max} - t_{min})[1 - (1 - |n_z|^p)]$$

式中，t_{min} 和 t_{max} 为物体上的最小和最大透明度，n_z 为表面单位法向量的 Z 分量，而 p 为透明幂指数，t 为任一像素或物体上任一点处的透明度。

8.5.2　阴影显示

阴影是指场景中那些不被光源直接照射到而形成的暗区。当观察方向与光源方向不一致时，就会观察到场景中的阴影。阴影可以反映出画面中景物的远近深浅，增强画面的真实感。

阴影由两部分组成：全阴影和半阴影。全阴影是任何光线都照不到的区域，而半阴影则为可接收到分布光源的部分光线的区域。在计算机图形学中，通常使用的点光源只产生全阴影，位于有限距离内的分布光源则同时形成全阴影和半阴影。

全阴影计算的工作量与光源位置有关。对于位于无穷远处的点光源，阴影可由正投影决定；对于视区之外有限距离处的点光源，可采用透视投影技术；对于位于视区之内的点光源，需将空间分成若干区域，并分别计算每一区域中的阴影。

阴影算法与消隐算法类似。在画面中生成阴影的过程基本上相当于两次消隐：一次相对于光源消隐，因为从观察者位置看去是可见的，而从光源位置看去又是不可见的区域才是画面中要产生的阴影。图 8-24 显示了一个长方体，单一点光源在无穷远处，它位于长方体的前面左上方，而视点位于长方体的前面右上方。此时，有两类阴影产生，一类是由于长方体自身的遮挡而使光线照射不到它的某些面而形成的自身阴影，如图 8-24a 所示长方体的右侧面

$P_2P_6P_7P_3$；另一类是由于长方体遮挡光线，使场景中位于它后面的物体或区域受不到光照射而形成的投射阴影，如图 8-24b 所示长方体中底平面的阴影。

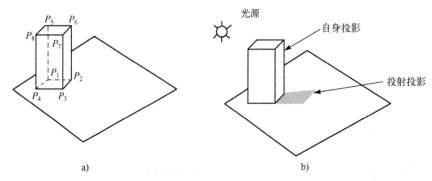

图 8-24　阴影

自身阴影可用求隐藏面同样的方法求出。当视点和光源位于同一方向时，自身阴影就是自隐藏面。投射阴影是从光源投射光线将所有非自隐藏面投影到场景中而得到的。投影面与场景中其他平面的交线组成阴影多边形。

如图 8-25 所示，点光源在位置 L 处向空间各个方向发射光线，设投影平面 $ax + by + cz + d = 0$ 方程已知，用向量表示为 $N \cdot Q + d = 0$，这里 N 为平面的法向量，Q 为平面上的任意一点。

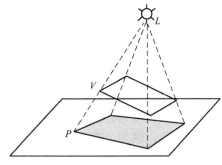

图 8-25　投射阴影

对于遮挡物上的顶点 V，沿着光线在平面上的投射点为 P。可见光源位置向量 L、遮挡物顶点 V 和阴影点 P 位于同一条直线上，因此，存在参数 t，使 $(P - L) = t(V - L)$，于是阴影点 $P = L + t(V - L)$。另外，阴影点 P 位于平面上，从而 $N \cdot P + d = 0$。所以

$$N \cdot [L + t(V - L)] + d = 0$$

则

$$t = -(N \cdot L + d)/[N \cdot (V - L)]$$

如果 $t \geqslant 0$，则说明从 L 到 V 引出的射线与平面有交点，交点为

$$P = L + t(V - L)$$

从而求出 P 的 x、y、z 分量为

$$P_x = L_x + t(V_x - L_x) \qquad P_y = L_y + t(V_y - L_y) \qquad P_z = L_z + t(V_z - L_z)$$

例如，设一个长方体放置在一个四边平面上，计算四边平面上该长方体阴影的一种简单方法程序设计如下。

```
int XX[]={0,400,400,0,0},YY[]={0,0,0,0,0} ,ZZ[]={0,0,400,400,0};  //阴影投影面的边界坐标
//参数：x[]、y[]、z[]为多面体顶点坐标，pn 为多面体顶点数，PLine[]为多面体面的顶点与边的关系
//    LfaceS[]为多面体面的起点信息，LFaceE[]为多面体面的终点信息，fn 为多面体面的个数，
//    cx、cy、cz 为多面体与四边平面绕 x、y、z 轴旋转的弧度，dx、dy、dz 为多面体的平移量，
//    ddx、ddy、ddz 为四边平面的平移量，Lx、Ly、Lz 为光源位置，It 为光源强度，Kd 为漫反射系数，
//    Ie 为环境光，H、S 为多面体的色度与饱和度
void   PolyhedraClearHiddeZRShade(CDC *pDC,int x[],int y[],int z[],int pn,int PLine[],int LFaceS[],int LFaceE[],
int fn, float cx,float cy,float cz,int dx,int dy,int dz,int ddx,int ddy,int ddz,int Lx,int Ly,int Lz,
```

```
int It,float Kd,int Ie,float H,float S)
{    float xx[10],yy[10],zz[10],X[10],Y[10],Z[10],x1[10],y1[10],z1[10],a,b,c,d;
     for(int i=0;i<5;i++)
          RevolveX(cx,XX[i],YY[i],ZZ[i],xx[i],yy[i],zz[i]),
          RevolveY(cy,xx[i],yy[i],zz[i],X[i],Y[i],Z[i]),
          RevolveZ(cz,X[i],Y[i],Z[i],xx[i],yy[i],zz[i]),
          xx[i]=xx[i]+ddx,yy[i]=yy[i]+ddy,zz[i]=zz[i]+ddz;
     FullReal(pDC,xx,yy,zz,4,Lx,Ly,Lz,It,Kd,Ie,H,0);
     vector(xx,yy,zz,a,b,c);
     d=-(a*xx[0]+b*yy[0]+c*zz[0]);
     for( i=0;i<pn;i++)
        RevolveX(cx,x[i],y[i],z[i],xx[i],yy[i],zz[i]),
        RevolveY(cy,xx[i],yy[i],zz[i],X[i],Y[i],Z[i]),
        RevolveZ(cz,X[i],Y[i],Z[i],xx[i],yy[i],zz[i]),
         xx[i]=xx[i]+dx,yy[i]=yy[i]+dy,zz[i]=zz[i]+dz;
     for(i=0;i<fn;i++)                                        //循环物体所有面
          {int k=0;
          for(int j=LFaceS[i];j<=LFaceE[i];j++)
               X[k]=xx[PLine[j]],Y[k]=yy[PLine[j]],Z[k]=zz[PLine[j]],k++;
          FullReal(pDC,X,Y,Z,k-1,Lx,Ly,Lz,It,Kd,Ie,H,S);
          }
     for(i=0;i<fn;i++)                                        //循环物体所有面
          {int k=0;
          for(int j=LFaceS[i];j<=LFaceE[i];j++)
               {X[k]=xx[PLine[j]],Y[k]=yy[PLine[j]],Z[k]=zz[PLine[j]];
               float t=-(a*Lx+b*Ly+c*Lz+d)/(a*(X[k]-Lx)+b*(Y[k]-Ly)+c*(Z[k]-Lz));
               if(t>=0)                                        //有阴影投射点
                    {x1[k]=Lx+t*(X[k]-Lx);                     //计算阴影投射点坐标
                    y1[k]=Ly+t*(Y[k]-Ly)-1;
                    z1[k]=Lz+t*(Z[k]-Lz);
                    k++;
                    }
               }
     FullZ(pDC,x1,y1,z1,k-1,RGB(100,100,100));
          }
}
```

图 8-26 所示为以上程序运行的效果图，4 幅图分别为不同光源位置的投射阴影效果图。

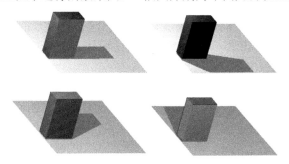

图 8-26   不同光源位置的投射阴影效果

8.6 整体光照模型与光线跟踪算法

8.6.1 整体光照模型

光照模型用来计算由图像中的每一像素照射到观察者眼中的光强。物体的简单光照模型只考虑光源和被照表面的朝向，以确定到达观察者眼中的反射光的光强，而将周围环境对物体表面光强的影响简单地概括为环境光，忽略了物体间光线的相互影响。实际上，这是一种局部光照模型。然而从整体上考虑，场景中其他物体反射或透射来的光，以及其他光源的入射光都不能忽略。因为光源照射到某一物体后的反射光，以及经由透明物体的折射光，对另一个物体而言则是光源。为增强图像的真实感，就必须考虑这些反射光与透射光的影响。为了精确模拟光照效果，应考虑 4 种情况：镜面反射到镜面反射、镜面反射到漫反射、漫反射到镜面反射，以及漫反射到漫反射。

对于透射，也可以分为漫透射与规则透射（镜面透射）。为了使问题简化，可分两步进行。

首先，只考虑光线在物体表面的镜面反射和规则透射，这样得到的图像可表现出在光亮平滑的物体表面上呈现出其他物体的映像，以及通过透明物体看到其后的环境映像。

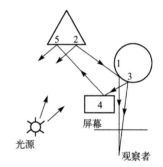

图 8-27 整体光照模型

其次，考虑光照从漫反射到漫反射，这样得到的画面较为柔和，并能模拟彩色渗透现象。这种考虑了整个环境的总体光照效果和各种景物之间的互相映照或透射的情形，称为整体光照模型。

为了加深对整体光照模型的理解，如图 8-27 所示，假定球、三角块和立方体均不透明，且其表面具有高度的镜面反射能力。当观察者注视球面上的点 1 时，他看到的不仅是球面，而且还有三角块上点 2 在球面上的映像，三角块由于被立方体遮挡，原来不可见，但经过球面的反射，变成可见面。在球面上的点 3 处映现出三角块上点 5 的过程更为曲折。点 5 的映像从立方体的背面点 4 处反射到球面上点 3，再进入观察者的眼睛。因此，在球面上可以看到三角块的多重影像。在点 1 处由于只经过一次反射，所见到的三角块映像是反的。而在点 3 附近的映像则是正常的，但由于光线从三角块到球面时经过两次反射而使光线减弱。立方体的背面并不受到光源的直接照射，但由于泛光及从场景中其他景物投射过来的反射光的作用，观察者仍可在球面上看到它的反射像。

从以上讨论可以看出，除了光线追踪算法外，其他所有消隐算法都无法采用整体光照模型。因此，整体光照模型和光线追踪算法都是如影随形、结合在一起实现的。Whitted 和 Kay 首先在光线追踪算法中采用整体光照模型，由于 Whitted 算法更具一般性，因而被广泛采用和推广。

8.6.2 Whitted 整体光照模型

Whitted（威特）光照模型保留了简单光照模型中的环境光、朗伯漫反射和 Phong 的镜面反射项，增加了环境镜面反射光和环境规则透射光，以模拟周围环境的光投射在景物表面上产生的理想镜面反射和规则透射现象。Whitted 整体光照模型的镜面反射和透射基于以下假设。

如图 8-28 所示，被追踪的入射光 V 到达物体表面上的点 P，观察者位于 $-V$ 方向上，光线

V 在点 P 处按 r 方向反射和按 t 方向折射（假定表面透明）。I_s 为逆镜面反射方向到达表面点 P 并反射到观察者眼中的光线光强，I_t 为逆折射方向进入表面点 P 并投射到观察者眼中的光强，L_j 为第 j 个光源所在方向。由上述分析可知，到达观察者眼中的光线光强 I 由 3 部分组成：一是由光源直接照射产生的反射光强，另外两部分则是上面刚讨论的 I_s 和 I_t，于是到达观察者的光线光强为

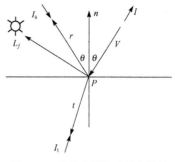

图 8-28 物体表面的反射和投射

$$I = K_a I_a + \sum_{j=0}^{m} L_j (K_d \cos\theta + K_s \cos^n \alpha) + K_s I_s + K_t I_t$$

式中，K_a、K_d、K_s、K_t 分别为环境光照射、漫反射、镜面反射和透射系数，其他系数的含义见"8.2 简单光照模型"一节。

8.6.3 光线跟踪算法

光线追踪算法利用了光线的可逆性原理，不是从光源出发，而是从视点出发，沿视线方向进行追踪。这里讨论的整体光照模型中的可见面计算与前面讨论的光线追踪算法的不同之处在于，并非求出光线第一次和表面的交点时就结束。如图 8-29a 所示，观察者沿视线 V 出发，通过屏幕上的一个像素 e 的投射光线，求此光线与场景中最近物体的交点 p_1。在交点 p_1 处，光线沿 r_1 方向反射和沿 t_1 方向折射，于是在点 p_1 处生成两支光线，再继续追踪这两支光线，找出它们与场景中表面 2 的交点 p_2 和表面 3 的交点 p_3，在交点 p_2 和 p_3 处生成的两支光线分别为 r_2、t_2 和 r_3、t_3。重复以上追踪过程，直到每一支光线都不再与场景中的物体相交为止。整个追踪过程可用一棵树（称为光线树）来描述，如图 8-29b 所示。树的每一个结点表示光线与表面的交点（根结点除外），其左子树表示表面的反射光线，右子树表示折射光线。

追踪过程从光线树的叶结点开始，累计光强以确定像素 e 处的光强大小。树中每个结点处的光强由树中子结点处继承而来，但光强大小随距离的长短而衰减。像素光强是光线树根结点处的衰减光强的总和。若像素光线与所有物体均不相交，光线树为空，该像素为背景光强。光线追踪的最大深度可由用户设定。

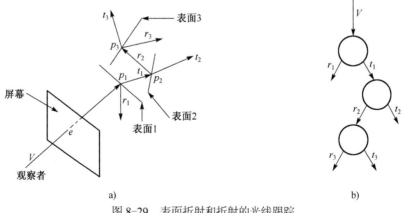

图 8-29 表面折射和折射的光线跟踪

a) 光线和表面交点 b) 光线树

下面以图 8-29 为例说明物体表面反射和折射光强的计算。根据几何光学定律，在光线与

表面相交处，反射光线和入射光线位于同一平面内，并处于表面法线的两侧，反射角与入射角相等，透射光线服从 Snell 折射定律。假定 V 为单位入射光向量，n 为表面单位法向量，r 为单位反向光向量，t 为单位折射光向量。r 与 t，可以从如图 8-30 所示的几何关系得出。

因为 V、r、t 均为单位向量，因此

$$|PC| = |AP| = |PE| = 1, \quad |PB| = \cos\theta, \quad |FE| = 2\cos\theta$$

$$PE = PF + FE$$

于是

$$r = V + 2\cos\theta \cdot n$$

$$r = V + 2(n \cdot V) \cdot n$$

$$AB = V + n \cdot \cos\theta$$

$$\frac{AB}{CD} = \frac{\sin\theta}{\sin\theta'} = \frac{\eta_2}{\eta_1}$$

$$CD = \frac{\eta_2}{\eta_1} \cdot AB = \frac{\eta_2}{\eta_1}(v + n \cdot \cos\theta)$$

$$PD = -\cos\theta'$$

$$PC = PD - CD$$

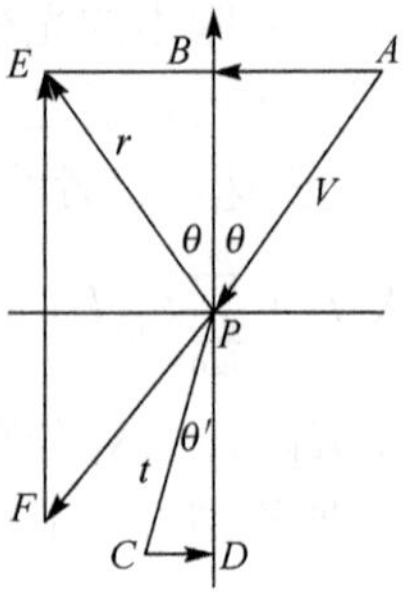

图 8-30　反射光和折射光向量的关系

于是

$$t = -n\cos\theta' - \frac{\eta_2}{\eta_1}(v + n \cdot \cos\theta) = -\frac{\eta_2}{\eta_1}v - \left(\cos\theta' - \frac{\eta_2}{\eta_1}\cos\theta\right) \cdot n$$

由

$$\frac{\sin\theta'}{\sin\theta} = \frac{\eta_2}{\eta_1}$$

可解得

$$\cos\theta' = \left[1 - \left(\frac{\eta_1}{\eta_2}\right)^2 \left(1 - \cos^2\theta\right)\right]^{\frac{1}{2}}$$

光线追踪技术为整体光照模型提供了一种简单有效的绘制手段。它可模拟自然界中光线的传播，可实现场景中交相辉映的景物、阴影及透明等高度真实感图像的显示。但它的实现计算量巨大，主要计算工作量耗费在求交点问题上。因此，提高求交计算的效率是该算法的一个重要问题。光线追踪在本质上是一个递归算法，每个像素的光强必须综合各层递归计算的结果才能获得。

习题 8

1. 已知圆心在原点、半径为 50 的球面，视点位置在(0, 0, 200)处，光源位置在(100, 100, 100)处，设光源强度为 200，漫反射常数为 0.5，镜面反射常数为 0.5，环境光的漫反射光强为 30，用简单光照模型求球面上下两个顶点的光强。

2. 如何将一幅矩形图像映射到球面上？写出坐标映射关系。

3. 借助凹凸纹理的方法，如何得到一个曲面的凹凸边界？

4. 对于一幅人物图像，因光源照射，人的头发的不同处，其颜色深浅不一，如果需将黑发变为棕发（仍保留原图像的深浅度），如何处理？

第9章 分形图形的生成

前面介绍的基于欧氏几何的传统实体造型技术的主要描述工具是直线、平滑的曲线、平面及边界整齐的平滑曲面等，这些工具在描述一些抽象图形或人造物体的形态时非常有力，但对于一些复杂的自然景象形态就显得无能为力了，如山、树、草、火、云和波浪等。这是由于从欧氏几何来看，它们是极端无规则的。为了解决复杂图形生成问题，分形造型应运而生。

分形的概念是由美籍数学家曼德布罗特（B.B.Mandelbort）首先提出的。1975 年，他创立了分形几何学。在此基础上，形成了研究分形性质及其应用的科学，称为分形理论。

在欧氏几何中，点、直线和圆等基本元素结合起来构成的复杂物体才具有实际的意义。但在分形中，无法直接观察到基本元素，它是由算法和数学程序集而不是由什么原始形态来描述的，这些算法借助于计算机而被转换成一些几何形态。

从几何学上看，分形是实空间或复空间上一些复杂的点的集合，它们构成一个紧子集，并具有下面经典的几何性质。

● 分形集都具有任意小尺度下的比例细节，即具有无限精细结构。
● 分形集无法用传统几何语言来描述，它不是某些简单方程的解集，也不是满足某些条件的点的轨迹。
● 分形集具有某种自相似形式，包括近似和统计上的自相似。
● 分形集一般可以用简单的方法定义和产生，如迭代。
● 按某种维数定义，分形集的分形维数大于相应的拓扑维数。

针对不同的分形图形，有时它可能只具有上面大部分性质，而不满足某个性质，但一般仍然把它归入分形。实际上，自然界和科学实验中涉及的分形绝大部分都是近似的，因为当尺度小到无法分辨时，分形性质也就自然消失了，所以严格的分形只存在于理论研究中。

9.1 函数递归分形图形

使用函数递归可生成具有严格的自相似性质的分形图形。

9.1.1 Koch 曲线

图 9-1 显示了不同递归次数的 Koch（科赫）曲线。Koch 曲线的递归过程是：每次对每条边计算 1/3 的线段长度，沿当前方向绘制第一个 1/3 线段后，旋转 60°（或-60°）绘制第二个 1/3 段，再旋转-120°（或 120°）绘制第三个 1/3 线段，再旋转 60°（或-60°）绘制最后一个 1/3 线段。设递归的次数为 N，当递归结束后，再绘制最后一次计算出的线段。

Koch 曲线函数设计如下。

```
//参数：(xs,ys)为起点坐标，(xe,ye)为终点坐标，k 为当前递归次数，N 为总递归次数，color 为绘制
颜色
        void Koch(CDC *pDC,int xs,int ys,int xe,int ye,int k,int N,COLORREF color)
```

```
{    float len,x1,x2,y1,y2,x3,y3,dx,dy,d;
     dx=xe-xs,dy=ye-ys;
     len=sqrt(dx*dx+dy*dy)/3,d=fabs(atan((float)dy/dx));
     if(dx<=0 &&dy>=0)   d=3.1416-d;
     else if(dx<=0 && dy<=0)   d=3.1416+d;
     else if(dx>=0 && dy<=0)   d=6.2832-d;
     x1=xs+len*cos(d),y1=ys+len*sin(d);
     d=d-60*3.1416/180,x2=x1+len*cos(d),y2=y1+len*sin(d);
     d=d+120*3.1416/180,x3=x2+len*cos(d),y3=y2+len*sin(d);
     if(k>=N)
     {    Line1(pDC,xs,ys,x1,y1,color); Line1(pDC,x1,y1,x2,y2,color);
          Line1(pDC,x2,y2,x3,y3,color); Line1(pDC,x3,y3,xe,ye,color);
     }
     else
          {k++;
           Koch(pDC,xs,ys,x1,y1,k,N,color);
          Koch(pDC,x1,y1,x2,y2,k,N,color);
          Koch(pDC,x2,y2,x3,y3,k,N,color);
          Koch(pDC,x3,y3,xe,ye,k,N,color);
          }
}
```

前面是递归计算每次的坐标位置，在最后一次递归时绘制分形图形，递归次数不同，绘制的图形完全不同。

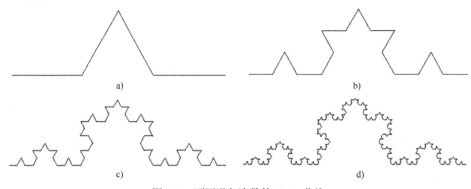

图 9-1   不同递归次数的 Koch 曲线

a) 递归 1 次   b) 递归 2 次   c) 递归 3 次   d) 递归 4 次

9.1.2   生成元分形图形

从 Koch 曲线递归函数生成图形程序可以看出，递归过程的重点是长度与角度的变化，不同的长度或不同的角度可生成不同的分形图形。可以用一个二维数组 gene 表示生成元，其中数组的第一个元素表示旋转角度，第二个元素指定线段长度的比率，例如，Koch 曲线的生成元表示如下。

gene[][2]={{0.0, 1.0},{-60.0, 1.0}, {120.0, 1.0},{-60.0, 1.0} }

利用生成元生成分形图形的函数如下。

```
float gene[20][2];
//参数: (xs,ys)为线段的起点坐标，len 为线段的长度，d 为线段的相对角度，a 为线段所占比例，
//      n 为当前线段个数，k 为当前递归次数，N 为总递归次数，color 为绘制线段的颜色
```

```
void gene_pro(CDC *pDC,float xs,float ys,float len,float d,float a,int n,int k,int N,
            COLORREF color)
{    float x[10],y[10],du[10],dx,dy;
     for(int i=0;i<n;i++)
     {    d=d+gene[i][0]*3.1416/180;        //gene[][]为全局数组
          du[i]=d;                //计算第 i 个线段的绝对旋转角度，存入 du[i]中
     }
     x[0]=xs,y[0]=ys;      //第 1 个线段的起点坐标存入 x[0],y[0]中
     for(i=0;i<n;i++)
     {    x[i+1]=x[i]+gene[i][1]*len*a*cos(du[i]);
          y[i+1]=y[i]+gene[i][1]*len*a*sin(du[i]);
     }                   //计算第 i+1 个线段的终点坐标存入 x[i+1],y[i+1]中
     if(k<N)            //递归次数小于给定的 N，则继续递归
     {    k++;
        for( int i=0;i<n;i++)
          {len=sqrt((x[i+1]-x[i])*(x[i+1]-x[i])+(y[i+1]-y[i])*(y[i+1]-y[i])); //计算第 i 条线段的长度
           gene_pro(pDC,x[i],y[i],len,du[i],a,n,k,N,color);  //对第 i 条线段进行递归调用
             }
     }
     else            //递归次数大于等于给定的 N，则绘制所有直线
          for( i=0;i<n;i++)Line1(pDC,x[i],y[i],x[i+1],y[i+1],color);
}
```

当生成元为以下代码时
gene[][2]={{0.0, 1.0},{-85.0, 1.0}, {170.0, 1.0},{85.0, 2.0} }
可生成如图 9-2 所示的图形。

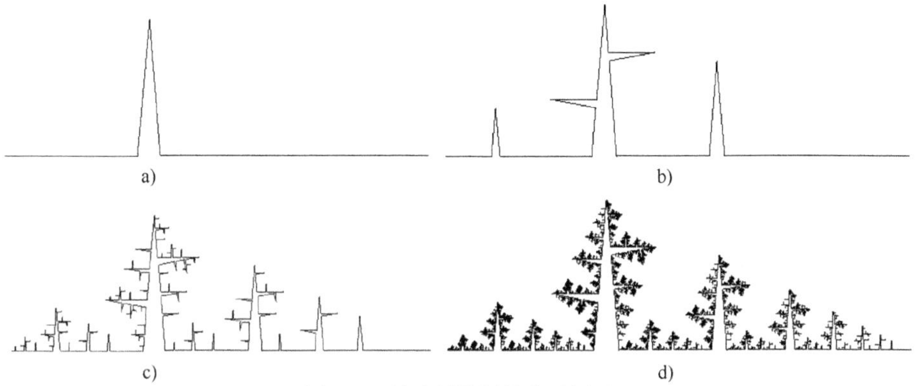

图 9-2   针叶树的树林分形图形
a) N=0   b) N=1   c) N=3   d) N=6

调用实例如下。

```
gene[0][0]=0.0;gene[0][1]=1.0;
gene[1][0]=-85.0;gene[1][1]=1.0;
gene[2][0]=170.0;gene[2][1]=1.0;
gene[3][0]=-85.0;gene[3][1]=2.0;                //给全局数组 gene 赋生成元值
float x[10],y[10],len,a,d=0;
x[0]=100.0,y[0]=500.0;                //分形图的起点坐标为(100，100)
for( int i=0;i<4;i++)
```

```
        {    d=d+gene[i][0]*3.1416/180;                    //计算每个线段的绝对旋转角度
             x[i+1]=x[i]+gene[i][1]*100*cos(d);
             y[i+1]=y[i]+gene[i][1]*100*sin(d);           //计算每个线段的起点与终点坐标
        }
   len=sqrt((x[4]-x[0])*(x[4]-x[0])+(y[4]-y[0])*(y[4]-y[0]));   //计算起始分形图的起点与终点距离
   a=100.0/len;         //计算单位长与分形图总长的比率
   gene_pro(pDC,x[0],y[0],500.0,0,a,4,0,3,RGB(0,0,0));
```

图 9-3 所示是不同生成元、不同递归次数生成的不同分形图。

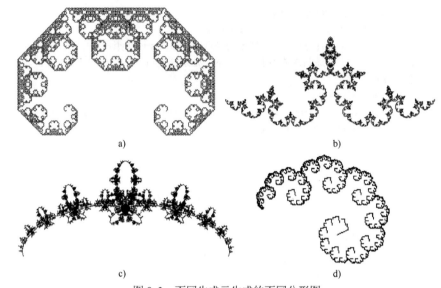

图 9-3　不同生成元生成的不同分形图

a) {{45,1}, {-90,1}}, *N*=12　b) {{-15,1}, {90,1}, {-150,1}, {90,1}}, *N*=5
c) {{15,1}, {90,1}, {150,1}, {90,1}}, *N*=6　d) {{40,1}, {-80,2}}, *N*=12

　　下面的例子是在递归过程中绘制图形，后一次递归的图形是在前一次递归图形的基础上绘制的。

9.1.3　树枝的生成

1．二维树枝的生成

　　图 9-4 所示是一个树枝曲线生长图，其递归过程是：每次绘制每条边后，按该线段的长度的一定比例（如 3/4），对其末端生成两条线段，第一个线段旋转正角度（如 30°），并绘制，第二个线段旋转负角度（如-30°），并绘制。假设递归的次数为 *N*。

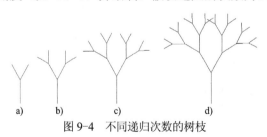

图 9-4　不同递归次数的树枝

a) 递归 1 次　b) 递归 2 次　c) 递归 3 次　d) 递归 4 次

二维树枝函数设计如下。

```
//参数: (xs,ys)为起点坐标, (xe,ye)为终点坐标, rd 为旋转角度, k 为当前递归次数, N 为总递归次数,
//      color 为绘制颜色
void Tree1(CDC *pDC,int xs,int ys,int xe,int ye,float rd,int k,int N,COLORREF color)
{   int len,x1,x2,y1,y2,dx,dy;     float d;
    Line1(pDC,xs,ys,xe,ye,color);
    dx=xe-xs, dy=ye-ys, len=sqrt(dx*dx+dy*dy);
    d=fabs(atan((float)dy/dx));
    if(dx<=0&&dy>=0)     d=3.1416-d;
    else if(dx<=0 && dy<=0)     d=3.1416+d;
    else if(dx>=0 && dy<=0)     d=6.2832-d;
    rd=rd*3.1416/180;
    x1=xe+3*len/4.0*cos(d+rd);
    y1=ye+3*len/4.0*sin(d+rd);
    x2=xe+3*len/4.0*cos(d-rd);
    y2=ye+3*len/4.0*sin(d-rd);
    if(k<=N)
    {   k++;
        Tree1(pDC,xe,ye,x1,y1,rd,k,N,color);
        Tree1(pDC,xe,ye,x2,y2,rd,k,N,color);
    }
}
```

2. 三维树枝的生成

生成三维树木分枝的关键是需要计算包括当前方向轴的 3 个正交轴 U、V、W, 以及绕这 3 个轴的旋转变换。

（1）计算 V 方向单位向量

如图 9-5 所示, 已知当前点坐标是 (V_{x1}, V_{y1}, V_{z1}), 在当前方向 V 上的另一点坐标为 (V_{x2}, V_{y2}, V_{z2})。

$$x = V_{x2} - V_{x1}, y = V_{y2} - V_{y1}, z = V_{z2} - V_{z1}$$

$$L = \sqrt{x^2 + y^2 + z^2}$$

$$Vx = \frac{x}{L}, Vx = \frac{y}{L}, Vz = \frac{z}{L}$$

（2）计算 U 方向单位向量

任取不在 V 方向上的一点 (x', y', z'), 计算向量 P（见图 9-5）, 则 $U = V \times P$, 具体计算式为

$$x = (V_{y1} - y')(V_{z2} - z') - (V_{y2} - y')(V_{z1} - z')$$

$$y = (V_{z1} - z')(V_{x2} - x') - (V_{z2} - z')(V_{x1} - x')$$

$$z = (V_{x1} - x')(V_{y2} - y') - (V_{x2} - x')(V_{y1} - y')$$

将其单位化

$$L = \sqrt{x^2 + y^2 + z^2}$$

$$Ux = \frac{x}{L}, Ux = \frac{y}{L}, Uz = \frac{z}{L}$$

（3）计算 W 方向单位向量

$W = U \times V$，具体计算式为

$$x = U_y(V_{z2} - V_{z1}) - (V_{y2} - V_{y1})U_z$$
$$y = U_z(V_{x2} - V_{x1}) - (V_{z2} - V_{z1})U_x$$
$$z = U_x(V_{y2} - V_{y1}) - (V_{x2} - V_{x1})U_y$$

将其单位化

$$L = \sqrt{x^2 + y^2 + z^2}$$

$$Wx = \frac{x}{L}, Wx = \frac{y}{L}, Wz = \frac{z}{L}$$

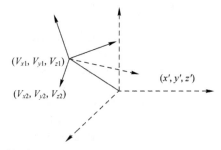

图 9-5　计算 U、V、W 这 3 个正交轴的示意图

计算 UW 的函数程序设计如下。

```
void UVW(float vx1,float vy1,float vz1,float vx2,float vy2,float vz2,float x, float y, float z,float &ux,float &uy,float &uz,float &wx,float &wy,float &wz)
{    float len;
    ux=(vy1−y)*(vz2−z)−(vy2−y)*(vz1−z);
    uy=(vz1−z)*(vx2−x)−(vz2−z)*(vx1−x);
    uz=(vx1−x)*(vy2−y)−(vx2−x)*(vy1−y);
    len= sqrt(ux*ux+uy*uy+uz*uz);
    ux=ux/len,uy=uy/len,uz=uz/len;
    wx=uy*(vz2−vz1)−(vy2−vy1)*uz;
    wy=uz*(vx2−vx1)−(vz2−vz1)*ux;
    wz=ux*(vy2−vy1)−(vx2−vx1)*uy;
    len=sqrt(wx*wx+wy*wy+wz*wz);
    wx=wx/len,wy=wy/len,wz=wz/len;
}
```

采用函数递归的方法生成三维树枝的递归过程如下。

1）按当前方向采用正投影绘制一个树枝线段。

2）以当前方向作为 V 方向，计算正交轴方向 U 与 W。

3）对生成树枝的末端分枝 3 个（或多个）树枝。

第一个树枝在当前方向 V 上绕 U 轴旋转一定角度后，按比例取长度。

第二个树枝在当前方向 V 上绕 U 轴旋转一定角度后，再绕当前方向 V 轴旋转一个角度，按比例取长度。

第三个树枝在当前方向 V 上绕 U 轴旋转一定角度后，再绕当前方向 V 轴旋转一个比第二个树枝更大的角度，按比例取长度。

4）对每个分枝的树枝重复上述步骤，直到最后递归结束。

三维树枝递归函数设计如下。

```
void Tree2(CDC *pDC,float xs,float ys,float zs,float xe,float ye,float ze,float a,int k,int N,
        float cr1,float cr2,float cr3, COLORREF color)
{ float len,x1,x2,y1,y2,x3,y3,z1,z2,z3,dx,dy,dz;
  float d,ux,uy,uz,wx,wy,wz,vx,vy,vz;
  Line1(pDC,xs,ys,xe,ye,color);
  dx=xe−xs; dy=ye−ys,dz=ze−zs;
  xs=xe+a*dx,ys=ye+a*dy,zs=ze+a*dz;
UVW(xe,ye,ze,xs,ys,zs,ux, uy, uz, wx, wy,wz);
```

```
vx=dx,vy=dy,vz=dz;
RevolveRand(xs,ys,zs,cr1,xe,ye,ze,ux+xe,uy+ye,uz+ze,x1,y1,z1);
RevolveRand(x1,y1,z1,cr2,xe,ye,ze,vx+xe,vy+ye,vz+ze,x2,y2,z2);
RevolveRand(x2,y2,z2,cr3,xe,ye,ze,vx+xe,vy+ye,vz+ze,x3,y3,z3);
  if(k<N)
      {    k++;
           Tree2(pDC,xe,ye,ze,x1,y1,z1,a,k,N,color);
           Tree2(pDC,xe,ye,ze,x2,y2,z2,a,k,N,color);
           Tree2(pDC,xe,ye,ze,x3,y3,z3,a,k,N,color);
      }
}
```

调用实例如下。

Tree2(pDC,200,500,0,200,400,0,2.0/3,0,4, 40*3.14/180,110*3.14/180,120*3.14/180,RGB(0,0,0));

图 9-6 所示为不同递归次数 N 的三维树枝正投影图。

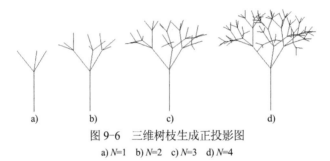

a)   b)   c)   d)

图 9-6　三维树枝生成正投影图

a) N=1　b) N=2　c) N=3　d) N=4

3. 真实感三维树枝的生成

将上面函数中绘制直线改为绘制真实感圆柱，就可以生成真实感三维树枝。由于递归生成树枝的半径会逐渐减小，为了减小误差，将圆柱半径的类型改为浮点型。

```
void Cylinder1(float r,int h,float u,float v,float &x,float &y,float &z)
{ x=r*cos(v);
   y=h*u;
   z=r*sin(v);
}
```

已知圆柱上下面的两个圆心坐标(xs,ys,zs,xe)和(xs,ys,zs,xe)的真实感圆柱绘制函数如下。

```
void CylinderDirection(CDC *pDC,float r,int xs,int ys,int zs,int xe,int ye,int ze,float du,float dv,
                 int Lx,int Ly,int Lz,int It, float Kd,int Ie,float H,float S)
{loat x[5],y[5],z[5],xx[5],yy[5],zz[5],uu[4],vv[4],cx,cy,dx,dy,dz,tem;
int R,G,B,h;
dx=xe−xs,dy=ye−ys,dz=ze−zs;
h=sqrt(dx*dx+dy*dy+dz*dz);
cx=fabs(atan(1.0*sqrt(dx*dx+dz*dz)/(dy+0.1)));
if(dy<0)cx=3.14−cx;
cy=fabs(atan(1.0*dx/(dz+0.1)));
if(dz<=0&&dx>=0)cy=3.14−cy;
else if(dz<=0&&dx<=0)cy=3.14+cy;
else if(dz>=0&&dx<=0)cy=6.28−cy;
```

```
for(float u=0;u<1;u=u+du)
    for(float v=0;v<6.28;v=v+dv)
    {   uu[0]=u,vv[0]=v,uu[1]=u+du,vv[1]=v,uu[2]=u+du,vv[2]=v+dv,uu[3]=u,vv[3]=v+dv;
        for(int i=0;i<4;i++)
        {   Cylinder1(r,h,uu[i],vv[i],x[i],y[i],z[i]);
            RevolveX(cx,x[i],y[i],z[i],xx[i],yy[i],zz[i]);
            RevolveY(cy,xx[i],yy[i],zz[i],x[i],y[i],z[i]);
            xx[i]=x[i]+xs,yy[i]=y[i]+ys,zz[i]=z[i]+zs;
        }
        xx[4]=xx[0],yy[4]=yy[0];
        FullRealSmall(pDC,xx,yy,zz,4,Lx,Ly,Lz,It,Kd,Ie,H,S);
    }
}
```

三维真实感树枝递归函数设计如下。

```
void Tree3(CDC *pDC,float r,float xs,float ys,float zs,float xe,float ye,float ze,float du,float dv,
float s,int k,int N,float cr1,float cr2,float cr3,int Lx,int Ly,int Lz,int It, float Kd,int Ie,float H,float S)
{ float len,x1,x2,y1,y2,x3,y3,z1,z2,z3,dx,dy,dz,d,ux,uy,uz,wx,wy,wz,vx,vy,vz;
  CylinderDirection(pDC,r,xs,ys,zs,xe,ye,ze,du,dv,Lx,Ly,Lz,It,Kd,Ie,H,S);
  dx=xe−xs; dy=ye−ys,dz=ze−zs;
  xs=xe+s*dx,ys=ye+s*dy,zs=ze+s*dz;
  UVW(xe,ye,ze,xs,ys,zs,ux, uy, uz, wx, wy,wz);
  vx=dx,vy=dy,vz=dz;
  RevolveRand(xs,ys,zs,cr1,xe,ye,ze,ux+xe,uy+ye,uz+ze,x1,y1,z1);
  RevolveRand(x1,y1,z1,cr2,xe,ye,ze,vx+xe,vy+ye,vz+ze,x2,y2,z2);
  RevolveRand(x2,y2,z2,cr3,xe,ye,ze,vx+xe,vy+ye,vz+ze,x3,y3,z3);
  if(k<N)
  {k++; r=r*s;
   Tree3(pDC,r,xe,ye,ze,x1,y1,z1,du,dv,s,k,N,cr1,cr2,cr3,Lx,Ly,Lz,It,Kd,Ie,H,S);
   Tree3(pDC,r,xe,ye,ze,x2,y2,z2,du,dv,s,k,N,cr1,cr2,cr3,Lx,Ly,Lz,It,Kd,Ie,H,S);
   Tree3(pDC,r,xe,ye,ze,x3,y3,z3,du,dv,s,k,N,cr1,cr2,cr3,Lx,Ly,Lz,It,Kd,Ie,H,S);
  }
}
```

调用实例如下。

Tree3(pDC,7,200,500,0,200,400,0,0.1,0.1,2.0/3,0,5,40*3.14/180,110*3.14/180,120*3.14/180,
    100,100,−300,200,0.5,30,40*3.14/180,0.6);

图 9-7 所示为不同递归次数 N 的真实感三维树枝图。

图 9-7   真实感树枝生成过程

a) $N=1$ b) $N=2$ c) $N=3$ d) $N=4$

为了使树枝更自然，在递归过程中，用随机数控制每个树枝的长度及旋转的角度，随机树枝生成的递归函数设计如下。

```
void Tree4(CDC *pDC,float r,float xs,float ys,float zs,float xe,float ye,float ze,float du,float dv,float s,int k,int N,
        float cr1,float cr2,float cr3,int Lx,int Ly,int Lz,int It, float Kd,int Ie,float H,float S)
{ float len,x1,x2,y1,y2,x3,y3,z1,z2,z3,dx,dy,dz,d,ux,uy,uz,wx,wy,wz,vx,vy,vz;
  CylinderDirection(pDC,r,xs,ys,zs,xe,ye,ze,du,dv,Lx,Ly,Lz,It,Kd,Ie,H,S);
  dx=xe−xs; dy=ye−ys,dz=ze−zs;
  xs=xe+s*dx+rand()%10,ys=ye+s*dy+rand()%10,zs=ze+s*dz+rand()%10;
  UVW(xe,ye,ze,xs,ys,zs,ux, uy, uz, wx, wy,wz);
  vx=dx,vy=dy,vz=dz;
  cr1=cr1+(10−rand()%20)*3.14/180;
  cr2=cr2+(10−rand()%20)*3.14/180;
  cr3=cr3+(10−rand()%20)*3.14/180;
  RevolveRand(xs,ys,zs,cr1,xe,ye,ze,ux+xe,uy+ye,uz+ze,x1,y1,z1);
  RevolveRand(x1,y1,z1,cr2,xe,ye,ze,vx+xe,vy+ye,vz+ze,x2,y2,z2);
  RevolveRand(x2,y2,z2,cr3,xe,ye,ze,vx+xe,vy+ye,vz+ze,x3,y3,z3);
  if(k<N)
      {k++; r=r*s;
       Tree4(pDC,r,xe,ye,ze,x1,y1,z1,du,dv,s,k,N,cr1,cr2,cr3,Lx,Ly,Lz,It,Kd,Ie,H,S);
       Tree4(pDC,r,xe,ye,ze,x2,y2,z2,du,dv,s,k,N,cr1,cr2,cr3,Lx,Ly,Lz,It,Kd,Ie,H,S);
       Tree4(pDC,r,xe,ye,ze,x3,y3,z3,du,dv,s,k,N,cr1,cr2,cr3,Lx,Ly,Lz,It,Kd,Ie,H,S);
      }
 }
```

图 9-8 所示为随机树枝生成效果图。

图 9-8　随机树枝的生成

9.2　L 系统

L 系统是林德梅叶于 1968 年为模拟生物形态而设计的，后来史密斯于 1984 年、普鲁辛凯维奇于 1986 年，分别将它应用于计算机图形学。L 系统实际上是字符串重写系统，首先定义字符集合，设置初始字符串和字符串替代规则，然后根据规则对原始字符串不断进行替代。每一步迭代过程中字符的替换都是并行的，即所有字符同时进行替代操作。最后通过将字符串解释成图形，可以生成许多经典的分形，特别是能很好地表达植物的分枝结构。

9.2.1　二维 L 系统

二维 L 系统的符号串也称"龟图"，龟图的状态用三元组(X, Y, D)表示，其中 X 和 Y 分别代表横坐标和纵坐标，D 代表当前的朝向。令 δ 是角度增量，h 是步长。符号串的图形学的一种可能的解释如表 9-1 所示。

表 9-1   L 系统的部分符号规定与解释

符　号	图　形　解　释
F	从当前位置向前走一步，同时画线
G	从当前位置向前走一步，但不画线
+	从当前方向向左转一个给定的角度
−	从当前方向向右转一个给定的角度
|	原地转向 180°
[	Push，将龟图当前状态压进栈（stack）
]	Pop，将图形状态重置为栈顶的状态，并去掉该栈中的内容
\nn	增加角度 nn 度
/nn	减少角度 nn 度
!	倒转方向（控制+、−、/）
@nnn	将线段长度乘以 nnn，nnn 可以是简单函数
其他	也是合法的，主要用于获得复杂的解释

【例 9-1】   公理 F--F--F，初始字符串为 F--F--F、角度增量为 60° 表示的图形。对应图形如图 9-9 所示。

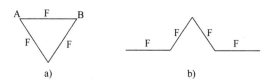

图 9-9   L 系统图形初始状态

第一个 F 表示向前走一个单位线段（如规定从左向右），得到的是 AB 线段。然后是两个"−"，表示从当前方向开始算起向右转两个 60°。第二个 F 表示沿当前方向再走一个单位长度，得到 BC 线段。接下去又右转两个 60°，再画一个单位线段，得到 CA 线段。于是得到一个三角形 ABC。

给出代换规则为 F=F+F--F+F，其对应的图形如 9-9b 所示。

将公理"F--F--F"中的每个 F 用"F+F--F+F"代换，第一次代入得到

$$(F+F--F+F)--(F+F--F+F)--(F+F-- F+F)$$

其对应的图形如图 9-10a 所示，相当于图 9-9a 的 3 条边用图 9-9b 代替。

第二次代入得到

$$[(F+F--F+F)+(F+F--F+F)--(F+F--F+F)+(F+F--F+F)]--$$
$$[(F+F--F+F)+(F+F--F+F)--(F+F--F+F)+(F+F--F+F)] --$$
$$[(F+F--F+F)+(F+F--F+F)--(F+F--F+F)+(F+F--F+F)]$$

其对应的图形如图 9-10b 所示。第三次代换得到对应的图形如图 9-10c 所示。L 系统与递归调用不同的是，每次代换图形会变大。

【例 9-2】   公理 A，替代规则为 A→F[+A][-A]FA 和 F→FF 表示的图形。

第一次代换结果为 FF[+A][-A]FFA，也即 FFFF，为一条直线；第二次代换结果为 FF[+FF][-FF]FFFF，如图 9-11a 所示，第三次及第四次代换结果如图 9-11b 和图 9-11c 所示。可以看出，L 系统可模拟树枝生长过程。

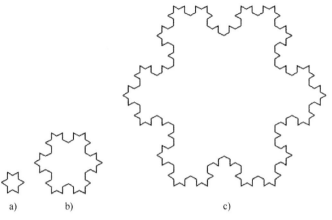

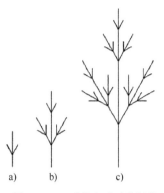

图 9-10　L 系统生成雪花　　　　　　　　　图 9-11　L 系统生成对称树枝

从上面的算法中可以看出，在字符替换时需要进行入队、出队操作，L 系统中的[与]符号是入栈与出栈操作。因此需要设计队列与堆栈的系列操作函数。

```
#define maxsize 1000
typedef struct
   {char data[maxsize];                            //队列中的各结点存储在一维数组中
    int front;                                     //队列中的队头的标志位置
    int rear;                                      //队列中的队尾的标志位置
    } sequeue;
void SetNullSequeue (sequeue *sq)                  //置空队
{ sq->front=0;     sq->rear=0;
}
int EmptySequeue (sequeue *sq )                    //判空队
{ if(sq->rear==sq->front) return(1);              //空队列返回"真"值
       else return(0);                            //非空队返回"假"值
}
int InQueue (sequeue *sq,char x)                   //入队
{ if((sq->rear+1)%maxsize==sq->front)             //判断队满
       { printf("queue is full"); return (NULL);} //队列已满
       else
       { sq->rear=(sq->rear+1)%maxsize;           //考虑从 maxsize-1 到 0 的过渡情况
         sq->data[sq->rear]=x;                    //将新结点入队
         return(1);                               //入队成功
       }
}
char DeQueue(sequeue *sq)                          //出队
{ if (EmptySequeue (sq))
       return(NULL);                              //队列为空
else
       { sq->front=(sq->front+1)%maxsize;         //移动头指针到头结点
        return(sq->data[sq->front]);             //返回头结点的值
       }
}
typedef struct
```

```
{ float data[maxsize][3];                              //堆栈中的各结点存储在一维数组中
  int top;                                             //堆栈中的栈顶标志位置
}Sqstack2D;
void SetNullSqstack2D (Sqstack2D *s)                   //将顺序栈 s 置为空
{ s->top=-1;      }                                    //将栈顶值置为-1
int EmptySqstack2D (Sqstack2D *s )                     //判定顺序栈 s 是否为空的函数
{ if(s->top<0) return(1);                              //空栈返回"真"值
  else   return(0);                                    //非空栈返回"假"值
}
int Push2D (Sqstack2D *s,float x,float y,float c)      //入栈
{ if(s->top==maxsize-1)
          return (NULL);                               //堆栈已满，不能入栈，返回空
  else                                                 //堆栈未满，可以入栈
    { s->top++;                                        //栈顶值加 1
      s->data[s->top][0]=x; s->data[s->top][1]=y; s->data[s->top][2]=c;   //将新结点入栈
      return(1);                                       //入栈成功，返回 1
      }
}
void Pop2D(Sqstack2D *s,float *x,float *y,float *c)    //出栈
{ if (EmptySqstack2D(s))   c=NULL;                     //堆栈已空
  else                                                 
    { s->top--;                                        //栈顶值减 1，删除栈顶结点
     *x=s->data[s->top+1][0];
     *y=s->data[s->top+1][1];
     *c=s->data[s->top+1][2];
    }
}
```

L 系统中的字符代换函数生成重写字符串设计如下。

```
//输入参数：s 和 s0 为初始字符串，s 中含 s0，c 为替换 s0 的字符串并含字符 c0，c1 为替换 c0 的字符串
//输出参数：重写字符串堆栈指针
sequeue *creat_string(char *s,char s0,char *c,char c0,char *c1,int n)
{ char *t,str,str1[10000];    int sign,j=0;
  sequeue *p=new sequeue,*q=new sequeue,*r=new sequeue;
  Sqstack2D *sq;
  SetNullSequeue(p);      SetNullSequeue(q);
  t=s;                              //t 指向初始字符串 s[]
  while((*t)!='\0')
   {InQueue(p,*t);t++;}            //通过 t 指针将初始字符串入队 p
    sign=0;                        //标记变量赋初值 0
    for(int i=1;i<=n;i++)          //替换字符次数控制
      {if(sign==0) //标记变量为 0，说明当前字符串在队列 p 中，需将字符串及替换的字符串全部
                   //放入 q 中
           {while(!EmptySequeue (p))   //从队列 p 中读取字符
             {str=DeQueue(p);         //读取的字符放入 str 中
              if(str==s0)            //如果读取的是 s0 字符，说明要替换字符串
                 {t=c;               //t 指向将要替换的字符串 c[]
                  while(*t!='\0')
```

```
                    {InQueue(q,*t);str1[j++]=*t; t++; }//通过 t 指针将替换字符串入队 q
                    }
              else if(str==c0)       //如果读取的是 c0 字符，说明要替换字符串
                    {t=c1;                      //t 指向将要替换的字符串 c[]
                    while(*t!='\0')
                         {InQueue(q,*t);str1[j++]=*t; t++; } //通过 t 指针将替换字符串入队 q
                    }
              else        //如果读取的不是 F 字符（不用替换），直接将字符入队 q
                    {InQueue(q,str); str1[j++]=str;}
              }                             //最终 q 为替换一次后的字符串
         sign=1;                               //标记变量赋 1
         }
      else if(sign==1) //标记变量为 1，说明当前字符串在队列 q 中，需将字符串及替换的字符串全部
                    //放入 p 中
      {while(!EmptySequeue (q))
         {str=DeQueue(q); //从队列 q 中读取字符
         if(str==s0)       //如果读取的是 s0 字符，说明要替换字符串
              {t=c;              //t 指向将要替换的字符串 c[]
              while(*t!='\0')
                    {InQueue(p,*t);str1[j++]=*t;t++;} //通过 t 指针将替换字符串入队 p
              }
           else if(str==c0)       //如果读取的是 c0 字符，说明要替换字符串
              {t=c1;                //t 指向将要替换的字符串 c[]
              while(*t!='\0')
                    {InQueue(p,*t);str1[j++]=*t; t++; } //通过 t 指针将替换字符串入队 q
              }
           else        //如果读取的不是 F 字符（不用替换），直接将字符串入队 p
              {InQueue(p,str); str1[j++]=str;}
           }
         sign=0;                       //标记变量赋 0
         }
      }
    if(sign==0) r=p;
    else          r=q;
    return(r);
}
```

二维 L 系统绘制分形图形函数设计如下。

```
    void LSystem2D(CDC *pDC,float x,float y,int len,float cd,char s[],char s0,char c[],char c0,char c1[],int k)
    {char *t,str;    float cd0;
    pDC->MoveTo(x,y);
    sequeue *r=new sequeue;
    Sqstack2D *sq=new Sqstack2D;
    SetNullSqstack2D (sq);
    r=creat_string(s,s0,c,c0,c1,k);          //生成重写字符串
    cd0=90*3.14/180;                         //初始走的角度
    while(!EmptySequeue (r))
         { str=DeQueue(r);
            switch(str)
```

```
{ case 'F':     //按 cd 角度向前走一个单位长度 len
    { x=x+len*cos(cd0); y=y-len*sin(cd0);
        pDC->LineTo(x,y); break;
    }
  case '+':                          //向右增加一个单位角度 d
    { cd0=cd0+cd;   break;      }
  case '-':                          //向左增加一个单位角度 d
    { cd0=cd0-cd;   break;      }
  case '[':                          //将当前位置与角度入栈
    {Push2D(sq,x,y,cd0); break; }
  case ']':                          //取出栈顶位置与角度，并移到此位置上
    { Pop2D(sq,&x,&y,&cd0);
        pDC->MoveTo(x,y); break;
    }
 }
 }
}
```

上面函数使用了 CDC 中的移动与画线函数。生成如图 9-12a 所示的图形的调用实例如下。

```
CDC *pDC=GetDC();
char s[]="A";
char c[]="F[+A][-A]FA";
char c1[]="FF";
LSystem2D(pDC,200,400,5,30*3.14/180,s,'A',c,'F',c1,5);
```

图 9-12 显示了不同替换字符串所生成的分形树图形。

公理：A   公理：A   公理：A
代换规则：A→F[+A][-A]FA 代换规则：A→F[+A][-A]FA 代换规则：A→F[+A-A][-A+A]FA
　　　　F→FF   　　　　F→FF   　　　　F→FF
a)   b)   c)

图 9-12 不同代换规则生成的分形树图形

9.2.2 三维 L 系统

三维 L 系统是以 3 个向量表示乌龟行走的方向，例如，U 表示向前，V 表示向右，W 表示向上，而且有 $U \times V = W$。乌龟的状态用六元组 (x, y, z, U, V, W) 表示，其中 x, y, z 表示坐标。在二维空间，其方标角度可以累加，例如，"+"表示从当前方向向左转一个给定的角度。而在三维空间中，当乌龟走了一步后，其下一步的方向取决于当前方向下的新 UVW 坐标系，与前面所走的方向无关，因此，设定以下符号控制乌龟行走的转向控制（正转符合右手规则）。

+：绕 V 正转一定的角度。

－：绕 V 反转一定的角度。

&：绕 U 正转一定的角度。

^：绕 U 反转一定的角度。

#：绕 W 正转一定的角度。

!：绕 W 反转一定的角度。

|：向后转 $180°$。

三维 L 系统堆栈的系列操作函数如下。

```
typedef struct
{float data[maxsize][6];              //堆栈中的各结点存储在一维数组中
 int top;                             //堆栈中的栈顶标志位置
}Sqstack3D;
void SetNullSqstack3D(Sqstack3D *s)   //将顺序栈 s 置为空
{ s->top=-1;                          //将栈顶值置为-1
}
int EmptySqstack3D(Sqstack3D *s )     //判定顺序栈 s 是否为空的函数
 {if(s->top<0) return(1);             //空栈返回"真"值
   else return(0);                    //非空栈返回"假"值
  }
int Push3D(Sqstack3D *s,float x1,float y1,float z1,float x2,float y2,float z2)    //将新结点 x 加入到栈顶
{if(s->top==maxsize-1)
   {return (0);}                      //堆栈已满，不能入栈，返回 0
  else                                //堆栈未满，可以入栈
   {s->top++;                         //栈顶值加 1
     s->data[s->top][0]=x1;    s->data[s->top][1]=y1;    s->data[s->top][2]=z1;
     s->data[s->top][3]=x2;    s->data[s->top][4]=y2;    s->data[s->top][5]=z2;
      return(1);                      //入栈成功，返回 1
    }
}
int Pop3D(Sqstack3D *s,float &x1,float &y1,float &z1,float &x2,float &y2,float &z2)
{ if (EmptySqstack3D(s))
     return(0);                       //堆栈已空，不能出栈，返回 0
  else
  {s->top--;                                              //栈顶值减 1，删除栈顶结点
   x1=s->data[s->top+1][0];  y1=s->data[s->top+1][1];  z1=s->data[s->top+1][2];
   x2=s->data[s->top+1][3];  y2=s->data[s->top+1][4];  z2=s->data[s->top+1][5];  //将新结点入栈
   return(1);
   }
  }
```

三维 L 系统绘制分形图形函数设计如下。

```
void LSystem3D(CDC *pDC,float x1,float y1,float z1,float x2,float y2,float z2,float cu,float cv,float cw,
               char s[],char s0,char c[],char c0,char c1[],int k)
{char *t,str;
 float ux,uy,uz,wx,wy,wz,vx,vy,vz,x,y,z,dx,dy,dz;
 sequeue *r=new sequeue;
```

```
Sqstack3D *sq=new Sqstack3D;
SetNullSqstack3D (sq);
r=creat_string(s,s0,c,c0,c1,k);   //生成重写字符串
vx=x2,vy=y2,vz=z2;
while(!EmptySequeue(r))
    { str=DeQueue(r);
     switch(str)
       { case 'F':
           {   pDC->MoveTo(x1,y1);pDC->LineTo(x2,y2);
             dx=x2-x1,dy=y2-y1,dz=z2-z1;
                    x1=x2,y1=y2,z1=z2; x2=x2+dx,y2=y2+dy,z2=z2+dz;
               vx=x2,vy=y2,vz=z2;
               break;
           }
         case '+':      //绕 V 旋转 cv 角度
           {   RevolveRand(x2,y2,z2,cv,x1,y1,z1,vx,vy,vz,x,y,z);
               x2=x,y2=y,z2=z;
               break;
           }
          case '-':   //绕 V 旋转-cv 角度
           {   RevolveRand(x2,y2,z2,-cv,x1,y1,z1,vx,vy,vz,x,y,z);
               x2=x,y2=y,z2=z;
               break;
           }
      case '&':   //绕 U 旋转 cu 角度
           { RevolveRand(x2,y2,z2,cu,x1,y1,z1,ux,uy,uz,x,y,z);
               x2=x,y2=y,z2=z;
               break;
           }
      case '^':   //绕 U 旋转-cu 角度
           { RevolveRand(x2,y2,z2,-cu,x1,y1,z1,ux,uy,uz,x,y,z);
               x2=x,y2=y,z2=z;
               break;
           }
      case '#':   //绕 W 旋转 cw 角度
           { RevolveRand(x2,y2,z2,cw,x1,y1,z1,wx,wy,wz,x,y,z);
               x2=x,y2=y,z2=z;
               break;
           }
      case '!':  //绕 W 旋转-cw 角度
           { RevolveRand(x2,y2,z2,-cw,x1,y1,z1,wx,wy,wz,x,y,z);
               x2=x,y2=y,z2=z;
               break;
           }
      case '[':                      //将当前位置与角度入栈
             {Push3D(sq,x1,y1,z1,x2,y2,z2);
              break;
              }
```

```
        case ']':                              //取出栈顶位置与角度，并移到此位置上
                {Pop3D(sq,x1,y1,z1,vx,vy,vz);
                UVW(x1, y1, z1, vx, vy, vz,ux, uy, uz, wx, wy, wz);
                x2=vx,y2=vy,z2=vz;
                break;
                }
            }
        }
    }
```

相对于图 9-12 中的三维分形树结果如图 9-13 所示。

图 9-13a：公理：A   代换规则：A→F[&A][&+A][&++A]FA   F→FF

图 9-13b：公理：A   代换规则：A→F[&A^A]&F[&-A+^A][&++A--^A]FA   F→FF

图 9-13c：公理：A   代换规则：代换规则：A→F[&A]F[&+A]F[&++A]FA   F→FF

生成如图 9-13a 所示的图形的调用实例如下。

```
CDC *pDC=GetDC();
char s[]="A";
char c[]="F[&A][&+A][&++A]FA";
char c1[]="FF";
LSystem3D(pDC,200,600,100,200,592,100,45*3.14/180,110*3.14/180,100*3.14/180,s,'A',c,'F',c1,5);
```

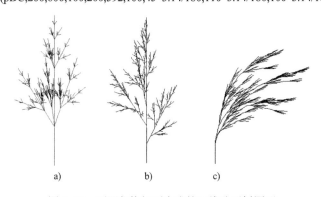

a)   b)   c)

图 9-13   不同代换规则生成的三维分形树图形

9.2.3   真实感三维 L 系统

将上面函数中绘制直线改为绘制真实感圆柱，就可以生成真实感三维 L 树枝。即将 case 'F' 中的调用移动及画线函数改为如下绘制圆柱函数。

CylinderDirection(pDC,ra,x1,y1,z1,x2,y2,z2,du,dv,Lx,Ly,Lz,It,Kd,Ie,H,S);

同时，真实感三维 L 系统绘制分形图形函数名及参数设计如下。

void LSystem3DReal(CDC *pDC,float x1,float y1,float z1,float x2,float y2,float z2,float cu,float cv,
        float cw,char s[],char s0,char c[],char c0,char c1[], int k,float ra,float du,float dv,
        int Lx,int Ly,int Lz,int It,float Kd,int Ie,float H,float S)

生成如图 9-14a 所示的图形的调用实例如下。

LSystem3DReal(pDC,200,600,100,200,592,100,40*3.14/180,110*3.14/180,100*3.14/180,s,'A',c,'F',c1,5,

2,0.1,0.1,100,100,−300,250,0.5,30,40*3.14/180,0.6);

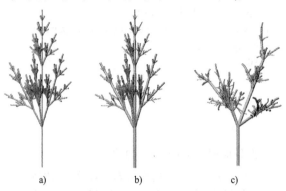

图 9-14　不同效果真实感三维分形树图形

图 9-14a 显示的树枝粗细都一样，需要进行改进，具体方法如下。

● 利用入栈符[与出栈符]调整分枝树枝的粗细程度：当遇到入栈符[时，说明树枝分枝，需要使树枝变细，如使圆柱半径减 1；当遇到出栈符]时，还原树枝粗细度，如使圆柱半径加 1。

● 利用坐标值调整同一树枝不同高度的粗细程度：例如随着高度的增加，树枝逐渐变细。例如，在绘制圆柱之前根据 y 值修改圆柱半径。

图 9-14b 显示的树枝粗细不同。如果再将程序中分别绕 U、V、W 轴旋转的角度增加一个随机量，并将沿当前方向的长度也增加一个随机量，可生成随机树枝，函数设计如下。

```
void LSystem3DRealTreeRand(CDC *pDC,float x1,float y1,float z1,float x2,float y2,float z2,float cu,float cv,
              float cw,char s[],char s0,char c[],char c0,char c1[], int k,float ra,float du,float dv,int Lx,
              int Ly,int Lz,int It,float Kd,int Ie,float H,float S)
{char str;
 float ux,uy,uz,wx,wy,wz,vx,vy,vz,x,y,z,dx,dy,dz,yy=y2,cc;
 sequeue *r=new sequeue;
 Sqstack3D *sq=new Sqstack3D;
 SetNullSqstack3D (sq);
 r=creat_string(s,s0,c,c0,c1,k);    //生成重写字符串
 vx=x2,vy=y2,vz=z2;
 while(!EmptySequeue(r))
     { rand();rand();
         str=DeQueue(r);
       switch(str)
       { case 'F':
           {    float ra1=ra−yy/y2;
                CylinderDirection(pDC,ra1,x1,y1,z1,x2,y2,z2,du,dv,Lx,Ly,Lz,It,Kd,Ie,H,S);
                dx=x2−x1,dy=y2−y1,dz=z2−z1;
                x1=x2,y1=y2,z1=z2;
                x2=x2+dx,y2=y2+dy,z2=z2+dz;
                 vx=x2,vy=y2,vz=z2;
              break;
           }
         case '+':        //绕 V 旋转 cv+cc 角度
```

```
                {   cc=(20-rand()%40)*3.14/180;
                    RevolveRand(x2,y2,z2,cv+cc,x1,y1,z1,vx,vy,vz,x,y,z);
                    x2=x,y2=y,z2=z;
                    break;
                }
        case '-':       //绕 V 旋转-cv-cc 角度
            {   cc=(20-rand()%40)*3.14/180;
                RevolveRand(x2,y2,z2,-cv-cc,x1,y1,z1,vx,vy,vz,x,y,z);
                x2=x,y2=y,z2=z;
                break;
            }
        case '&':       //绕 U 旋转 cu+cc 角度
            { cc=(20-rand()%40)*3.14/180;
                RevolveRand(x2,y2,z2,cu+cc,x1,y1,z1,ux,uy,uz,x,y,z);
                    x2=x,y2=y,z2=z;
                break;
            }
        case '^':   //绕 U 旋转-cv-cc 角度
            { cc=(20-rand()%40)*3.14/180;
                    RevolveRand(x2,y2,z2,-cu,x1,y1,z1,ux,uy,uz,x,y,z);
                        x2=x,y2=y,z2=z;
                break;
            }
        case '#':       //绕 W 旋转 cw+cc 角度
            { cc=(20-rand()%40)*3.14/180;
                    RevolveRand(x2,y2,z2,cw+cc,x1,y1,z1,wx,wy,wz,x,y,z);
                        x2=x,y2=y,z2=z;
                break;
            }
        case '!':   //绕 W 旋转-cw-cc 角度
            { cc=(20-rand()%40)*3.14/180;
                    RevolveRand(x2,y2,z2,-cw-cc,x1,y1,z1,wx,wy,wz,x,y,z);
                        x2=x,y2=y,z2=z;
                break;
            }
        case '[':                       //将当前位置与角度入栈
            {Push3D(sq,x1,y1,z1,x2,y2,z2);ra--;
            break;
            }
        case ']':                       //取出栈顶位置与角度，并移到此位置上
            {Pop3D(sq,x1,y1,z1,vx,vy,vz);
            UVW(x1, y1, z1, vx, vy, vz,ux, uy, uz, wx, wy, wz);
                x2=vx+(2-rand()%5),y2=vy+(2-rand()%5),z2=vz+(2-rand()%5);
            ra++;
            break;
            }
        }
    }
  }
}
```

图 9-14c 显示了树枝粗细不同的随机树枝。

9.3 迭代函数系统

迭代函数系统（IFS）方法是美国的巴恩斯利教授首次提出的。IFS 方法的魅力在于它是分形迭代生成的"反问题"，根据拼接定理，对于一个给定的图形（如一幅照片），求得几个生成规则，就可以大幅度压缩信息。

该方法的具体过程是：根据要绘制的图形，确定几个生成规则，再随机地从几个规则中挑选一个规则迭代一次，生成一个坐标点，并画点；然后再随机挑选一个规则迭代一次，再画点；不断重复此过程，最后生成的极限图形就是所求的形态图。当迭代次数少时，由于绘制的点少，图形轮廓不是很清晰，随着迭代次数加大，绘制的点增多，图形的轮廓就逐渐变得清楚，最后图形的精细结构也呈现出来。

设生成规则为 $R_1, R_2, \cdots, R_n$，其中 R_i 是仿射变换，也是一种线性变换，变换的一般形式如下。

$$x' = ax + by + e \qquad y' = cx + dy + f$$

对于不同的 $R_i (i = 1, 2, \cdots, n)$，有相应的 a_i、b_i、c_i、d_i、e_i 和 f_i。通常 n 取 2、3、4，有时高达 16。另外，每个规则还有一个选中的概率 p_i，要求 $p_1 + p_2 + \cdots + p_n = 1$。表 9-2 和表 9-3 列出了两种植物图形的参数。

表 9-2　巴恩斯利蕨的参数表

R	a	b	c	d	e	f	p
1	0	0	0	0.16	0	0	0.01
2	0.85	0.04	−0.04	0.85	0	1.6	0.85
3	0.2	−0.26	0.23	0.22	0	1.6	0.07
4	−0.15	0.28	0.26	0.24	0	0.44	0.07

表 9-3　树叶 B 的参数表

R	a	b	c	d	e	f	p
1	0	0	0	0.5	0	0	0.05
2	0.12	−0.82	0.42	0.42	0	0.2	0.4
3	0.12	0.82	−0.42	0.42	0	0.2	0.4
4	0.1	0	0	0.1	0	0.2	0.15

以下是根据表 9-2 中的迭代函数系统方法的程序设计。

```
CDC *pDC=GetDC();
float x=0,y=0,u; int rnd,num=30000;        //num 为迭代次数
for(long k=0;k<num;k++)
{   rnd=rand()%100;
    if(rnd<1)
      x=0,y=0.16*y;        //用 R1 迭代
        if (rnd>=1&&rnd<86)
    u=0.85*x+0.04*y,y=-0.04*x+0.85*y+1.6,x=u;  //用 R2 迭代
        if(rnd>=86 && rnd<93)
                u=0.2*x-0.26*y,y=0.23*x+0.22*y+1.6,x=u;      //用 R3 迭代
            if (rnd>=93)
```

```
                u=-0.15*x+0.28*y,y=0.26*x+0.24*y+0.44,x=u; //用 R4 迭代
                pDC->SetPixel(30*x+200,400-y*30,RGB(0,0,0));
    }
```

图 9-15 所示是上面程序的运行结果图。表 9-3 中的迭代函数生成的图形如图 9-16 所示。以下程序生成的山脉图形如图 9-17 所示。

```
CDC *pDC=GetDC();
float x=0,y=0,u;      int rnd,k;
float d[4][6]={{0.5,0,0,0.5,0,0},{0.5,0,0,0.5,2,0},{-0.4,0,1,0.4,0,1},      {-0.5,0,0,0.5,2,1}};
x=0, y=0;
for(long i=0;i<20000;i++)
{          k=rand()%4;
      x=d[k][0]*x+d[k][1]*y+d[k][4];
      y=d[k][2]*x+d[k][3]*y+d[k][5];
      pDC->SetPixel(200-100*x/2,200-100*y/2,RGB(0,0,0));
}
```

图 9-15   迭代函数系统生成的蕨类树叶

a) 迭代 1000 次   b) 迭代 5000 次   c) 迭代 3000 次

图 9-16   表 9-3 的结果图   图 9-17   山脉图形

习题 9

1. 用函数递归绘制如图 9-18 所示的图形。

图 9-18   习题 1 图

2. 分形中的函数递归方法及 L 系统方法的主要区别是什么？
3. 设计一个三维分形图形。
4. 参照三维树枝的生成方法，用分形方法生成植物叶脉。

第 10 章 三维植物造型应用实例

1984 年，Barr 率先将变形的思想引入到几何造型领域，如拉伸、均匀张缩、扭转和弯曲等，并给出了这些变形的数学表示。应用该方法可生成许多类型的三维几何形状。由于该方法用于特定的几何形体，一般称其为非自由变形。1986 年，Sederberg 和 Parry 提出了自由变形 FFD，将变形模型线性地嵌入 Bézier 体的参数空间，当调整参数体的控制顶点位置时，它的形状会发生变化，嵌入其中的模型就会随之变形。随后许多学者提出了各种变形方法用于造型。本章重点介绍笔者提出的变形方法及其在植物造型中的应用。

10.1 参数曲面变形

根据物体的形状特点，找出与之相近的基本参数曲面（如平面、球面和锥面等），并对其沿一定方向进行变形，生成所需造型的曲面。

设三维曲面参数方程的 3 个分量表示如下。

$$x_1=x(u,v)$$
$$y_1=y(u,v)$$
$$z_1=z(u,v)$$

对于一个非封闭曲面，如果其边界形状需要造型，可沿其切线方向进行变形，设曲面上任一点 (u,v) 处的单位切向量为 (t_x , t_y, t_z)，沿切线方向变形的函数是 $T(u,v)$，则变形后的曲面参数方程的各分量为

$$x_2= x_1+T(u,v)\, t_x(u,v)$$
$$y_2= y_1+T(u,v)\, t_y(u,v)$$
$$z_2= z_1+T(u,v)\, t_z(u,v)$$

对于曲面的中部或封闭曲面，其表面形状造型可沿表面法向量方向进行变形，设曲面上任一点 (u,v) 处的单位法向量为 (n_x, n_y, n_z)，沿法线方向变形的函数是 $N(u,v)$,，则变形后的曲面参数方程的各分量为

$$x_3= x_2+N(u,v)n_x (u,v)$$
$$y_3= y_2+N(u,v)n_y (u,v)$$
$$z_3= z_2+N(u,v)n_z (u,v)$$

对于曲面的整体形状，可沿某一个分量（如 x 分量）进行变形，设变形的函数是 $W(u,v)$,，则变形后的曲面参数方程的 x 分量变为

$$x_4= x_3+X(u,v)$$

因此最终变形后的曲面方程为

$$X= x(u,v)+T(u,v)\, t_x(u,v)+N(u,v)n_x (u,v) +W(u,v)$$
$$Y= y(u,v)+T(u,v)\, t_y(u,v)+N(u,v)n_y (u,v)$$
$$Z= T(u,v)\, t_z(u,v)+N(u,v)n_z (u,v)$$

因此，对于不同形状的曲面，可采用不同的变形函数 $T(u,v)$、$N(u,v)$ 和 $W(u,v)$。

10.2　植物枝干造型

上一章已介绍了分形树枝的生成，但枝干较直且光滑，需要进一步进行处理。

1. 弯曲枝干造型

采用变形方法对圆柱按一定方向进行变形，例如，对圆柱沿 x 方向进行正弦变形，只需修改圆柱参数方程的 x 分量，且变形函数 $W(u,v)=A_x\sin(u\pi f_x)$ 只与圆柱的 u 参数相关。

$$x=r\cos(v)+A_x\sin(u\pi f_x)$$
$$y=hu$$
$$z=r\sin(v) \qquad v\in[0°，360°]，u\in[0，1]$$

式中，A_x 控制弯曲的幅度，f_x 控制弯曲的频率。

如图10-1所示，图10-1a所示为原始圆柱，图10-1b中 A_x=5，f_x=1，图10-1c中 A_x=3，f_x=2。

2. 枝干表面凹凸变形

采用变形的方法对圆柱表面进行凹凸变形，一般是沿着初始圆柱表面的法向量进行变形。对于圆柱，其表面法向量一定垂直于 y 轴，因此在 y 方向不需要变形。变形函数为

$$N(u,v)=A_{uv}\sin(v\pi f_v)\sin(uf_u/2)$$

则
$$x=r\cos(v)+A_x\sin(v\pi f_x)+n_xA_{uv}\sin(v\pi f_u)\sin(uf_v/2)$$
$$y=hu$$
$$z=r\sin(v)+n_zA_{uv}\sin(v\pi f_u)\sin(uf_v/2) \qquad v\in[0°，360°]，u\in[0，1]$$

式中，A_{uv} 控制凹凸的幅度（一般<4），f_u 控制 u 方向凹凸弯曲的频率（一般>10），f_v 控制 v 方向凹凸弯曲的频率（一般>10）。

如图 10-2 所示，图 10-2a 所示为弯曲圆柱，图 10-2b 中 A_{uv}=2，f_u=f_v=20。由于凹凸效果太规则，与自然树枝差别较大，采用随机数控制 A_{uv}、f_u、f_v。图 10-2c 中 A_{uv} 的随机数是 0～2，f_u、f_v 的随机数是 0～9；图 10-2d 中 A_{uv} 的随机数是 0～3，f_u、f_v 的随机数是 0～9；图 10-2e 中 A_{uv} 的随机数是 0～4，f_u、f_v 的随机数是 0～9。

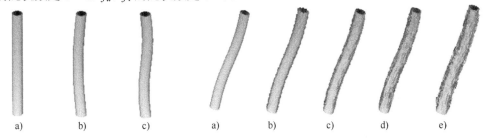

a)　　　　b)　　　　c)　　　　　　　a)　　b)　　c)　　d)　　e)

图 10-1　圆柱弯曲变形图　　　　　　　图 10-2　圆柱凹凸变形图

A_{uv}、f_u、f_v 的取值范围最好与圆柱的半径及高度相关，且一个圆柱表面中不同的小面块 A_{uv}、f_u、f_v 的取值不同，才会出现凹凸不均匀的效果。生成圆柱变形的真实感图形函数设计如下。

```
void CylinderDirectionDeformation(CDC *pDC,float r,int xs,int ys,int zs,int xe,int ye,int ze,float du,float dv,
    int Lx,int Ly,int Lz,int It, float Kd,int Ie,float H,float S,int Ax,int fx)
{float x[5],y[5],z[5],xx[5],yy[5],zz[5],uu[4],vv[4],cx,cy,dx,dy,dz,tem,a,b,c,Auv,fu,fv;  int R,G,B,h;
```

```
dx=xe-xs,dy=ye-ys,dz=ze-zs,h=sqrt(dx*dx+dy*dy+dz*dz);
cx=fabs(atan(1.0*sqrt(dx*dx+dz*dz)/(dy+0.1)));
if(dy<0)cx=3.14-cx;
cy=fabs(atan(1.0*dx/(dz+0.1)));
if(dz<=0&&dx>=0)cy=3.14-cy;
else if(dz<=0&&dx<=0)cy=3.14+cy;
else if(dz>=0&&dx<=0)cy=6.28-cy;
for(float u=0;u<1;u=u+du)
    for(float v=0;v<6.28;v=v+dv)
      {   uu[0]=u,vv[0]=v,uu[1]=u+du,vv[1]=v,uu[2]=u+du,vv[2]=v+dv,uu[3]=u,vv[3]=v+dv;
          for(int i=0;i<4;i++)Cylinder1(r,h,uu[i],vv[i],x[i],y[i],z[i]);
          vector(x,y,z,a,b,c);
          Auv=(rand()%(int)(r+1))/2,fu=rand()%h,fv=rand()%(int)(2*3.14*r);
          for(i=0;i<4;i++)
          {   x[i]=x[i]+Ax*sin(3.14*uu[i]*fx)+a*Auv*sin(vv[i]*fv)*sin(uu[i]*fu/2);
              z[i]=z[i]+c*Auv*sin(vv[i]*fv)*sin(uu[i]*fu/2);
              RevolveX(cx,x[i],y[i],z[i],xx[i],yy[i],zz[i]);
              RevolveY(cy,xx[i],yy[i],zz[i],x[i],y[i],z[i]);
               xx[i]=x[i]+xs,yy[i]=y[i]+ys,zz[i]=z[i]+zs;
          }
          xx[4]=xx[0],yy[4]=yy[0];
          FullRealSmall(pDC,xx,yy,zz,4,Lx,Ly,Lz,It,Kd,Ie,H,S);
      }
}
```

利用递归生成变形树枝的真实感图形函数设计如下。

```
void Tree5(CDC *pDC,float r,float xs,float ys,float zs,float xe,float ye,float ze,float du,float dv,float s,int k,int N,
            float cr1,float cr2,float cr3, int Lx,int Ly,int Lz,int It, float Kd,int Ie,float H,float S,int Ax,float fx)
{float len,x1,x2,y1,y2,x3,y3,z1,z2,z3,dx,dy,dz,d,ux,uy,uz,wx,wy,wz,vx,vy,vz;
  CylinderDirectionDeformation(pDC,r,xs,ys,zs,xe,ye,ze,du,dv,Lx,Ly,Lz,It,Kd,Ie,H,S,Ax,fx);
  dx=xe-xs; dy=ye-ys,dz=ze-zs;
  xs=xe+s*dx+rand()%10,ys=ye+s*dy+rand()%10,zs=ze+s*dz+rand()%10;
  UVW(xe,ye,ze,xs,ys,zs,ux, uy, uz, wx, wy,wz);
  vx=dx,vy=dy,vz=dz;
  cr1=cr1+(10-rand()%20)*3.14/180; cr2=cr2+(10-rand()%20)*3.14/180; cr3=cr3+(10-rand()%20)*3.14/180;
  RevolveRand(xs,ys,zs,cr1,xe,ye,ze,ux+xe,uy+ye,uz+ze,x1,y1,z1);
  RevolveRand(x1,y1,z1,cr2,xe,ye,ze,vx+xe,vy+ye,vz+ze,x2,y2,z2);
  RevolveRand(x2,y2,z2,cr3,xe,ye,ze,vx+xe,vy+ye,vz+ze,x3,y3,z3);
  if(k<N)
  {k++; r=r*s;
  Tree5(pDC,r,xe,ye,ze,x1,y1,z1,du,dv,s,k,N,cr1,cr2,cr3,Lx,Ly,Lz,It,Kd,Ie,H,S,rand()%3,rand()%3);
  Tree5(pDC,r,xe,ye,ze,x2,y2,z2,du,dv,s,k,N,cr1,cr2,cr3,Lx,Ly,Lz,It,Kd,Ie,H,S,rand()%3,rand()%3);
  Tree5(pDC,r,xe,ye,ze,x3,y3,z3,du,dv,s,k,N,cr1,cr2,cr3,Lx,Ly,Lz,It,Kd,Ie,H,S,rand()%3,rand()%3);
  }
}
```

图 10-3a 所示为弯曲变形树枝，图 10-3b 所示为弯曲与凹凸变形树枝。

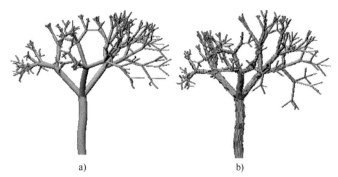

a) b)

图 10-3　变形树枝的真实感图形

10.3　植物树叶造型

植物的叶片可分为单叶和复叶，单叶就是一个小叶生在一个叶柄上面，复叶是指两个或多个分离的小叶生在一个叶柄上面。所以单叶与复叶的区别是由叶柄上所生长的叶片的数目决定的。这里重点介绍小叶（以下简称为叶片）的叶形造型与叶脉造型，并且假设叶片是平坦的，对于弯曲叶片，可采用后面章节介绍的花瓣造型方法。

10.3.1　植物叶片造型

叶片形状包括叶形、叶尖、叶基和叶缘的边界轮廓形状，主要是确定沿平面切线方向的变形函数 $T(u,v)$，首先用矩形平面参数定义叶片的初始轮廓。通过在 x 与 y 方向使用不同的变形函数，可得到相应的叶片形状，参数方程如下。

$x(u,v)=wu+Tx(u,v)$

$y(u,v)=hv+Ty(u,v)$　　　$(-0.5{\leqslant}u{\leqslant}0.5,0{\leqslant}v{\leqslant}1)$

$z(u,v)=0$

式中，w、h 为平面在 x、y 方向的长度，Tx、Ty 为变形函数。

平面矩形的边界变形不仅仅只是边界点发生位移变化，而是平面上所有坐标点都要发生位置变化，只是边界点变化最大，中心点变化最小。

1. 叶形造型

叶片的基本形状大致可分为矩圆形、椭圆形、卵圆形和倒卵形，如图 10-4 所示。

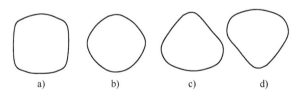

a)　　　　　b)　　　　　c)　　　　　d)

图 10-4　叶片的基本形状

a) 矩圆形　b) 椭圆形　c) 卵圆形　d) 倒卵形

各种叶片的形状基本上都类似上面的 4 种形状，只因其基部、顶部及叶片边缘类型的不同而具有其各自的特点。

（1）矩圆形

矩形平面的上下两部分变为半圆形，如图 10-5 所示。

$$Ty_1(u,v) = hv + v\sqrt{w^2/4 - x^2(u,v)} - (1-v)\sqrt{w^2/4 - x^2(u,v)}$$

这种矩圆形比较理想化，实际叶片一般会有叶尖与叶基的特征。

（2）椭圆形

在矩形平面的上下左右四边都进行正弦函数变形。

$$Tx_1(u,v)=2uA_x\sin(\pi v)$$

$$Ty_1(u,v)=vA_y\sin[\pi(u+0.5)]-(1-v)A_y\sin[\pi(u+0.5)]$$

图10-5　模拟矩圆形

式中，A_x控制椭圆形 x 方向的变形幅度，A_y 控制椭圆形 y 方向的变形幅度。

图 10-6 所示为不同系数控制的不同椭圆形，原始矩形高 150（单位为像素，以下相同），宽 100。根据 A_x、A_y 和矩形高、宽就能确定椭圆是长椭圆型、圆椭圆型还是扁椭圆型。

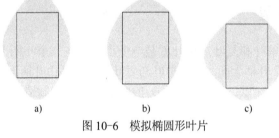

图 10-6　模拟椭圆形叶片

a) A_x=30，A_y=50　b) A_x=30，A_y=30　c) A_x=50，A_y=30

（3）卵圆形

与椭圆形不同的是，卵圆形左右边的正弦函数有一定的位移，另外上下边的正弦函数幅度不一致。

$$Tx_1(u,v)=2uA_x\sin(\pi v+d_y)$$

$$Ty_1(u,v)=vA_t\sin[\pi(u+0.5)]-(1-v)A_b\sin[\pi(u+0.5)]$$

式中，A_x 控制左右两边的变形幅度，d_y 控制上下对称程度（>0），A_t 控制上部圆形的变形幅度，A_b 控制下部圆形的变形幅度。

图 10-7 所示为不同系数控制的不同卵圆形。

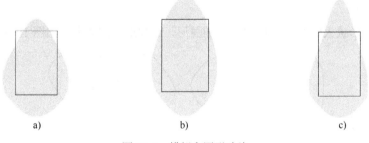

图 10-7　模拟卵圆形叶片

a) A_x=30，d_y=0.8，A_t=30，A_b=50　b) A_x=20，d_y=0.5，A_t=50，A_b=50　c) A_x=20，d_y=1，A_t=80，A_b=50

（4）倒卵形

倒卵形变形函数与卵圆形相同，只是系数取值不同。图 10-8 所示为不同系数控制的不同倒卵形。

在实际叶片中，还存在着上下、左右不对称的情况，需要添加变形函数。

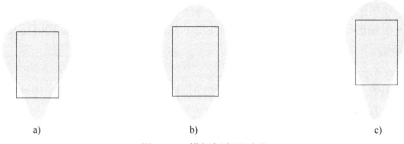

图 10-8　模拟倒卵形叶片

a) A_x=30, d_y=-0.8, A_t=30, A_b=50　b) A_x=20, d_y=-0.5, A_t=50, A_b=50　c) A_x=20, d_y=-1, A_t=50, A_b=80

2. 叶尖与叶基造型

（1）叶基的类型

叶基是指叶片直接连接在叶柄的一端，是叶片的底部，也可以称为叶基底。叶基形状有许多类型，根据不同的特征有不同的分类方法。这里只介绍其中的一种分类方法，该分类方法也只能表示大多数叶片的叶基类型，不能表示所有叶片的叶基类型。

叶基可分为急尖、楔形、钝形、圆形、下延形、心形型、箭形、耳形和截形等，如图 10-9 所示。

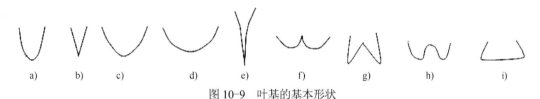

a)　　b)　　c)　　d)　　e)　　f)　　g)　　h)　　i)

图 10-9　叶基的基本形状

a) 急尖　b) 楔形　c) 钝形　d) 圆形　e) 下延形　f) 心形型　g) 箭形　h) 耳形　i) 截形

（2）叶尖的类型

叶片的叶尖是叶片和叶柄相连的另一端。叶尖类型可分为急尖、渐狭、渐尖、钝形、圆形、凹顶、微缺、短尖和平截等，如图 10-10 所示。

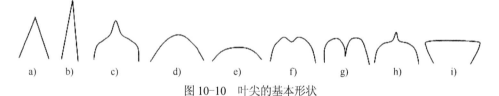

a)　　b)　　c)　　d)　　e)　　f)　　g)　　h)　　i)

图 10-10　叶尖的基本形状

a) 急尖　b) 渐狭　c) 渐尖　d) 钝形　e) 圆形　f) 凹顶　g) 微缺　h) 短尖　i) 平截

（3）叶尖与叶基的变形函数

分析叶尖与叶基的形态，归纳以下变形函数表示叶尖。

● 线性函数。

对于叶尖：$Ty_2(u,v) = v [x(u_1,v) - |x(u,v)|] h_t / w_t$　　$|u| < u_1$

式中，h_t、w_t 分别控制叶尖的高度和宽度，$u_1 = w_t/(2w)$。

上式可模拟急尖和渐狭的叶尖，如图 10-11a、图 10-11b 所示。

对于叶基：$Ty_3(u,v) = -(1-v) [x(u_1,v) - |x(u,v)|] h_b / w_b$　　$|u| < u_1$

式中，h_b、w_b分别控制叶基的高度和宽度，$u_1=w_b/(2w)$。

上式可模拟楔形叶基（见图 10-11b）和箭形叶基的中间部分（见图 10-11c）。

● 高斯函数。

对于叶尖：$Ty_2(u,v)=vh_t\exp[-x^2(u_1,v)/w^2_t]$

上式可模拟钝形的叶尖（见图 10-11d）和凹顶叶尖的中间部分（见图 10-11e）。

对于叶基：$Ty_3(u,v)=-(1-v)h_b\exp[-x^2(u_1,v)/w^2_b]$

上式可以模拟钝形或急尖的叶基（见图 10-11f）、耳状叶基的中间部分（见图 10-11g）。

● 指数函数。

对于叶尖：$Ty_2(u,v)=vh_t\exp[-x(u_1,v)/w_t]$

上式可模拟渐尖或短尖的叶尖（见图 10-11h）和微缺叶尖的中间部分（见图 10-11i）。

对于叶基：$Ty_3(u,v)=-(1-v)h_b\exp[-x(u_1,v)/w_b]$

上式可模拟心形型叶基（见图 10-11j）和下延形的叶基（见图 10-11k）。

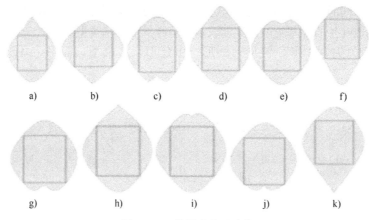

图 10-11　模拟叶尖及叶基

3. 叶缘造型

叶缘主要是指叶片的整个边缘形状。基本上可分为平滑的（也称为全缘）、浅波、皱波和锯齿。也有叶肉的发育部分受到抑制而产生浅裂的、半裂的、锐裂的或深裂的等各种程度的分裂叶片，如图 10-12 所示。

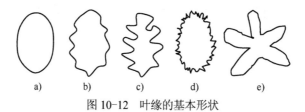

图 10-12　叶缘的基本形状

a) 全缘　b) 浅波　c) 皱波　d) 锯齿　e) 分裂叶片

前面模拟的叶边界都是全缘类型，通过正弦函数可以模拟浅波、皱波和锯齿，只是正弦波的幅度与频率不同。如图 10-13 所示，图 10-13a 和图 10-13b 两个浅波叶缘是用幅度较小的正弦波模拟，图 10-13c 和图 10-13d 两个皱波叶缘是用幅度较大的正弦波模拟，图 10-13e 和图 10-13f 两个锯齿叶缘是用频率较大的正弦波模拟。其中图 10-13b、图 10-13d 和图 10-13f 的不均匀效果是多个不同幅度、频率与相位的正弦波的迭加结果。如下式所示。

$$Tx_4(u,v) = u\sum_i A_i \sin(f_i\pi v + d_i)$$

$$Ty_4(u,v) = v\sum_i B_i \sin(g_i\pi v + c_i)$$

式中，A_i、B_i 控制多个正弦波的幅度，f_i、g_i 控制多个正弦波的频率，d_i、c_i 控制多个正弦波的相位。

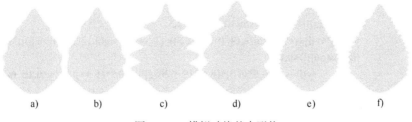

图 10-13　模拟叶缘基本形状

因此，叶片形状函数为

$x(u,v)=wu+Tx_1(u,v)+Tx_4(u,v)$

$y(u,v)=hv+Ty_1(u,v)+Ty_2(u,v)+Ty_3(u,v)+Ty_4(u,v)$ 　　　　（$-0.5\leqslant u\leqslant 0.5,0\leqslant v\leqslant 1$）

$z(u,v)=0$

注意，有时叶尖与叶基的变形也可在 x 方向，即

$x(u,v)=wu+Tx_1(u,v)+Tx_2(u,v)+Tx_3(u,v)+Tx_4(u,v)$

$y(u,v)=hv+Ty_1(u,v)+Ty_4(u,v)$ 　　　　（$-0.5\leqslant u\leqslant 0.5,0\leqslant v\leqslant 1$）

$z(u,v)=0$

4．叶片形状造型实例

（1）南丰蜜桔叶片造型过程

南丰蜜桔叶片图像如图 10-14a 所示，叶片的基本形状为椭圆形，其叶基与叶尖都是急尖型，叶缘为浅波型。为了使变形函数适用于不同大小的蜜桔叶片，变形函数中的系数都转为与 w 和 h 相关。

矩形平面的参数：$w=70,h=120$　　　（见图 10-14b）

加入叶形变形函数：$Tx_1(u,v)=wu\sin(\pi v)/2.5$

　　　　　　　　　$Ty_1(u,v)=\{v\sin[\pi(u+0.5)]-(1-v)\sin[\pi(u+0.5)]\}h/4$　　　（见图 10-14c）

加入叶尖变形函数：$Ty_2(u,v)=0.5v\,[x(u_1,v)-|x(u,v)|]$

加入叶基变形函数：$Ty_3(u,v)=-0.5(1-v)\,[x(u_1,v)-|x(u,v)|]$　　　（见图 10-14d）

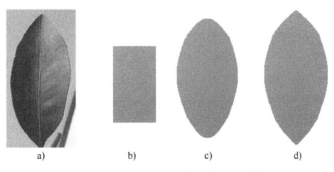

图 10-14　南丰蜜桔叶片的轮廓造型过程图

南丰蜜桔叶片形状造型函数设计如下。

```
void Leaf1(CDC *pDC,int w,int h, float du,float dv,float cx,float cy,float cz,
              int dx,int dy,int dz,int Lx,int Ly,int Lz,int It,float Kd,int Ie,float H,float S)
{ float uu[4],vv[4],x[5],y[5],z[5],xx[5],yy[5],zz[5];
for(float u=-0.5;u<=0.5;u=u+du)
    for(float v=0;v<=1.0001;v=v+dv)
    {  uu[0]=u,vv[0]=v,uu[1]=u,vv[1]=v+dv,uu[2]=u+du,vv[2]=v+dv,uu[3]=u+du,vv[3]=v;
        for(int i=0;i<4;i++)
        {x[i]=w*uu[i]+w*uu[i]*sin(3.14*vv[i])/2.5;
         y[i]=h*vv[i]+(vv[i]*sin(3.14*(uu[i]+0.5))-(1-vv[i])*sin(3.14*(uu[i]+0.5)))*h/4.0;
         if(fabs(uu[i])<0.15)
                  y[i]=y[i]+0.5*vv[i]*(w*0.15-fabs(x[i]))-0.5*(1-vv[i])*(w*0.15-fabs(x[i]));
        z[i]=0;
        RevolveX(cx,x[i],y[i],z[i],xx[i],yy[i],zz[i]);
        RevolveY(cy,xx[i],yy[i],zz[i],x[i],y[i],z[i]);
        RevolveZ(cz,x[i],y[i],z[i],xx[i],yy[i],zz[i]);
        xx[i]=xx[i]+dx,yy[i]=yy[i]+dy,zz[i]=zz[i]+dz;
        }
        xx[4]=xx[0],yy[4]=yy[0];
        FullRealSmall(pDC,xx,yy,zz,4,Lx,Ly,Lz,It,Kd,Ie,H,S);
    }
}
```

对于其他叶片的造型，只需修改上述程序中的黑体部分代码中的变形函数即可。

（2）荷花玉兰

荷花玉兰的叶片呈全缘椭圆形，叶尖与叶基都是急尖类型，如图 10-15a 所示。边缘轮廓设计如下。

矩形平面的参数：$w=60,h=90$

叶形变形函数（上下左右不对称，整个叶片弯曲）为

$Tx_1(u,v)=wu\sin(\pi v-0.4)/3-\sin[\pi (0.8-v)/1.2]h/22.5$ $u<0$

$Tx_1(u,v)=wu\sin(\pi v-0.4)/2.14-\sin[\pi (0.8-v)/1.2]h/22.5$ $u>=0$

$Ty_1(u,v)=v\sin[\pi(u+0.5)]h/2.57-(1-v)\sin[\pi(u+0.5)]h/3$

叶尖变形函数：$Ty_2(u,v)=v\exp[-|x(u,v)|/10]h/9$

叶基变形函数：$Ty_3(u,v)=-(1-v)\exp[-|x(u,v)|/10]h/9$

可生成如图 10-15b 所示的效果。

a)   b)

图 10-15 荷花玉兰叶片的模拟

（3）玉兰

玉兰的叶片呈全缘倒卵形，叶尖圆形且有短尖头，叶基急尖，如图 10-16a 所示。

矩形平面的参数：$w=100,h=130$

叶形变形函数为

$Tx_1(u,v)=wu\sin(\pi v-0.5)/1.67$

$Ty_1(u,v)=v\sin[\pi(u+0.5)]h/2.57-(1-v)\sin[\pi(u+0.5)]h/3.25$

叶尖变形函数：$Ty_2(u,v)=v\exp[-x^2(u,v)/18]h/13$

叶基变形函数：$Ty_3(u,v)=-(1-v)\exp[-|x(u,v)|/16]h/13$

a)   b)

图 10-16 玉兰叶片的模拟

可生成如图 10-16b 所示的效果。

（4）苎麻

苎麻叶片呈锯齿宽卵形，叶尖渐尖，叶基宽楔形至圆形，如图 10-17a 所示。

矩形平面的参数：$w=100, h=100$

叶形变形函数为

$$Tx_1(u,v)=wu\sin(\pi v-0.4)/5$$

$$Ty_1(u,v)=v\sin[\pi(u+0.5)]h/2.5-(1-v)\sin[\pi(u+0.5)]h/5.55$$

叶尖变形函数：$Ty_2(u,v)=v\exp(-|u|/0.02)h/4.54$

叶基变形函数：$Ty_3(u,v)=-(1-v)\exp(-|u|)/0.03)h/10$

叶缘变形函数：

$$Tx_4(u,v)=u^3\sin(24\pi v)w/6.67$$

$$Ty_4(u,v)=|u^3|\sin(24\pi v)h/6.67$$

可生成如图 10-17b 所示的效果。

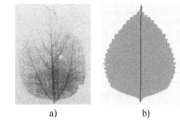

a)   b)

图 10-17　苎麻叶片的模拟

10.3.2　植物叶脉造型

叶脉是生长在叶片上的维管束，是叶内的输导和支持结构。位于叶片中央大而明显的脉为一级脉，也称中脉或主脉。由中脉两侧第一次分出的许多较细的脉称为二级脉序，也称侧脉。自侧脉发出的、比侧脉更细小的脉，称为三级及以上脉序，也称为小脉或细脉。这里只介绍一、二级叶脉的造型。

1．主脉的造型

主脉可用圆锥模拟，为了不使圆锥顶部过细，可修改圆锥中心轴在 y 轴上的参数方程如下。

$$x(u,v) = R(1.5 - v)\cos(u)$$
$$y(u,v) = Hv$$
$$z(u,v) = R(1.5 - v)\sin(u)$$

上式实际上是以底面半径为 $1.5R$，顶面半径为 $0.5R$ 的圆台参数方程，如图 10-18a 所示。当主脉有一定弯曲时，可对其进行变形得到如图 10-18b 和图 10-18c 所示的图形。主脉的弯曲程度与叶片的弯曲程度相关。

对于只有一条的一级脉，一般是从叶片基部到叶片顶部的主脉，当通过矩形变形参数方程表示叶片几何形状时，主脉的参数与叶片参数相关，且中脉的 y 方向变形与叶片 y 方向变形相同。例如，叶片平面参数方程为

$$x(u,v)=wu+Tx(u,v)$$
$$y(u,v)=hv+Ty(u,v) \qquad (-0.5 \leqslant u \leqslant 0.5,\ 0 \leqslant v \leqslant 1)$$
$$z(u,v)=0$$

则主脉的参数方程为

$$x(u',v) = R(1.5-v)\cos(u') + Tx(u',v)$$
$$y(u',v) = Hv + Ty(u',v) \qquad (0° \leqslant u' \leqslant 360°,\ 0 \leqslant v \leqslant 1)$$
$$z(u',v) = R(1.5-v)\sin(u')$$

需要说明的是，主脉中的 v 参数与叶片中的 v 参数相同，但 u 参数不一样，因此主脉中的变形函数中的 u' 应根据主脉的 x 值与叶片的宽度进行换算。

$$u'=x/w$$

图 10-19a 所示为初始矩形及主脉，图 10-19b 所示为造型后对称的叶片与主脉，图 10-19c 所示为不对称或弯曲的叶片及相应弯曲的主脉。

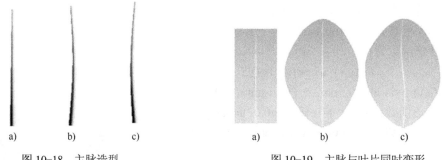

图 10-18　主脉造型　　　　　　　　　图 10-19　主脉与叶片同时变形

2．侧脉的造型

侧脉发源于一级脉，比一级脉更细，是叶片上第二粗的脉。虽然不同树叶的二级脉间距与走向不同，但有一定的规律性，且相对高级脉来说比较单一，侧脉也可用圆锥模拟，可通过一系列不同的旋转与平移得到多个二级脉。这里只介绍一种类型的侧脉造型。

由于大多数二级脉方向是向上的且有一定的弧度，所以初始二级脉生成如图 10-20a 所示的图形，多个二级叶脉的方向与位移长度基本相同，加了小量随机数，比较容易控制。在生成每个二级脉圆锥时，对圆锥进行弯曲变形，再进行绕 z 轴旋转，最后平移到相应的位置。然后根据叶片的变形函数再对叶脉进行变形，使叶脉在叶片中按一定规律分布，图 10-20b 所示为椭圆形叶片及相应的二级叶脉变化的结果。这种二级脉的造型方法比直接在椭圆形的叶片上造型二级脉简单方便，特别是二级脉的长度在椭圆面上长短不一，较难控制。需要说明的是，与主脉相同，二级脉的变形函数中的参数 u'、v' 与圆锥中的参数 u、v 不相同，u'、v' 必须通过圆锥上的坐标值反算得出，即

$$u'=x/w, \qquad v'=y/h$$

图 10-20　二级脉造型

从图 10-20 可以看出，当初始各个二级脉的夹角一致时，在椭圆叶片的变形情况下，生成的二级叶脉是上部夹角比下部夹角钝，这是因为椭圆的下部变形使下部二级脉的夹角处朝下，上部变形使上部二级脉的夹角处朝上，因而形成上部夹角比下部夹角钝的状况。如果要生成上部夹角比下部夹角小的情况，则修改初始各个二级脉的夹角。也可将矩形上移，使叶尖造型与左右边界造型合二为一，见后面的实例。

3．网状叶脉造型

三级及以上叶脉也有许多种类型，这里简单介绍网状脉的生成。网状脉由网眼组成，网眼是叶片上被叶脉包围的最小的叶片组织，叶片上任何等级的叶脉都可能成为网眼的一边或几边，网眼的形状有三边形、四边形、五边形及不规则多边形等。网眼内还可有末端小脉。

绝大部分网状脉的网眼结点有 3 个脉边，如果 3 个脉边属于同一级，也即宽度是一样的，则 3 个脉边的夹角都是 120°。如果其中一个脉边相对另两个脉边级别高较多，也即细较多，则有一个夹角近似 180°。如果 3 个脉的宽度不一致，则 3 个脉边的夹角不相同。一般情况下，任何两个脉边的夹角都不小于 60°。为了简化模拟方法，假设网脉的宽度一致，且用直线模拟。

为了生成闭合的、大小与排列都是随机的网眼，采用种子生长方法，具体步骤如下。

1）对于每个二级脉间的空间区域，在二级脉边上随机取一个种子点，该点不是一或二级脉通过的点。

2）从种子点（网眼的一个结点(x, y)）开始生长网眼。随机给定一个生长角度θ及脉段长度L_1，如图10-21所示。

3）给定另两个随机脉长L_2、L_3及两个夹角α、β，根据下式计算中点结点坐标(x_0, y_0)与另两个结点坐标(x_1, y_1)、(x_2, y_2)。

$x_0=x+L_1\cos(\theta)$ $y_0=y+L_1\sin(\theta)$

$x_1=x_0+L_2\cos(180^\circ-\alpha-\theta)$ $y_1=y_0+L_2\sin(180^\circ-\alpha-\theta)$

$x_2=x_0+L_3\cos(\alpha+\beta+\theta-180^\circ)$ $y_2=y_0+L_3\sin(\alpha+\beta+\theta-180^\circ)$

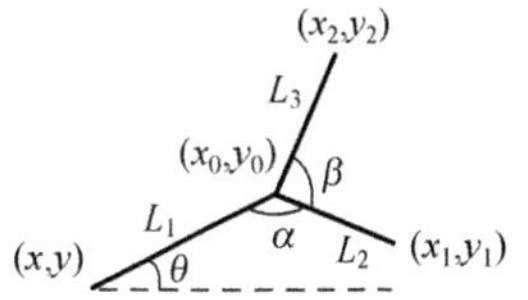

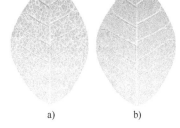

图10-21　网眼的结点计算

4）用直线连接结点(x, y)到(x_0, y_0)、(x_0, y_0)到(x_1, y_1)，以及(x_0, y_0)到(x_2, y_2)。如果直线经过的坐标已有叶脉通过，则该叶脉的点替换原来计算的结点。

5）如果新计算的两个结点不在已有的叶脉上，则作为下一步的中间结点，以结点(x_1, y_1)为例，将(x_1, y_1)作为(x_0, y_0)，则原(x_0, y_0)变为(x, y)，角度θ由新的(x, y)与(x_0, y_0)计算，再计算新的两个结点。如果新计算的结点在已有的叶脉上，则该结点终止生长。

6）用直线连接结点(x_0, y_0)到(x_1, y_1)，以及(x_0, y_0)到(x_2, y_2)。如果直线经过的坐标已有叶脉通过，则该叶脉的点替换原来计算的结点。

7）重复前两步，直到没有新的结点计算为止。

图10-22a显示了该方法的一个结果图。从图中可以看出，网脉的亮度是固定值，没有随着叶片的亮度变化而变化。因此在绘制叶片的过程中，需要记录叶片中每个像素的亮度，在绘制网眼时使用对应像素的亮度，如图10-22b所示。

10.3.3　叶片整体造型实例

1. 叶片造型程序设计

首先详细介绍如图10-23a所示的真实叶片的造型过程。根据实际叶片的大小，可确定平面参数方程中的$w=100$、$h=220$（见图10-23b）。

叶形变形函数：$Tx_1(u,v)=wu\sin(3\pi v/2.2)/2$ （见图10-23c）

叶尖变形函数：$Tx_2(u,v)=-uvw/2$ （见图10-23d）

叶基变形函数：$Ty_3(u,v)=hu(1-v)\sin(\pi u/1.2)/2.7$ （见图10-23e）

叶缘变形函数：$Tx_4(u,v)=wu|\sin(8\pi v-0.5)|/16.6+wu|\sin(4*3.14*v)|/33$ （见图10-23f）

叶片形状的参数方程为

$x(u,v)=wu+Tx_1(u,v)+Tx_2(u,v)+Tx_4(u,v)$

$y(u,v)=hv+Ty_3(u,v)$ （$-0.5\leqslant u\leqslant0.5$，$0\leqslant v\leqslant1$）

$z(u,v)=0$

主脉参数方程为

$x(u,v)=1.5(1.5-v)\cos(u)+Tx_1(u',v)+Tx_2(u',v)+Tx_4(u',v)$

$y(u,v)=hv+Ty_3(u,v)$ （$u'=x/w$, $0^\circ\leqslant u'\leqslant360^\circ$，$-0.1\leqslant v\leqslant1$）

$z(u,v)=1.5(1.5-v)\sin(u)$

图10-22　网脉的模拟

a)　　　　　b)

最下方左侧脉的初始参数方程如下，再绕z轴旋转60°，然后沿y方向加一个增量2，最后在x方向进行变形$Tx_1(u,v)+Tx_2(u,v)+Tx_4(u,v)$，在y方向进行变形$Ty_3(u,v)$。

$$x(u,v) = 1.5(1.5-v)\cos(u)$$
$$y(u,v) = w\cos(60\pi/180)v$$
$$z(u,v) = R(1.5-v)\sin(u)$$

其他左侧脉与上面的左侧脉只是沿y方向的增量不同。

右侧脉与左侧脉类似，不同的是绕z轴旋转-60°。

叶脉的初始形状如图10-23f所示，最后变形后的结果如图10-23g所示。

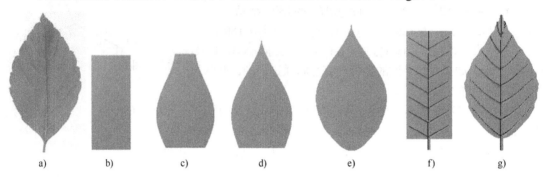

图 10-23　叶片整体造型

圆锥计算函数及叶脉变形函数程序设计如下。

```
void Cone1(float r,int h,float u,float v,float &x,float &y,float &z)
{ x=r*(1.5−v)*cos(u);
    y=h*v;
    z=r*(1.5−v)*sin(u);
}
float DefX(int w,float u,float v)
{ return(u*sin(3*v*3.14/2.2)*w/2−u*v*w/2+u*fabs(sin(8*3.14*v−0.5))*w/16.6+u*fabs(sin(4*3.14*v))*w/33);//;
}
float DefY(int h,float u,float v)
{       return(u*(1−v)*sin(u*3.14/1.2)*h/2.7);
}
```

图10-23g中的叶片整体造型函数设计如下。

```
void Leaf2(CDC *pDC,int w,int h, float du,float dv,float cx,float cy,float cz,
            int dx,int dy,int dz,int Lx,int Ly,int Lz,int It,float Kd,int Ie,float H,float S)
{ float uu[4],vv[4],x[5],y[5],z[5],xx[5],yy[5],zz[5],x1[5],y1[5],z1[5],x2[5],y2[5],z2[5];;
//叶片生成
for(float u=−0.5;u<=0.5;u=u+du)
    for(float v=0;v<=1.0001;v=v+dv)
    {    uu[2]=u,vv[2]=v,uu[3]=u,vv[3]=v+dv,uu[0]=u+dv,vv[0]=v+dv,uu[1]=u+du,vv[1]=v;
        for(int i=0;i<4;i++)
        {x[i]=w*uu[i]+DefX(w,uu[i],vv[i]),y[i]=h*vv[i]+DefY(h,uu[i],vv[i]),z[i]=0;
        RevolveX(cx,x[i],y[i],z[i],xx[i],yy[i],zz[i]);    RevolveY(cy,xx[i],yy[i],zz[i],x[i],y[i],z[i]);
        RevolveZ(cz,x[i],y[i],z[i],xx[i],yy[i],zz[i]);    xx[i]=xx[i]+dx,yy[i]=yy[i]+dy,zz[i]=zz[i]+dz;
        }
```

```
                xx[4]=xx[0],yy[4]=yy[0];    FullRealSmall(pDC,xx,yy,zz,4,Lx,Ly,Lz,It,Kd,Ie,H,S);
        }
//主脉生成
    for( u=0;u<=6.28;u=u+du)
        for(float v=-0.1;v<=1.0001;v=v+dv)
        {   uu[0]=u,vv[0]=v,uu[3]=u,vv[3]=v+dv,uu[2]=u+du,vv[2]=v+dv,uu[1]=u+du,vv[1]=v;
            for(int i=0;i<4;i++)Cone1(1.5,h,uu[i],vv[i],x[i],y[i],z[i]);
            float U=x[0]/w;
            for(i=0;i<4;i++)
                    { y[i]=y[i]+DefY(h,U,vv[i]);
                    RevolveX(cx,x[i],y[i],z[i],xx[i],yy[i],zz[i]); RevolveY(cy,xx[i],yy[i],zz[i],x[i],y[i],z[i]);
                    RevolveZ(cz,x[i],y[i],z[i],xx[i],yy[i],zz[i]); xx[i]=xx[i]+dx,yy[i]=yy[i]+dy,zz[i]=zz[i]+dz;
                    }
                xx[4]=xx[0],yy[4]=yy[0]; FullRealSmall(pDC,xx,yy,zz,4,Lx,Ly,Lz,It,Kd,Ie,H-10*3.14/180,S-0.1);
        }
//左侧脉生成
float hh=w*cos(60*3.14/180);
for(int k=0;k<7;k++)
{for(float u=0;u<=6.28;u=u+du)
    for(float v=0;v<=1.0001;v=v+dv)
        {   uu[0]=u,vv[0]=v,uu[3]=u,vv[3]=v+dv,uu[2]=u+du,vv[2]=v+dv,uu[1]=u+du,vv[1]=v;
            for(int i=0;i<4;i++)
                    {Cone1(1.5-k*0.15,hh,uu[i],vv[i],xx[i],yy[i],zz[i]);
                    RevolveZ(60*3.14/180,xx[i],yy[i],zz[i],x[i],y[i],z[i]);   y[i]=y[i]+k*h/7+2;
                    }
                float U=x[0]/w,V=y[0]/h;
                for(i=0;i<4;i++)
                    {x[i]=x[i]+DefX(w,U,V);            y[i]=y[i]+DefY(h,U,V);
                    RevolveX(cx,x[i],y[i],z[i],xx[i],yy[i],zz[i]); RevolveY(cy,xx[i],yy[i],zz[i],x[i],y[i],z[i]);
                    RevolveZ(cz,x[i],y[i],z[i],xx[i],yy[i],zz[i]); xx[i]=xx[i]+dx,yy[i]=yy[i]+dy,zz[i]=zz[i]+dz;
                    }
                xx[4]=xx[0],yy[4]=yy[0]; FullRealSmall(pDC,xx,yy,zz,4,Lx,Ly,Lz,It,Kd,Ie,H-10*3.14/180,S-0.1);
        }
}
//右侧脉生成
for( k=0;k<7;k++)
{   for(float u=0;u<=6.28;u=u+du)
    for(float v=0;v<=1.0001;v=v+dv)
        {   uu[0]=u,vv[0]=v,uu[3]=u,vv[3]=v+dv,uu[2]=u+du,vv[2]=v+dv,uu[1]=u+du,vv[1]=v;
        for(int i=0;i<4;i++)
                { Cone1(1.5-k*0.15,hh,uu[i],vv[i],xx[i],yy[i],zz[i]);
                RevolveZ(-60*3.14/180,xx[i],yy[i],zz[i],x[i],y[i],z[i]);           y[i]=y[i]+k*h/7+4;
                }
            float U=x[0]/w,V=y[0]/h;
            for(i=0;i<4;i++)
                {x[i]=x[i]+DefX(w,U,V);         y[i]=y[i]+DefY(h,U,V);
                RevolveX(cx,x[i],y[i],z[i],xx[i],yy[i],zz[i]); RevolveY(cy,xx[i],yy[i],zz[i],x[i],y[i],z[i]);
                RevolveZ(cz,x[i],y[i],z[i],xx[i],yy[i],zz[i]); xx[i]=xx[i]+dx,yy[i]=yy[i]+dy,zz[i]=zz[i]+dz;
```

```
        }
    xx[4]=xx[0],yy[4]=yy[0]; FullRealSmall(pDC,xx,yy,zz,4,Lx,Ly,Lz,It,Kd,Ie,H-10*3.14/180,S-0.1);
    }
  }
}
```

将上述程序稍做修改就可生成其他类型的树叶，下面简单介绍几种叶片的造型过程。

2. 构树叶

实际图像如图 10-24a 所示。设定矩形 $h=140$，$w=35$，如图 10-24b 所示。沿 y 方向变形形成叶尖（见图 10-24c）。沿 y 方向变形形成叶基（见图 10-24d），调整相关参数，使叶尖与叶基变形的连接处连续性较好。用底半径为 1 的圆锥生成一级脉，二级脉从叶基部到叶尖圆锥底半径从 0.9 到 0.5，如图 10-24e 所示。网状脉的网眼为四边形或五边形（见图 10-24f）。叶片的色调 $H=100$，饱和度 $S=0.6$，叶脉的色调 $H=70$，饱和度 $S=0.4$。

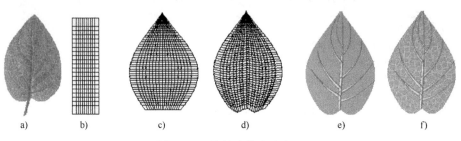

图 10-24　构树叶的造型过程

3. 银杏叶

银杏叶实际图像如图 10-25a 所示。设定矩形 $h=60$，$w=120$，如图 10-25b 所示。沿 x 方向变形形成叶基（见图 10-25c 和图 10-25d）。沿 y 方向变形形成叶尖（见图 10-25e 和图 10-25f），调整相关参数和系数，使叶尖与叶基变形的连接处连续性较好。因为银杏叶是平行脉，且脉较细，因此，可用小直线进行模拟并且沿叶尖方向的生长过程有分枝脉，如图 10-25g 所示。叶片的色调 $H=60$，饱和度 $S=0.8$，叶脉的色调 $H=70$，饱和度 $S=0.5$。

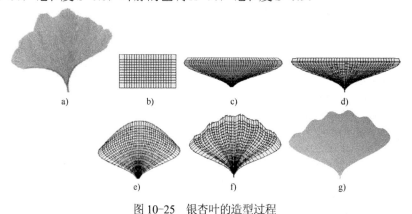

图 10-25　银杏叶的造型过程

4. 白杨叶

白杨叶实际图像如图 10-26a 所示。设定矩形 $h=140$，$w=30$，如图 10-26b 所示。沿 x 方向变形先形成叶的初始左右轮廓（见图 10-26c），再形成叶的不对称效果（见图 10-26d）。沿

y 方向变形形成叶基（见图 10-26e），再形成叶尖（见图 10-26f）。用底面半径为 1.2 的圆锥生成一级脉，二级脉从叶基部到叶尖圆锥底半径从 0.9 到 0.6，如图 10-26g 所示。三级及以上叶脉用网状脉生成方法，网眼为四边形或五边形（见图 10-26h）。叶片的色调 H=100，饱和度 S=0.6，叶脉的色调 H=70，饱和度 S=0.4。

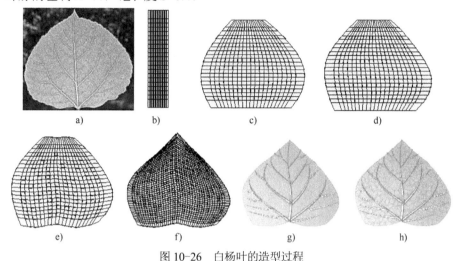

图 10-26　白杨叶的造型过程

10.4　植物花朵造型

花朵一般是由花冠（或花瓣）、花梗、花托、花萼、雄蕊群与雌蕊群等几部分组成。花梗类似圆柱，可以对圆柱进行变形得到花梗；花托在不同的植物中会出现不同的形状，如棒状、圆锥形和杯状等。可对椭球、圆锥等变形得到花托；雄蕊群与雌蕊群也可由椭球与圆柱变形得到。

花冠在花萼之内，花冠通常可分裂成片状，称为花瓣。花瓣一般比萼片大。花萼和花冠合称花被。花萼在花的最外面，花萼的形状近似于花瓣，所以花萼的造型可采用树叶或花瓣的造型方法。这里重点介绍花瓣的造型。

10.4.1　花瓣的边界造型

花瓣的边界造型与叶片形状造型相似，可以通过一个矩形的变形得到，花瓣的四周轮廓特征简化的函数如下。

$$x(u,v) = wu + a_x u \sin(2\pi v f_x + d_x)$$
$$y(u,v) = hv + b_t v |\sin[2\pi(u+0.5)f_t + d_t]| - b_b(1-v)|\sin[2\pi(u+0.5)f_b + d_b]|$$
$$z(u,v) = 0$$

$$(-0.5 \leqslant u \leqslant 0.5,\ 0 \leqslant v \leqslant 1)$$

上式中各参数描述如下。

● 矩形参数。

w 为平面在 x 方向的长度，h 为平面在 y 方向的长度，如图 10-27a 所示，w=80，h=140。

● x 方向边界变形。

矩形平面的左右边界（u=±0.5）变形最大，垂直中心轴（u=0）变形最小（为 0）。a_x 为变形幅度，f_x 为变形频率，d_x 为变形相位。如图 10-27b 所示，a_x=40，f_x=0.5，f_x=-0.4。

● y 方向边界变形。

矩形平面的上下两边界（v=1 和 v=0）变形最大，水平中心轴（v=0.5）变形最小（为 0）。b_t 为上部变形幅度，f_t 为上部变形频率，d_t 为变形相位；b_b 为下部变形幅度，f_b 为下部变形频率，d_b 为下部变形相位。如图 10-27c 所示，b_t=50，f_t=0.5，d_t=1.57；b_b=40，f_b=0.5，d_b=1.57。

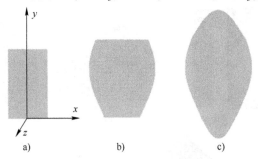

图 10-27 花瓣边界轮廓造型

需要说明的是，如果花瓣的边界形状复杂，可在前面的边界变形基础上再添加多个变形函数。

10.4.2 花瓣的弯曲造型

弯曲变形是将一个二维的平整平面变形为空间曲面的过程。自然界中的花瓣是有一定弯度的，为了模拟这种弯曲，这里用到了凹凸变形，也即沿法向量方向变形，由于初始平面是在 xOy 面上，所以法向量就是 z 方向，因此变形函数 $N(u,v)$ 仅改变 z 值。

$$x(u,v) = wu + a_x u \sin(2\pi v f_x + d_x)$$
$$y(u,v) = hv + b_t v |\sin(2\pi u f_t + d_t)| - b_b(1-v)|\sin(2\pi u f_b + d_b)|$$
$$z(u,v) = N(u,v)$$

如果变形函数 $N(u,v)$=30sin($\pi x/w$)，可使图 10-28a 变换到如图 10-28b 所示的效果。如果变形函数 $N(u,v)$=30sin($\pi x/w$)+30sin($\pi y/h$)，可使图 10-28b 变换到如图 10-28c 所示的效果。

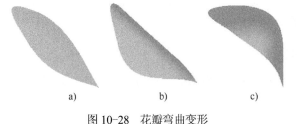

图 10-28 花瓣弯曲变形

10.4.3 花瓣颜色模拟

花瓣的颜色模式有多种，这里介绍花心、花边、花环和花肋 4 种颜色模式。前 3 种可以合并为花环模式（见图 10-29a），图 10-29b 所示为花肋模式。

1. 花环模式

花环的数学模型设计如下。

$$S = S_1 + (S_2 - S_1) |\cos(\pi v f_y + \varphi_y)|^{n_y}$$

式中，n_y 控制饱和度从 S_1 到 S_2 的变化率，f_y 控制花环出现

图 10-29 花瓣的颜色模式

的频率，φ_y 控制出现花环的位置变化。这里的饱和度 S 也可以用色度 H 或亮度 I 表示。

上式中的 cos 函数也可使用 sin 函数，使用 cos 是为了与混合模式一致。

（1）模糊边界的花环

当花瓣的饱和度是 $0.2(S_1=0.2)$，中间只有一个花环饱和度是 $1(S_2=1)$ 时，上式变为

$$S = 0.2 + 0.8\,|\cos(\pi v)|^n$$

图 10-30 显示了不同 n_y 值控制的花环范围。

（2）清晰边界的花环

将前面的模糊边界变清晰的最简单的方法是进行二值处理。

当 $S \geqslant Se$ 时，$S = S_{max}$；当 $S < Se$ 时，$S = S_{min}$。

式中，Se 一般可取 $(S_{max} + S_{min})/2$。当 $Se=0.6$ 时，图 10-31 显示了图 10-30 相应二值化后的结果。

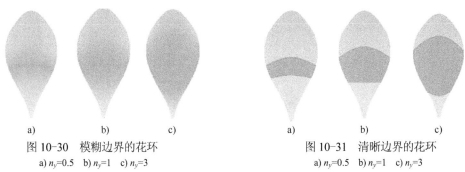

图 10-30　模糊边界的花环
a) n_y=0.5　b) n_y=1　c) n_y=3

图 10-31　清晰边界的花环
a) n_y=0.5　b) n_y=1　c) n_y=3

（3）多个花环

如果 $f_y>1$，可实现多环的效果，如图 10-32 所示。

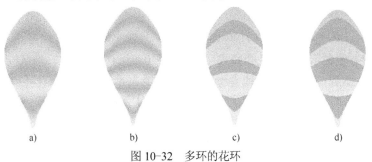

图 10-32　多环的花环

a) n_y=1 f_y=3　b) n_y=1 f_y=5　c) Se=0.6, f_y=3 n_y=1　d) Se=0.6, f_y=3 n_y=3

（4）花边与花心

如果 f_y=0.5，可实现花边与花心效果，如图 10-33 所示，f_y=0.5，n_y=1。

2. 花肋模式

花肋模式是在花瓣上按一定周期出现类似肋状的条纹，具有一定的周期性，所以也可以利用余弦公式进行计算。计算公式如下。

$$S = S_1 + (S_2 - S_1)\,|\cos[\pi(u + 0.5)f_x + \varphi_x]|^{n_x}$$

式中，n_x 控制饱和度从 S_1 到 S_2 的变化率，f_x 控制花肋出现的频率。这里的饱和度 S 也可以用色度 H 或亮度 I 表示。与花环相同，可以通过二值化突出条纹的边界。

当 S_1=0.2、S_2=1、φ_x=0 时，图 10-34 显示了不同的花肋效果。对于清晰边界花肋模

式，在图 10-35 中，S_1=0.2，S_2=1，Se=0.6。

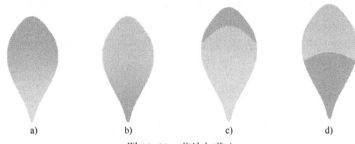

图 10-33　花边与花心

a) φ_y=0　b) φ_y=1.57　c) Se=0.6 φ_y=0, n_y=0.5　d) Se=0.6, φ_y=1.57, n_y=3

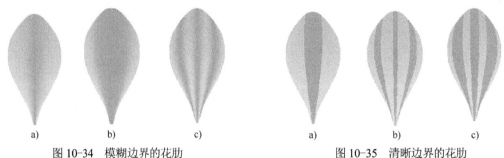

图 10-34　模糊边界的花肋　　　　　　图 10-35　清晰边界的花肋

a)f_x=1 n_x=0.5　b)f_x=1 n_x=3　c)f_x=3 n_x=1　　　a)f_x=1, n_x=1　b)f_x=3, n_x=1　c)f_x=3, n_x=3

3. 混合模式

有些花的颜色较为丰富，在有花环的同时还有着花肋特性。可以将花肋模式与花环模式结合使用（见图 10-36），公式如下。

$$S = S_1 + (S_2 - S_1)\,|\cos(\pi v f_y + \varphi_y\,|^{n_y})|\cos[\pi(u + 0.5)f_x + \varphi_x\,|^{n_x}]$$

上式也比较方便表示花环或花肋模式，当 f_y=φ_y=0 时为花肋模式，当 f_x=φ_x=0 时为花环模式。如果使用 sin 函数，当 f_y=φ_y=0 或 f_x=φ_x=0 时，不能表示花肋模式或花环模式。

当 S_1=0.2，S_2=1 时，表 10-1 列出了上式各种参数对应的花色效果。

表 10-1　各种参数对应的花色纹理效果

边界	f_y	φ_y	n_y	f_x	φ_x	n_x	图
模糊	1	0	1	1	0	1	图 10-36a
模糊	1	$\pi/2$	1	1	$\pi/2$	1	图 10-36b
模糊	1	$\pi/2$	1	4	$\pi/2$	1	图 10-36c
模糊	1	$\pi/2$	3	4	$\pi/2$	3	图 10-36d
模糊	4	$\pi/2$	3	1	$\pi/2$	3	图 10-36e
模糊	5	$\pi/2$	1	0.5	$\pi/2$	1	图 10-36f
模糊	5	0	1	1	0	1	图 10-36g
清晰	5	0	1	1	0	1	图 10-36h
清晰	5	0	1	0.5	0	3	图 10-36i
清晰	5	0	3	0.5	$\pi/2$	5	图 10-36j

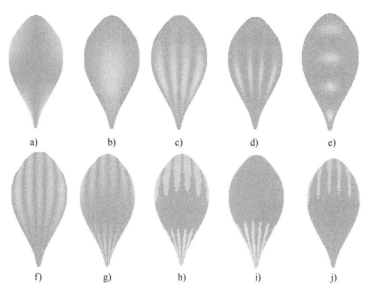

图 10-36　混合模式

10.4.4　花冠的造型

1. 花瓣的旋转

花冠由多个花瓣组成。将所形成的一个花瓣进行复制，再将复制好的花瓣进行空间旋转变换（如绕 y 轴旋转），可以想象成一个花瓣绕着花蕊进行旋转，得到一个花朵的花冠。比如一片五瓣的花冠，经过复制、旋转 5 次就可以得到。图 10-37 显示了不同花瓣数、不同花色模式形成的花冠。

图 10-37　不同花瓣数、不同花色模式的花冠

2. 花冠的旋转

如果在三维空间中旋转和平移一个完整的花冠，就可以得到不同位置和不同角度的花冠，如图 10-38 所示。

图 10-38　不同角度的花冠

10.4.5　花朵造型实例

由于花朵上最直观的就是花冠，这里重点介绍各种花朵的花冠造型方法。

1. 麦仙翁及程序设计

麦仙翁的花瓣是紫色的，从底部到顶部从亮逐渐变暗，花瓣中有多条花肋，如图10-39所示。

（1）花瓣造型

图 10-40a 所示的矩形参数为 $w=30$，$h=140$；图 10-40b 所示为矩形边界变形后的花瓣形状；图 10-40c 所示为弯曲变形后的花瓣形状。最终花瓣的参数方程为

$$\begin{cases} x(u,v) = wu + 2.5wu\sin(\pi v/1.2 - 0.45) \\ y(u,v) = hv + 0.05hv^2 |\sin(2u\pi)| \\ z(u,v) = 0.2w\sin(0.25x\pi/w + \pi/2) + 0.25h\sin(\pi y/h - 0.7) \end{cases}$$

图 10-39 麦仙翁图像

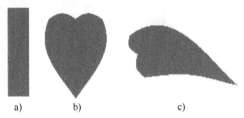

a)   b)   c)

图 10-40 麦仙翁花瓣造型过程
a) 矩形 b) 边界变形 c) 弯曲变形

（2）花瓣颜色纹理

麦仙翁花瓣的颜色特点是花边模式和花肋模式相结合的混合模式，饱和度变化公式如下。

$$S = 0.6 - 0.6|\cos[\pi(1-v)/2 + \pi/2|^{0.5}]|\cos[4\pi(u + 0.5) + \pi/2|^{0.5}]$$

第一个 cos 项是控制花瓣从底部到顶部的饱和度从 0 到 0.6 的变化（如图 10-41a 所示，色度 $H=270$），第二个 cos 项是控制花肋模式（见图 10-41b），两项合并得到如图 10-41c 所示的效果。

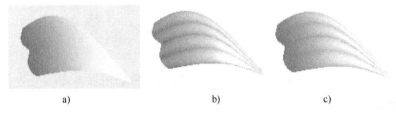

a)   b)   c)

图 10-41 麦仙翁花瓣颜色的模拟

（3）花朵生成

将生成的花瓣进行多次旋转变换，得到如图 10-42a 所示的效果，加上花蕊后为最终模拟结果，如图 10-42b 所示。

a)   b)

图 10-42 麦仙翁花朵的模拟

麦仙翁花瓣计算函数及变形函数程序设计如下。

```
void   DefXY(float w,float h, float u,float v, float &x,float &y,float &z)
{x=w*u+w*2.5*u*sin(v*3.14/1.2-0.4);
 y=h*v+0.05*h*v*v*fabs(sin(2*u*3.14));
 z=0;
}
float   DefZ(float w,float h, float x,float y)
{return(0.2*w*sin(x*3.14/w/5+1.57)+0.3*h*(sin(3.14*y/h-0.7)));
}
```

麦仙翁花瓣绘制函数设计如下。

```
void Petal1(CDC *pDC,int w,int h, float du,float dv,float cx,float cy,float cz, int dx,int dy,int dz,
                 int Lx,int Ly,int Lz,int It,float Kd,int Ie,float H,float cx1,float cy1,float cz1)
{ float uu[4],vv[4],x[5],y[5],z[5],xx[5],yy[5],zz[5];
for(float u=-0.5;u<=0.5;u=u+du)
     for(float v=0;v<=1.0001;v=v+dv)
        {   uu[0]=u,vv[0]=v,uu[1]=u,vv[1]=v+dv,uu[2]=u+du,vv[2]=v+dv,uu[3]=u+du,vv[3]=v;
            for(int i=0;i<4;i++)
            {DefXY(w,h, uu[i],vv[i],x[i],y[i],z[i]);
            z[i]=z[i]+DefZ(w,h,x[i],y[i]);
            RevolveX(cx,x[i],y[i],z[i],xx[i],yy[i],zz[i]);
            RevolveY(cy,xx[i],yy[i],zz[i],x[i],y[i],z[i]);
            RevolveZ(cz,x[i],y[i],z[i],xx[i],yy[i],zz[i]);
            RevolveX(cx1,xx[i],yy[i],zz[i],x[i],y[i],z[i]);
            RevolveY(cy1,x[i],y[i],z[i],xx[i],yy[i],zz[i]);
            RevolveZ(cz1,xx[i],yy[i],zz[i],x[i],y[i],z[i]);
            xx[i]=x[i]+dx,yy[i]=y[i]+dy,zz[i]=z[i]+dz;
            }
            xx[4]=xx[0],yy[4]=yy[0];
            double S;
            S=0.6-0.6*pow(fabs(cos(3.14*(1-v)/2+1.57)),0.5)*pow(fabs(cos(4*3.14*(u+0.5)+1.57)),0.5);
            FullRealSmall(pDC,xx,yy,zz,4,Lx,Ly,Lz,It,Kd,Ie,H,S);
        }
    }
```

麦仙翁花蕊绘制函数设计如下。

```
void BudFaceReal(CDC *pDC,int r,int h,float du,float dv,float cx,float cy,float cz,int dx,int dy,int dz,int Lx,
                 int Ly,int Lz,int It,float Kd,int Ie,float H,float S,float cx1,float cy1,float cz1,int dxz)
{ float uu[4],vv[4],x[5],y[5],z[5],xx[5],yy[5],zz[5];
 for(float u=0;u<1;u=u+du)
     for(float v=0;v<6.28;v=v+dv)
        {   uu[0]=u,vv[0]=v,uu[1]=u+du,vv[1]=v,uu[2]=u+du,vv[2]=v+dv,uu[3]=u,vv[3]=v+dv;
            for(int i=0;i<4;i++)
            {   Cylinder1(r,h,uu[i],vv[i],x[i],y[i],z[i]);
                x[i]=x[i]+dxz*sin(uu[i]*3.14); z[i]=z[i]+dxz*sin(uu[i]*3.14);   //变形
                RevolveX(cx,x[i],y[i],z[i],xx[i],yy[i],zz[i]);
                RevolveY(cy,xx[i],yy[i],zz[i],x[i],y[i],z[i]);
```

```
                    RevolveZ(cz,x[i],y[i],z[i],xx[i],yy[i],zz[i]);
                    RevolveX(cx1,xx[i],yy[i],zz[i],x[i],y[i],z[i]);
                    RevolveY(cy1,x[i],y[i],z[i],xx[i],yy[i],zz[i]);
                    RevolveZ(cz1,xx[i],yy[i],zz[i],x[i],y[i],z[i]);
                    xx[i]=x[i]+dx,yy[i]=y[i]+dy,zz[i]=z[i]+dz;
              }
              xx[4]=xx[0],yy[4]=yy[0];
          FullRealSmall(pDC,xx,yy,zz,4,Lx,Ly,Lz,It,Kd,Ie,H,S);
        }
         EllipsoidFaceReal(pDC,0,0,0,2,2,6,du,dv,cx,cy,cz,xx[0],yy[0],zz[0],Lx,Ly,Lz,It,Kd,Ie,H,S+0.2);
    }
```

麦仙翁花朵绘制函数设计如下。

```
    void Flower1(CDC *pDC,int w,int h, float du,float dv,float cx,float cy,float cz,
               int dx,int dy,int dz,int Lx,int Ly,int Lz,int It,float Kd,int Ie,float H)
    {for(int i=40;i<=330;i=i+72)
            Petal1(pDC,w,h,du,dv,0*3.14/180,0*3.14/180,i*3.14/180,dx,dy,dz,Lx,Ly,Lz,It,Kd,Ie,H,cx,cy,cz);
        for(i=0;i<10;i++)
            BudFaceReal(pDC,1,50,0.1,0.1,1.57,rand()%40*3.14/180,i*(40-
    rand()%40)*3.14/180,dx,dy+5,dz,
                    Lx,Ly,Lz,It,Kd,Ie+150,250*3.14/180,0.2,cx,cy,cz,2);
        }
```

修改上述函数中的部分内容，可得到不同类型的花朵。

2. 勋章菊花

图 10-43 所示是勋章菊花的实际图像，从图中可以看出，勋
章菊花花瓣的几何形状是卵圆形，沿着长轴方向有一定的弯曲，
表面有条纹凹凸纹理，花色是花环与花肋的混合模式。

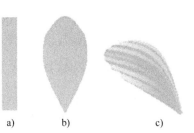

图 10-43　勋章菊花

（1）花瓣边界造型

初始矩形 $w=20$，$h=120$，如图 10-44a 所示。
花瓣平面变形参数方程为

$Tx(u,v)=2wu[\sin(\pi v-1)]$　　　$Ty(u,v)=hv^2\sin[\pi(u+0.5)]/5$　　（见图 10-44b）

（2）花瓣弯曲造型

$N(u,v)=hu\sin[12\pi(u+0.5)]/20+h[\sin(\pi y/120-1)]/5$
最终花瓣的参数方程为（见图 10-45c）

$$\begin{cases} x(u,v) = wu + Tx(u,v) \\ y(u,v) = hv + Ty(u,v) \\ z(u,v) = N(u,v) \end{cases}$$

a)　　　　b)　　　　c)

图 10-44　矩形变形为花瓣

（3）花瓣颜色纹理

1）色度花肋模式：$H=5+45|\cos(\pi u+\pi/2)|$　（图 10-45a）

2）花肋边界清晰：if(H>30) H=50　else H=5　　　（图 10-45b）

3）亮度花边模式：花心比花边更暗，按花环模式控制亮度：$I=I_0v^3$

式中，I_0 是简单光照模型计算出的亮度值，如图 10-45c 所示。

232

4）双色花心模式

花心部分含有一个军绿色花环，主要经过以下几步。

- 首先按花环模式控制色度：if(v<0.45) H=50+30|cos(πv+π/2)|
- 再对上述花环进行二值化：if(H>75) H=80 else H=50
- 最后降低饱和度和亮度突出军绿色花环（图 10-45d）。

$$if(H>75)\ S=0.3,\ I=I*0.4$$

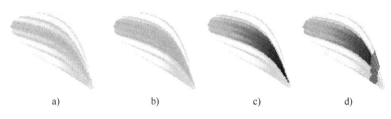

a)　　　　　　　b)　　　　　　　c)　　　　　　　d)

图 10-45　花瓣的颜色模式

（4）花瓣的旋转变换

由于勋章菊各花瓣形状基本相同，因此，生成一个花瓣后，对其进行不同的旋转变换，可得到花冠。图 10-46a 所示为内轮花瓣，图 10-46b 所示为加上外轮花瓣，图 10-46c 所示为加上花蕊的花朵，花蕊主要是由多个椭球相连小圆柱组成的。

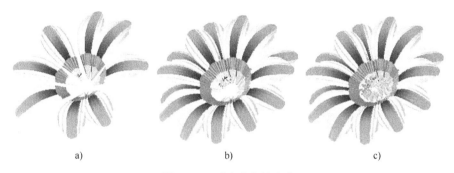

a)　　　　　　　　　b)　　　　　　　　　c)

图 10-46　勋章菊花的生成

3. 矮大丽花

图 10-47 所示是矮大丽花的实际图像，从图中可以看出，矮大丽花花瓣的几何形状是椭圆形，但内轮花瓣小于外轮花瓣，沿着长轴与短轴方向都有一定的弯曲，表面有条纹凹凸纹理，花色主要是花环模式。另外，花朵中有阴影效果。

图 10-47　矮大丽花

（1）花瓣边界造型

矮大丽花各花瓣的大小不完全一致，通过控制矩形的高和宽来调整花瓣的大小（图 10-48a 中 $w=25$，$h=80$），花瓣平面的参数方程如下（见图 10-48b）。

$$x(u,v)=wu+w(u+0.5)\sin(\pi v-0.2)$$

$$y(u,v)=hv+0.08hv|\sin(\pi u)|-0.08h(1-v)|\sin(\pi u)|$$

（2）花瓣弯曲造型

长轴方向与短轴方向弯曲变形：$z(u,v)=N(u,v)=A\sin(\pi y/h-0.4)+B\sin(\pi x/w)$　　（图 10-48c）

（3）花瓣颜色纹理

颜色特点是花边模式，且花边的边界弯曲并有锯齿状。

● 按修改的花环模式控制饱和度（见图10-48d）：$S=(1-v)-0.03\cos(\pi u+\pi/2)$
● 再对上述花环进行二值化（见图10-48e）：if(S<0.03)S=0,I=3I;else S=0.9;

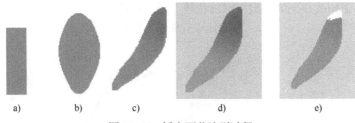

图 10-48　矮大丽花造型过程

（4）花瓣的旋转变换

通过不同的旋转变换，就可以得到一朵完整的矮大丽花朵。需要说明的是，矮大丽花的各花瓣大小不一，弯曲度也不一样，每个花瓣需修改相关的参数。图10-49a所示为花瓣旋转的结果。

（5）花瓣的阴影显示

从图 10-49 中可以看出，花朵的真实感效果并不好，需要采用前面章节中介绍的方法添加阴影。图 10-49b 所示为加上阴影后的效果，图 10-49c 所示为加上花蕊的花朵，花蕊主要是由一个椭球模拟。

4. 百合花

百合花有 1 个雌蕊、6 个雄蕊及 6 个花瓣，分两轮分布在花托上，每个花瓣的大小基本相同，如图 10-50 所示。

图 10-49　矮大丽花模拟结果　　　　　　　　　　　　图 10-50　百合花图像

（1）花瓣边界变形函数（见图10-51a）

$$Tx(u,v) = 0.6wu\sin(\pi v+1)+0.05a_xu\sin(0.3wv\pi)$$
$$Ty(u,v) = w(v-0.5)\sin[(u+0.5)\pi]-0.05w(v-0.5)\sin[10(u+0.5)\pi]$$

（2）花瓣弯曲变形函数

$$N(x,y) = w\sin(\pi y/h+3)+10x^3/w^3\sin(0.1\pi y)+0.15w(1-2\,|\,v-0.5\,|)(1-2\,|\,u\,|)$$
$$\sin[24(u+0.5)\pi]+0.1we^{-25a_x(u-0.05)^2}+0.1we^{-25a_x(u+0.05)^2}$$

式中第一项是控制花瓣沿 y 方向的大弯曲变形（见图10-51b），第二项是控制边界褶皱变形（见图 10-51c），第三项是控制中部垂直凹凸纹理（见图 10-51d），第四项与第五项共同控制中轴明显的凹凸条纹（见图10-51e）。

（3）花瓣的颜色

百合花的一种类型的颜色是红色，色调 H=356，其中间轴颜色更深，两边颜色更浅，接

近白色，且接近花蕊部位颜色深，所以亮度 $I=500|u|+200v$，饱和度 $S=0.5$，结果如图 10-52a 所示。另外，在接近花蕊部位有一些随机深红色的点，可通过随机函数在此区域中产生亮度较小、饱和度较大（颜色更深）的斑点，如图 10-52b 所示。

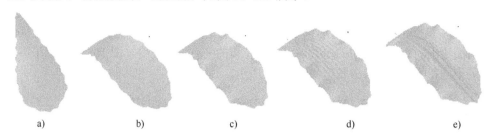

图 10-51　百合花瓣曲面造型过程图

（4）花朵造型

百合花瓣的分布比较规则，有两轮花瓣，每轮 3 个，且分布的夹角近似相等，两轮花瓣相互错开，加上花蕊后结果如图 10-52c 所示。

5. 牡丹花

牡丹花的品种较多，这里模拟如图 10-53 所示的牡丹花。

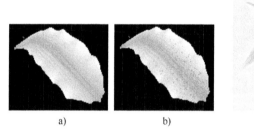

图 10-52　百合花造型

图 10-53　牡丹花图像

（1）花瓣造型过程

图 10-54 显示了牡丹花花瓣造型的过程。

图中前 4 个图形是边界变形过程，变形函数如下。

$$Tx(u,v) = 0.8wu\sin(\pi v/2 - \varphi)$$

$$Ty(u,v) = (v-0.5)\{1.5w\sin[\pi(u+0.5)] + |3v\sin[\pi w(u+0.5)/6]\}$$

图中后 4 个图形是弯曲变形过程，变形函数如下。

$$N(u,v) = 0.3(1-2|v-0.5|)\sin[20(u+0.5)\pi](1-2|u|) + 3(1-v)^2 e^{-800u^2} +$$

$$A_y\sin(\pi y/40-1) + A_x\sin(\pi x/2 - 0.5) + 2v^3\sin(\pi x/8)$$

图 10-54　牡丹花瓣造型过程图

（2）花瓣的颜色造型

花瓣的颜色模型为：$H=355$，$S=0.6$，$I=I_0+400v^2$

式中，I_0 是简单光照模型计算出的亮度值。

（3）花冠中的不同花瓣造型

牡丹花中每个花瓣的大小与形状不完全相同，里面的花瓣比外面的花瓣小且更弯曲，通过改变前面给出的变形函数中的参数，可控制花瓣的大小与弯曲度。图 10-55 显示了不同参数值得出的不同花瓣模型。各参数值如表 10-2 所示。

表 10-2　牡丹花花瓣变形函数各参数对应的效果

w	h	φ	A_x	A_y	图
15	40	0.4	−7	5	图 10-55a
18	41	0.2	−6	4	图 10-55b
21	42	0	−5	3	图 10-55c
24	43	−0.2	−4	2	图 10-55d
27	44	−0.4	−3	1	图 10-55e
30	45	−0.5	−2	0	图 10-55f

a)　　　　b)　　　　c)　　　　d)　　　　e)　　　　f)

图 10-55　不同参数绘制的牡丹花瓣

（4）花朵的造型

牡丹花的雄蕊较多，采用圆柱与变形的椭球相连模拟一个雄蕊；花托用圆锥模拟；花梗用变形的圆柱模拟。将不同的花瓣及雄蕊通过一定范围内的随机数控制旋转角度放置在花托上，就形成了牡丹花，如图 10-56 所示。

图 10-56　牡丹花的模拟

6. 白芒花

白芒花瓣形状类似麦仙翁花瓣，其颜色是花心模式，中心是黄色，花瓣顶端是灰白色，黄色到白色的变化可通过饱和度控制。

（1）花瓣造型

图 10-57a 所示的矩形参数为 $w=15$，$h=120$；图 10-57b 所示为矩形边界变形后的花瓣形

状；图 10-57c 所示为周期条纹凹凸纹理，图 10-57d 所示将顶部的周期条纹凹凸纹理变平坦。
最终花瓣的参数方程为

$$\begin{cases} x(u,v) = wu + 4.5wu\sin(\pi v/1.4 - 0.2) \\ y(u,v) = hv + 0.08hv^3 \,|\sin(2u\pi)| \\ z(u,v) = 3(1-v)^2 \sin[24(u+0.5)\pi] \end{cases}$$

（2）花瓣颜色纹理

白芒花瓣的颜色特点是花心模式，主要是饱和度的变化，色调 H=20，经过以下 3 步处理。

1）饱和度为花心模式（图 10-57e）：$S=1-|\sin(\pi v)|$

2）花心边界变清晰（图 10-57f）：if(S>0.3)S=1 else S=0

3）花心边界变为弧形（图 10-57g）：$S=1-|\sin(\pi v)|+0.1\sin[\pi(u+0.5)]$

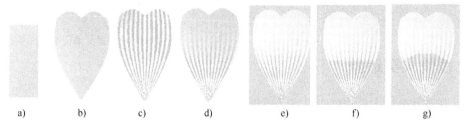

a)　　　b)　　　c)　　　d)　　　e)　　　f)　　　g)

图 10-57　白芒花瓣造型过程

（3）花朵生成

将花瓣旋转并加上花蕊，形成白芒花，如图 10-58b 所示，图 10-58a 为白芒花图像。

7. 宽舌莱氏菊

宽舌莱氏菊花色属于花边模式，花瓣顶端是灰白色，中底部是黄色，黄色到白色的变化仍可通过饱和度控制。

（1）花瓣造型

图 10-59a 所示的矩形（旋转了一定角度）参数为 w=15，h=70；图 10-59b 所示为矩形边界变形后的花瓣形状；图 10-59c 所示为沿 y 方向

a)　　　　　　b)

图 10-58　白芒花的模拟

（矩形的高度方向）弯曲变形，图 10-59d 所示为沿 x 方向（矩形的宽度方向）弯曲变形。最终花瓣的参数方程为

$$\begin{cases} x(u,v) = wu + 1.3wu\sin(\pi v/1.4 - 0.2) \\ y(u,v) = hv + 0.08hv^3 \,|\sin[3(u+0.5)\pi]| - 0.1h(1-v)\,|\sin[\pi(u+0.5)]| \\ z(u,v) = 10v\sin[(u+0.5)\pi] - 10v\sin(\pi v) + 20\sin(\pi v/2) \end{cases}$$

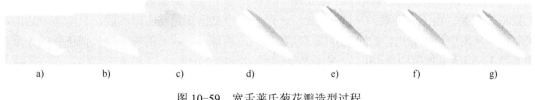

a)　　　　b)　　　　c)　　　　d)　　　　e)　　　　f)　　　　g)

图 10-59　宽舌莱氏菊花瓣造型过程

（2）花瓣颜色纹理

宽舌莱氏菊花瓣的花边模式是饱和度的变化，色调 H=30，经过以下 3 步处理。

1）饱和度的花心模式（见图 10-59e）：S=1-|sin(πv/2)|

2）花心边界变清晰：if(S>0.01)S=0.8 else S=0

从图 10-59f 中可以看出，由于花瓣顶部边界有 3 个凸齿，使得花边的边界也有相同的形状。为了消除这种影响，需对花边加反向的 3 个凸齿。

3）将花边边界变为直线（见图 10-59g）：

S=1-|sin(πv)|-0.01|sin[3π(u+0.5)]|

（3）花朵生成

将花瓣旋转并加上花蕊，形成宽舌莱氏菊花，如图 10-60b 所示，图 10-60a 所示为宽舌莱氏菊花图像。

a)　　　　　　　b)

图 10-60　宽舌莱氏菊花的模拟

10.5　植物果实造型

通过观察及分析大量的植物果实，可以看出大多数果实类似球体，可以看作是由球体或椭球体通过变形而得，因此可利用椭球面参数方程曲面，对其进行相应的变形，形成所模拟的果实造型。

10.5.1　椭球及其变形参数方程

中心在原点的椭球面参数方程如下。

$$x = R_x\cos(u)\cos(v)$$
$$y = R_y\sin(u)$$
$$z = R_z\cos(u)\sin(v) \qquad u\in[-90°，90°]，v\in[0°，360°]$$

分析需造型果实的形状，确定初始椭球参数方程中的 R_x、R_y、R_z 系数，再根据果实与椭球体的不同处，根据 u, v 两个参数方向的形态特征，找出两个方向上变化的相近参数方程，最后得出总变形函数。

例如，有一个物体两个参数方向的特征如图 10-61 所示，其中图 10-61a 所示为 u 方向中一个截面图，也就是给定一个 u 值时的截面图，这个图形实际上只与 v 相关。从图中可以看出，曲面边界线（实线）与原椭球（虚线）的关系类似正弦（或余弦）的关系，频率为 5，所以变形函数设计如下。

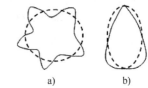

a)　　　　b)

图 10-61　两个参数方向的截面图

N_1(v)=Asin(5v)　　式中，A 控制凹凸的幅度。

图 10-61b 所示为 v 方向中一个截面图，也就是给定一个 v 值时的截面图，这个图形实际上只与 u 相关。由于 u 参数的范围是 180°，所以这个截面图是左右对称的，只考虑一边的形状即可。从图中可以看出，曲面边界线（实线）与原椭球（虚线）的关系也类似正弦的关系，频率为 1，但因 u 的范围是 180°，所以变形函数设计如下。

N_2(u)=Bsin(2u)　　式中，B 控制凹凸的幅度。

对于形状复杂的果实，两个方向的变形函数可能与 u、v 同时相关。总变形函数为 $N(u,v)=N_1(v)+N_2(u)$

变形后的参数方程如下。

$$x = R_x\cos(u)\,\cos(v)+n_xN(u,\,v)$$
$$y = R_y\sin(u)+n_yN(u,\,v)$$
$$z = R_z\cos(u)\,\sin(v)+n_zN(u,\,v)$$

对于不同形状的果实，需确定不同的变形函数 $N(u,\,v)$。与前面平面弯曲变形不同的是，这里的变形函数必须出现在 x、y、z 这 3 个方向上，因为椭球面上的每个点的法向量都不相同。

10.5.2　果实形状的绘制

在绘制真实感椭球的基础上，添加变形处理即可。设变形函数如下。

```
float DefN1(float u,float v)
{return(30*sin(2*u)); }
```

绘制变形后的椭球函数如下。

```
void EllipsoidFaceRealDef1(CDC *pDC,int x0,int y0,int z0,int a,int b,int c,float du,float dv,float cx,float cy,
        float cz,int dx,int dy,int dz, int Lx,int Ly,int Lz,int It,float Kd,int Ie,float H,float S)
{    float uu[4],vv[4], x[5],y[5],z[5],xx[5],yy[5],zz[5],nx,ny,nz;
     for(float u=-1.57;u<1.57;u=u+du)
         for(float v=0;v<6.28;v=v+dv)
         {  uu[0]=u,vv[0]=v,uu[1]=u+1.5*du,vv[1]=v,
            uu[2]=u+1.5*du,vv[2]=v+1.5*dv,uu[3]=u,vv[3]=v+1.5*dv;
            for(int i=0;i<4;i++)Ellipsoid(x0,y0,z0,a,b,c,uu[i],vv[i],x[i],y[i],z[i]);
            vector(x,y,z,nx,ny,nz);
            for(i=0;i<4;i++)
            {    x[i]=x[i]+nx*DefN1(uu[i],vv[i]);
                 y[i]=y[i]+ny*DefN1(uu[i],vv[i]);
                  z[i]=z[i]+nz*DefN1(uu[i],vv[i]);
                  RevolveX(cx,x[i],y[i],z[i],xx[i],yy[i],zz[i]);
                  RevolveY(cy,xx[i],yy[i],zz[i],x[i],y[i],z[i]);
                  RevolveZ(cz,x[i],y[i],z[i],xx[i],yy[i],zz[i]);
                  xx[i]=xx[i]+dx,yy[i]=yy[i]+dy,zz[i]=zz[i]+dz;
            }
            xx[4]=xx[0],yy[4]=yy[0];
            FullRealSmall(pDC,xx,yy,zz,4,Lx,Ly,Lz,It,Kd,Ie,H,S);
         }
}
```

调用实例如下。

```
EllipsoidFaceRealDef1(pDC,0,0,0,100,100,100,0.05,0.05,30*3.14/180,30*3.14/180,30*3.14/180,
    200,200,0, 300,300,-400,200,0.5,50,80*3.14/180,1);
```

程序运行结果如图 10-62a 所示，形状类似柚子。绘制其他果实时，只需修改变形函数。需要说明的是，上述函数中的黑体代码与前面写法不同，其目的是为了避免变形后小平面块之间有空隙。例如图 10-62b 所示的图形中下面部分有空隙。

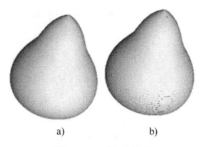

a)   b)

图 10-62　椭球变形

10.5.3　果实颜色纹理模拟

果实表面的颜色变化多样，其模拟方法类似前面的花瓣颜色的模拟。果实表面的颜色变化包括色度、饱和度和亮度。这里仅列出几种典型的颜色变化的控制方法，具体果实的颜色见后面的实例。

对于类似椭球的果实，颜色变化与椭球的两个参数 u、v 相关。

1. u 方向颜色表示

当颜色沿 u 方向从黄色过渡到红色时，可使用以下几种方法表示过渡。

1）直接过渡（见图 10-63a）：if($u<=u_0$) H=60 else H=0

2）线性过渡（见图 10-63b）：if($u<=u_1$)H= 60; elseif($u_1<u<=u_2$)H=60($u-u_2$)/ (u_1-u_2);else H=0

3）非线性过渡（见图 10-63c）：非线性变化的形式有多种，这里采用三角函数。

$$if(u<=u_1)H= 60; \ elseif(u_1<u<=u_2)H=30+30sin(\pi(u-(u_1+u_2)/2)/(u_1-u_2));else \ H=0$$

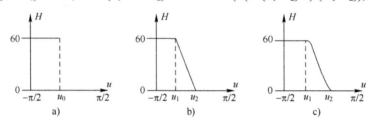

a)   b)   c)

图 10-63　u 方向两种颜色的变换模式

2. v 方向颜色表示

当颜色沿 v 方向进行变化时，对于椭球，其 $v=0$（初值）与 $v=360°$（终值）的颜色应该一致，除非此处就是颜色变化的边界，否则在此处会出现颜色突变状况。因此，颜色从黄色过渡到红色时，修改图 10-63 中的方式如下。

1）直接过渡（见图 10-64a）：if($v_1 <= v<=v_2$) H=60 else H=0

2）线性过渡（见图 10-64b）：if($v<=v_1$ or $v>v_4$)H= 0;　　elseif($v_1<v<=v_2$)H=60($v-v_1$)/ (v_2-v_1)

　　　　　　　elseif($v_2<v<=v_3$)H=60;　　elseif($v_3<v<=v_4$)H=60($v-v_2$)/ (v_1-v_2)

3）非线性过渡（见图 10-64c）：if($v<=v_1$ or $v>v_4$)H= 0;

　　　　　　　elseif($v_1<v<=v_2$)H=30+30sin($\pi(v-(v_1+v_2)/2)/(v_2-v_1)$)

　　　　　　　elseif($v_2<v<=v_3$)H=60;

　　　　　　　elseif($v_3<v<=v_4$)H=30+30sin($\pi(v-(v_3+v_4)/2)/(v_3-v_4)$)

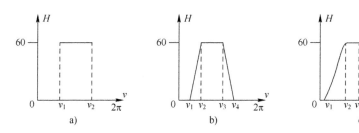

图 10-64　v 方向两种颜色的变换模式

3. 颜色表示简化

从图 10-63 与 10-64 中可以看出，分段线性与非线性中的参数较多，为了减少参数，将分段线性与非线性合成一种非线性情况，如图 10-65 所示，可采用正弦（或余弦）函数。

图 10-65a 所示为 u 与 H 的关系图，可代替图 10-63b 和图 10-63c。

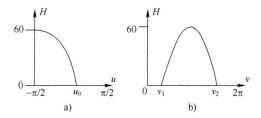

图 10-65　两种颜色的非线性变换模式

if(u<=u₀) H=60sin(π(u-u₀)/ (π+2u₀)+π)

  else H=0

图 10-65b 为 v 与 H 的关系图，可代替图 10-64b 和图 10-64c。

if(v₁<v<=v₂)H=60sin(πv/(v₂-v₁)− π(v₁+v₂)/(2(v₂-v₁))+π/2)

  else H=0

图 10-66a 所示为图 10-63a 颜色变换的结果图，其中 $u_0=0.2$。图 10-66b 和图 10-66c 所示为图 10-63b 颜色变换的结果图，图 10-66f 和图 10-66g 所示为图 10-63c 颜色变换的结果图。图 10-66b 和图 10-66d 中 $u_0=0.2$，图 10-66c 和图 10-66e 中 $u_0=0.5$。图 10-66f 和图 10-66g 所示为图 10-65a 颜色变换的结果图，图 10-66f 中 $u_0=0.2$, 图 10-66g 中 $u_0=0.5$。

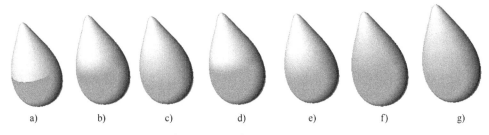

图 10-66　颜色变换的结果图

10.5.4　果实造型实例

1. 苹果造型

苹果的几何形状直接在球体上进行变形。

1）椭球参数：$R_x=R_y=R_z$。

2）变形函数：$N(u)= ^-\mathrm{e}^{2u} - \mathrm{e}^{-2u}$。

式中，$^-\mathrm{e}^{2u}$ 控制苹果的顶部向下凹，$-\mathrm{e}^{-2u}$ 控制苹果的底部向上凹，如图 10-67a 所示。

3）颜色造型。

这里苹果表面的颜色是黄绿色且局部是粉红色，粉红色的位置与区域大小是随机的，经过实验，得出以下随机参数。

$$u_r = \pi X - \pi/2 \qquad v_r = 2\pi X \qquad (X \text{ 是 } 0\sim 1 \text{ 之间的随机数})$$

使用正弦函数模拟色度从黄绿（$H=50$）到粉红色（$H=20$）的过渡变化，饱和度 $S=1$，如图 10-67b 所示。

$$H = 50 - 30|\sin(u - u_r)\sin(v - v_r)|$$

4）斑点造型。

通常情况下，苹果表面有一些小斑点，使用暗褐色的随机像素点进行模拟，随机点出现的强度是 1.7%，效果图如图 10-67c 所示。随机数使图 10-67c 的颜色纹理与图 10-67b 的颜色纹理不同。

如果苹果是黄绿色，则 $H=50$，如图 10-67d 所示；如果苹果是偏长型，可设 $R_y=1.2R_y$ =1.2 R_z，如图 10-67e 所示；如果苹果颜色偏绿，可设 $H=70$，如图 10-67f 所示。

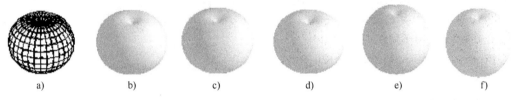

图 10-67 苹果造型过程图

2. 梨的造型

1）椭球参数：$R_x=R_y=R_z$。

2）变形函数：$N(u)= e^{2u} - e^{-2u}$ （见图 10-68a）。

3）颜色造型。

梨的颜色一般为黄色（$H=60$），表面一般也有一些小斑，使用 2.5% 的强度为深色的随机像素点进行颜色干扰，如图 10-68b 所示。

3. 芒果造型

1）椭球参数：$R_x= R_y /3=1.5R_z$。

2）变形函数。

芒果上下两顶端相对于中心轴分别向外错位，可以认为上下两顶端沿 x 轴进行相反方向的位移，为了使椭球的位移量从两端至中间位移逐渐减弱，沿 x 方向变形函数设计为（见图 10-69a）

$$Tx(u) = R_x u\sin(|u|)/2$$

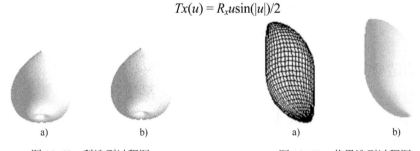

图 10-68 梨造型过程图　　　　　图 10-69 芒果造型过程图

3）颜色造型。

芒果的主要颜色为黄色，中间有部分绿色，用随机函数产生绿色的位置(u_r,v_r)。黄色与绿

色的变化规律用正弦函数模拟。色度计算函数为

$$\begin{cases} H=60+20\sin[2(u-u_r)]\sin[2(v-v_r)] & 0\leqslant(u-u_r)\leqslant\pi/2,\ 0\leqslant(v-v_r)\leqslant\pi/2 \\ H=60 & \text{其他} \end{cases}$$

给定饱和度 $S=1$，模拟的芒果如图 10-69b 所示。

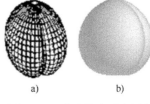

4. 水蜜桃造型

1）椭球参数：$R_x=R_y=1.5R_x$。

2）变形函数：$N(u)=e^{2u}-e^{-2u}+R_x\sin(v/2)|\cos(u)e^{|v-\pi|}|/20$，
如图 10-70a 所示。

图 10-70　水蜜桃造型过程图

3）颜色造型。

水蜜桃的色度从下到上（沿 u 方向）一般是从绿色（$H=80$）过渡到粉红色（$H=20$），使用正弦函数模拟逐渐过渡效果：$H=-\sin(u)30+50$，给定饱和度 $S=1$，水蜜桃效果如图 10-70b 所示。

5. 香蕉造型

1）椭球参数：$R_x=R_y/5=R_x$（见图 10-71a）。

2）变形函数。

① 椭球两端加粗：从两边端点开始向中间变化为 e 指数趋势快速变粗（见图 10-71b），变形函数为

$$N_1(u)=R_x(e^u+e^{-u})/10$$

② 椭球表面形成棱边：沿 v 方向在椭球内用 6 个半周期正弦函数进行干扰，同时变形的幅度与 u 相关，可得到 6 个棱面。变形函数为

$$N_2(u,v)=-(\pi/2+u)|\sin(3v)| \qquad u<0$$
$$N_2(u,v)=-(\pi/2-u)|\sin(3v)| \qquad u\geqslant0$$

总变形函数为（见图 10-71c）　$N(u,v)=N_1(u)N_2(u,v)$

③ 椭球形成一定弯度。

为了使椭球两顶端沿 x 轴位移量从顶端至中间位移逐渐加强，且位移相对中间不对称（见图 10-71d），x 分量的变形函数设计为：$T_x(u)=2R_x\sin(u+1)$ 　　（$-\pi/2\leqslant u\leqslant\pi/2$）

3）颜色造型。

香蕉的颜色从两端到中间（沿 u 方向）一般是从绿色（$H=80$）过渡到黄色（$H=60$），同样使用正弦函数模拟颜色逐渐过渡效果：$H=70-10\sin(2u+\pi/2)$。给定饱和度 $S=1$，香蕉效果如图 10-71e 所示。

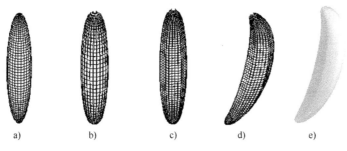

a)　　　　b)　　　　c)　　　　d)　　　　e)

图 10-71　香蕉造型过程图

6. 杨桃造型

1）椭球参数：$R_x=R_y/2=R_z$ （见图 10-72a）。

2）变形函数。

① 叶瓣：杨桃有 5 个叶瓣，对椭球沿 v 参数方向增加周期出现的凹凸变形函数（见图 10-72b）。

$$N(v)= R_x \sin(5v)/2$$

② 弯曲：杨桃整体有些弯曲，对其长度方向（u 参数方向）上进行小幅度、小频率的干扰，因此上式的变形函数修正为（见图 10-72c）：$N_1(u,v)= R_x \sin[5v+2\sin(u)]$。

③ 凹凸纹理。

杨桃表面有一定的凹凸纹理，对上面变形后的曲面重新计算法向量，再进行第二次变形（见图 10-72d）：$N_2(u,v)=|\sin(10u)\sin[10v+2\sin(u)]|/2$。

3）颜色造型。

杨桃的色调为黄绿色（$H=80$），饱和度 $S=1$。

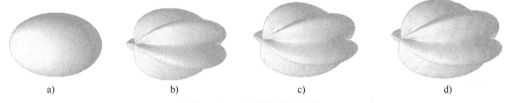

a)   b)   c)   d)

图 10-72　杨桃造型过程图

7. 茄子造型

1）椭球参数：$R_x=R_y/3=R_z$。

2）变形函数。

① 不对称变形：根据茄子底部大、顶部小的特征，设计变形函数为

$$N(u) =R_x\sin(u+0.2) / 2 \qquad （见图 10-73a）$$

② 弯曲变形：使用正弦函数仅仅沿 x 方向变形（见图 10-73b）。

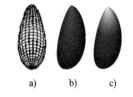

a)   b)   c)

图 10-73　茄子造型过程图

$$T_x(u) = R_x\sin(u+2) / 2$$

3）颜色造型。

设置色调 $H=300$，在茄子的顶端，在 $u\leqslant-0.1$ 范围，颜色逐渐变白（见图 10-73c）。

$S=1-\sin[\pi(u+0.1)/(\pi-0.2) + \pi]$

$I=I_0+80\sin[\pi(u+0.1)/(\pi-0.2)+\pi]$ （I_0 是简单光照模型计算出的亮度）

4）不同形状的茄子。

由于每个茄子的形状不一样，可以用以下参数控制其形状。

$$R_x= R_y /p_1=R_z$$
$$\triangle g(u) = p_2\sin(u+0.2)$$
$$\triangle g_x(u) = p_3\sin(u+ p_4)$$

式中，p_1 控制长度与厚度，p_2 控制变形程度，p_3 控制弯度，p_4 控制弯度位置。

如图 10-73 所示，图中的各参数如下。

在图 10-73a 中，$p_1=6$，$p_2=a/8$，$p_3=a/2$，$p_4=-2$。

在图 10-73b 中，$p_1=5$，$p_2=a/6$，$p_3=1.5a$，$p_4=-2$。

在图 10-73c 中，$p_1=3$，$p_2=a/6$，$p_3=a/8$，$p_4=1$。

8. 土豆造型

1）椭球参数：$R_x= R_y/1.2=1.5R_z$。

2）求出变形函数。

① 形状随机变形：土豆的形状随机变形较大，使用正弦变形函数（见图 10-74a）。

$$N_1(u,v)= R_x (|u| -\pi/2) \sin(q_1 u) \sin(q_2 v) /5$$

式中，q_1、q_2 是 1～4 范围内的随机变量。

② 凹洞随机变形：使用高斯变形函数生成土豆表面随机出现的凹洞（见图 10-74b）。

$$N_2(u,v) = -R_x \exp\{-a [(u-q_4)^2+ (v-q_5)^2]/ q_3\}/ q_3$$

式中，q_3 是 2～5 内的随机变量，q_4 是 0～$\pi/2$ 内的随机变量，q_5 是 0～2π内的随机变量。

总变形函数为：$N(u,v)=N_1(u,v) +N_2(u,v)$。

3）颜色造型。

土豆的色调为黄褐色（$H=40$），使用 0.3％的强度进行深色随机像素点干扰形成斑点，如图 10-74c 所示。图 10-74d～图 10-74i 显示了不同随机数及不同 a 产生的不同形态和大小的土豆。

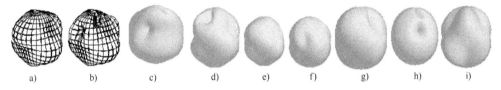

图 10-74　土豆造型过程图

10.6　植物生长造型

由于本章中植物造型是采用变形的方法，而植物生长就是一种变形的过程，因此，基于变形的造型更适合植物生长的造型。

10.6.1　百合花开花造型

前面介绍的百合花造型是花开到最大且是最后时期的花朵状态，如果要模拟花从闭到开的整个过程，必须重新建立百合花瓣从小到大的适用于开放的变形模型。为了加速开花模拟的速度，这里简化了百合花瓣的造型。

1. 花瓣造型

边界变形函数为

$$\begin{cases} T_x(u,v) = Awu\sin(\pi v/1.2+\alpha) \\ T_y(u,v) = Bw(v-0.5)\sin[(u+0.5)\pi+\beta] \end{cases}$$

弯曲变形函数为

$$N(u,v) = 0.3w(1-2|v-0.5|)(1-2|u|)\sin[24(u+0.5)\pi] + 0.1we^{-25a_x(u-0.05)^2} + 0.1we^{-25a_x(u+0.05)^2}$$

$$+ Cw\sin\left(\frac{\pi y}{h}+\zeta\right) + Dw(1-v)\sin\left(\frac{\pi x}{2w}+\frac{\pi}{2}+\delta\right)$$

2. 生长参数

花朵生长的关键是花瓣生长，与生长相关的参数主要包括：全长增加（h）、全宽增加（w）、局部长度增加（A 和 α，前者表示增加幅长，后者表示增加方向，后同）、局部宽度增加（B 和 β）、长度弯度增加（C 和 ζ），以及宽度弯度增加（D 和 δ）等。

3. 花瓣生长

将百合花开花过程的花瓣分成多个阶段，其形状变化如图 10-75 所示。在早期阶段中脉弯凸，叶片稍弯凸。在后期阶段叶片顶部弯曲变形较大，从侧面看，近似一个圆环，这种状况前面给出的变形函数无法体现，因此必须再在花瓣顶部附加一个如下的变形函数。

$$\begin{cases} x_1 = x \\ y_1 = T + E\sin\left(\dfrac{y - T}{y_{\max} - T}\pi F\right) \\ z_1 = z + E\left[1 - \cos\left(\dfrac{y - T}{y_{\max} - T}\pi F\right)\right] \end{cases}$$

式中，T 是花瓣顶部的 y 值，E 是变形圆的值，F 是花瓣变形圆周的长度，$y_{\max}$ 是花瓣 y 的最大值。

图 10-75　百合花瓣的生长

将不同阶段的花瓣按一定旋转角度组合并与花蕊连在一起，可形成花朵生长模型，如图 10-76 所示。

图 10-76　百合花开花造型过程图

10.6.2　南瓜生长造型

通过对南瓜果实生长过程的观察，分析果实的生长数据及发育规律，可以发现在其生长过程中发生了两次大的突变。第一次突变是从第 10 天开始，宽度的增长明显比高度快。第二次突变是在第 35 天，南瓜瓣开始向外凸出且越来越明显。

经过对果实生长的 3 个阶段外形的观察与分析，可以认为果实在发育期间的开始 10 天为初期阶段，可以把果实看成是一个球体；第 10～35 天为中期阶段，可以把果实看成是一个椭球体；第 35～50 天为后期阶段，可以把果实看成是一个椭球体的变形。造型过程如下。

1. 初期阶段

球体的参数为 $R_x=R_y=R_z=$day，这里假设每天改变一个单位，所以球体的参数值就是 day 值（day=1,2,…,10）。球体的颜色为浅绿色 $H=110$，饱和度 $S=0.8$。图 10-77a 所示为第 10 天的模拟。

2. 中期阶段

南瓜的形状逐渐从球体变形为椭球体，球体的参数为 $R_x=R_z=$day(1+day/35)，$R_y=10$（day=10,11,…,35）。

中期阶段最后的球体参数满足：$R_x/2=R_y=R_z/2$。

颜色从浅绿色变为深绿色，色调与饱和度不变，亮度随天数逐渐变小：$I=I-1.4$(day-10)。

图 10-77b 所示为第 35 天的模拟结果。

3. 后期阶段

球体开始分瓣，且瓣越来越明显，顶端与底端也开始向内凹进。变形函数为

$$N(u,v)= (day-35)\,|\sin(4v-1)|\,/3- (day-35)/6[\exp(-u^2)-\exp(u^2)]$$

颜色从深绿色变成金黄色（$H=45$，$S=1$），亮度变大。

$$H=120-5(day-35), \quad S=0.0133day+0.333, \quad I=(I-35)+3(day-35)$$

图 10-77c 所示为第 40 天的模拟结果；图 10-77d 所示为第 45 天的模拟结果；图 10-77e 所示为第 50 天的模拟结果。

a)　　　　b)　　　　　　c)　　　　　　　d)　　　　　　　　e)

图 10-77　南瓜生长造型过程图

10.6.3　荔枝生长造型

1. 荔枝形状

荔枝整体形状类似球体，但表面有许多凹凸不平的纹理，而且这些纹理不完全规则。可采用多个不同的正弦函数叠加进行变形，变形函数如下。

$$N(u,v) = A\,|\sin\{au + B\sin(bv) + \sin[cv + C\sin(du)]\}|$$

式中，A、B、C 控制凹凸的幅度；a、b、c、d 控制凹凸的频率。

当 $A=0.8$、$a=16$、$B=0.5$、$b=20$、$C=0.5$、$c=14$、$d=18$ 时，图 10-78 显示了类似荔枝的表面纹理。

图 10-78　荔枝表面纹理

2. 荔枝生长

荔枝生长的参数控制也可采用类似花瓣生长的参数。例如，全局高度生长相关参数为 R_y；全局半径生长相关参数为 R_x 和 R_z；局部高度生长相关参数为变形函数中的 A；局部半径生长相关参数为变形函数中的 a 和 c。下面模拟某一品种荔枝的生长。

1）第一阶段：形状逐渐从小到大，椭球体参数 $2R_x=R_y=2R_z$，颜色为绿色（$H=100$，$S=0.8$），表面有不规则凹凸纹理（见图 10-79a 和图 10-79b），凹凸纹理的变形函数为

$$N(u,v) = 3\,|\sin\{16u + 0.5\sin(20v) + \cos[14v + 0.5\sin(18u)]\}|$$

2）第二阶段：形状逐渐从长椭球体变为球体，椭球体参数从 $2R_x=R_y=2R_z$ 变为 $R_x=R_y=R_z$。颜色不变，表面的凹凸纹理变形函数也没变，如图 10-79b 和图 10-79c 所示。

3）第三阶段：形状基本没变，颜色从绿色变为黄色（$H=80$，$S=0.8$），如图 10-79c 和图 10-79d 所示。

4）第四阶段：颜色从黄色变成红色，且红色从凸纹理顶部开始，因此色调与凹凸纹理变形函数相关。

$$H=(80+100t)(1-3|\sin(16u+0.5\sin(20v))+\cos(14v+0.5\sin(18u))|/6+t)(t=0.2,0.15,0.1,\cdots,-0.4)$$

如图 10-79e 和图 10-79f 所示。

5）第五阶段：凹凸纹理逐渐变浅，颜色逐渐全部变红，如图 10-79f 和图 10-79g 所示。

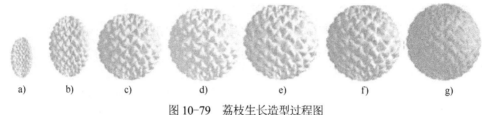

图 10-79　荔枝生长造型过程图

10.6.4　黄瓜生长造型

黄瓜生长的初期阶段的颜色为黄绿色（$H=0$，$S=1$），其形状需要对椭球体（$4R_x=R_y=4R_z$）进行以下变形。

- 将椭球（见图 10-80a）的上下两端变圆（见图 10-80b）：$N_1(u)=R_z(\mathrm{e}^u+\mathrm{e}^{-u})/10$
- 对表面用二维高斯函数增加凹凸纹理（见图 10-80c）。

$$N_2(u,v)=A\sum_{i=1}^{n}\mathrm{e}^{-B(u-u_i)^2(v-v_i)^2}$$

式中，A 控制凹凸纹理幅度，B 控制纹理的陡度（斜度），u_i、v_i 为随机数，控制纹理的位置。

另外，在每个凸纹理的顶部有细穗，用斜的小直线表示，如图 10-80d 所示。

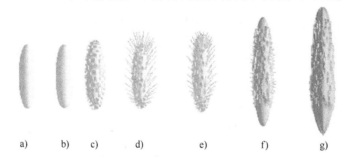

图 10-80　黄瓜生长造型过程图

黄瓜的生长可分为 4 个阶段，变形函数如下。

$$N(u,v)=\frac{r}{I}\sum_{i=1}^{16}\mathrm{e}^{-ar(u-u_i)^2(v=v_i)^2}+\frac{r}{J}(\mathrm{e}^u+\mathrm{e}^{-u})+\frac{r}{K}\sin(bu)+\frac{r}{L}\sin(cv)$$

图 10-80d～图 10-80g 显示了上式取不同参数时表示不同阶段的黄瓜模型图。其色度值从 80° 到 120°。

图 10-80 d：$A=4$，$I=4$，$a=3$，$J=10$，$K=\infty$，$L=\infty$

图 10-80 e：$A=5$，$I=4$，$a=3$，$J=10$，$K=\infty$，$L=\infty$

图 10-80 f：$A=6$，$I=5$，$a=3$，$J=\infty$，$K=\infty$，$L=\infty$

图 10-80 g：$A=6$，$I=6$，$a=3$，$J=\infty$，$K=10$，$L=16$，$b=3.5$，$c=5$

10.7 果实体模造型实例

将果实的表面模型及体内按不同半径面的模型结合起来，可得到体模型。

10.7.1 西瓜体模造型

西瓜体从外到内是不同半径的椭球面组成，主要是颜色、纹理的不同。

1）西瓜表面模型。

椭球体参数为 $R_x=R_y/1.5=R_z$。

表面条纹纹理（见前面章节）为

$$S=0.8|\sin(Bv+A\sin(Cu))|+0.4,$$
$$\text{if}(S<=0.4)S=0.4 \text{ else } S=0.8$$

2）西瓜肉瓤颜色：肉瓤色调是红色 $H=0$。

3）西瓜皮层颜色。

图 10-81　西瓜体模型

皮层的颜色是从瓜皮的绿色（$H=100$）到肉瓤的红色过渡。设皮层厚度为 $r_{皮}$，则皮层中某一半径 r_i 的色调模型为：$H=50+50\sin(0.5\pi r_i/r_{皮}-0.5\pi R_x/r_{皮}+\pi)$

西瓜体不同截面的效果图如图 10-81 所示。

10.7.2 冬枣体模造型

冬枣的外型类似椭球，其表面颜色是红色与绿色相间，它的核小而尖。

1）果皮模型。

① 表面形状：对椭球（$R_x=R_y=R_z/1.3$）上下两端进行内凹变形。

$$N(u,v)= -0.6e^{-2u} - 0.6e^{2u}$$

② 表面颜色：色调模型为

$$H=(50-30|((\sin((u-u_r)/2+\sin(3u)) +\sin((v-v_r)+\sin(3v)|+\sin(u/2-1)+\sin(v+2))/4)$$

式中，u_r 是 $-\pi/2\sim\pi/2$ 之间的随机数，v_r 是 $0\sim2\pi$ 之间的随机数。

冬枣表面颜色变化的边界较清晰，对色调进行二值处理。

当 $H>40$，$H=70$，否则 $H=0$。

冬枣的表面颜色如图 10-82 所示。

2）果核模型：果核形状不同于果实表面，它的两端是尖的，使用以下变形函数。

$$N(u,v)= 0.2e^{-2u} + 0.8e^{2u}$$

果核色调 $H=40$，饱和度 $S=0.8$。

3）果肉模型。

果肉处于果皮与果核之间，果皮形状与果核形状不完全一样，则果肉形状的变形函数是果皮形状的变形函数与果核形状的变形函数的线性插值。设 $R_x=33$，则当冬枣的半径 r 从果核到果皮时，变形函数为

$$N(u,v)= (-0.056\ r+1.248)\mathrm{e}^{2u} +(-\ 0.032\ r +0.456)\mathrm{e}^{-2u}$$

果肉的色调 H=70，饱和度 S=0.2。冬枣不同截面的效果如图 10-83 所示。

图 10-82　不同随机数的冬枣表面颜色图　　　　图 10-83　冬枣体模造型

10.7.3　杏体模造型

杏的形状类似桃的形状，表面是橘黄色，它的核比较宽而扁。

1）果皮模型。

① 表面形状：对椭球（$R_x=R_y=1.5R_z$）上端进行外凸变形，下端进行内凹变形，变形函数如下。

$$N_1(u)=-0.6\mathrm{e}^{-1.5u}+0.6\mathrm{e}^{1.5u}$$

在扁平的一侧，有内凹变形：$N_2(u,v)=2\sin(v/2)|\cos(u)|\ \mathrm{e}^{|v-\pi|}$。

总变形函数为：$N(u,v)=N_1(u)+N_2(u,v)$。

② 表面颜色。色调 H=30，饱和度 S=0.8。图 10-84a 所示为杏的表皮模型。

2）果核模型。杏的果核的形状比较复杂，其中部是扁平的椭球，四周有一圈是扁平的，另外有一侧有双翼，变形函数设计为

$$N_1(v)=R_x\ \mathrm{e}^{-100(v-3.3)(v-3.3)}/5+R_x\mathrm{e}^{-100(v-2.9)(v-2.9)}/5$$

另外，上下有凸出与凹进，变形函数为：$N_2(u)=-\mathrm{e}^{-1.2u}+\mathrm{e}^{1.2u}$

总变形函数为（见图 10-84b）：$N(u,v)=N_1(v)+N_2(u)$

果核色调 H=40，饱和度 S=0.8。核内有一个果仁，形状类似椭球，外层颜色是棕色（H=40，S=0.8），如图 10-84c 所示，内部为白色。

3）果肉模型。果肉处于果皮与果核之间，果皮形状与果核最小外接形状基本一样，则果肉形状与果皮形状相同，只是半径逐渐减小，果肉颜色与果皮相同。

图 10-84d 显示了一个杏的截面图。

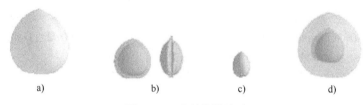

a)　　　　　　　　b)　　　　c)　　　　　d)

图 10-84　杏的体模造型

习题 10

1. 请用变形方法生成樟树叶。
2. 请用变形方法生成迎春花瓣。
3. 请用变形方法生成桔子或苦瓜外形。

附录　实验指导

实验1　直线与圆的绘制

1．实验目的
（1）掌握一种直线的绘制算法及程序设计。
（2）掌握一种圆弧的绘制算法及程序设计。
（3）理解各种线型的绘制方法。

2．实验内容
（1）采用 DDA 或 Bresenham 算法编程绘制一个方向的直线（必做）。
（2）采用 DDA 或 Bresenham 算法编程绘制圆（必做）。
（3）编程绘制不同线型及线宽的直线（选做）。
（4）利用直线与圆编程绘制一辆简单的自行车（选做）。

3．参考内容
参考 3.1 节和 3.2 节。

实验2　字符绘制

1．实验目的
（1）掌握点阵字符与向量字符的一种存储方式。
（2）掌握点阵字符与向量字符的一种编程绘制。
（3）理解字符的几何变换方法。

2．实验内容
（1）存储并显示一个点阵字母"H"（必做）。
（2）存储并显示姓名中的一个向量字符，并进行缩放变换（必做）。
（3）对显示的向量字符进行旋转变换（选做）。
（4）对显示的点阵字符进行旋转变换（选做）。

3．参考内容
参考 3.3 节。

实验3　区域填充

1．实验目的
（1）掌握简单种子填充算法原理及其编程方法。
（2）掌握扫描线填充多边形区域算法原理及其编程方法。
（3）理解扫描线种子填充多边形区域算法原理及其编程方法。
（4）理解多边形区域填充不同图案的方法。

2．实验内容

（1）利用改进后的种子填充算法编程实现任意区域的填充（必做）。

（2）利用扫描线填充算法编程填充任一多边形区域（必做）。

（3）通过鼠标交互定义多边形及种子坐标，利用扫描线种子填充算法填充任一多边形区域（选做）。

（4）对多边形区域使用平行线、垂直线和交叉线进行填充（选做）。

（5）对多边形区域进行图案填充（选做）。

3．参考内容

参考 3.4 节。

实验 4　图形投影变换

1．实验目的

（1）掌握多面体的存储方法。

（2）掌握三维形体不同投影方法的投影图的生成原理。

（3）掌握多面体投影图绘制的编程方法。

2．实验内容

（1）编程实现一个长方体的正轴测投影图（必做）。

（2）编程实现一个长方体的斜平行投影图（必做）。

（3）编程实现一个长方体的一点透视图（必做）。

（4）编程实现一个桌子或凳子的投影图（选做）。

3．参考内容

参考 4.3 节。

实验 5　图形裁剪

1．实验目的

（1）掌握直线的一种裁剪编程方法。

（2）掌握多边形的一种裁剪编程方法。

（3）了解字体的裁剪方法。

2．实验内容

（1）利用 Cohen-Sutherland 端点编码算法编程实现任意线段的裁剪（必做）。

（注：未被裁剪的线段及被裁剪的线段用不同颜色显示出来。）

（2）利用 Sutherland-Hodgman 逐次多边形裁剪算法编程实现任意多边形裁剪（必做）。

（注：未被裁剪的多边形及被裁剪的多边边用不同颜色显示出来。）

（3）对一个向量字符进行裁剪（选做）。

3．参考内容

参考 5.1.1 节、5.1.7 节和 5.1.9 节。

实验 6　曲线的绘制

1．实验目的

（1）掌握常用规则参数曲线的编程绘制方法。

（2）掌握自由曲线的编程绘制方法。

（3）理解自由曲线的拼接编程方法。

2．实验内容

（1）编程绘制一个规则参数曲线，如抛物线、星开线和心脏线等（必做）。

（2）编程绘制一个三次 Bezier 曲线（必做）。

（3）编程绘制一个二次 B 样条曲线（必做）。

（4）编程绘制一个 n 次 Bezier 曲线（选做）。

（5）根据 Bezier 曲线段一阶连续的拼接方法，编程绘制一个 n 个控制点、三次 Bezier 曲线（选做）。

3．参考内容

参考 6.1 节。

实验 7　曲面的绘制

1．实验目的

（1）掌握常用规则参数曲面的编程绘制方法。

（2）掌握自由曲面的编程绘制方法。

（3）了解自由曲面的拼接编程方法。

2．实验内容

（1）编程绘制一个网格状规则参数曲面正轴测投影图，如球、圆柱、圆台和圆环线等（必做）。

（2）编程绘制一个网格状三次 Bezier 曲面正轴测投影图（必做）。

（3）编程绘制现实生活中一个物体的网格状旋转曲面正轴测投影图（选做）。

（4）根据 Bezier 曲面块一阶连续的拼接方法，编程绘制一个 $n \times n$ 个控制点、三次 Bezier 曲面正轴测投影图（选做）。

3．参考内容

参考 6.2 节和 6.5 节。

实验 8　消隐处理

1．实验目的

（1）掌握三维物体的物体空间消隐方法及程序设计。

（2）掌握三维物体的图像空间消隐方法及程序设计。

2．实验内容

（1）使用 Roberts 消隐法编程绘制一个多面体或曲面的一种投影图（必做）。

（2）使用 Z 缓存器消隐法编程绘制一个多面体或曲面的一种投影图（必做）。

（3）结合使用 Roberts 与 Z 缓存算法绘制一个多面体或曲面的一种投影图（选做）。

3．参考内容

参考 7.2 节和 7.3 节。

实验 9　光照模型

1．实验目的

（1）掌握简单光照模型的原理。

（2）掌握在简单光照模型下真实感三维图形绘制的程序设计。

2．实验内容

使用简单光照模型编程绘制一个多面体或曲面的真实感图形（必做）。

3．参考内容

参考 8.2 节。

实验 10　综合处理

1．实验目的

（1）掌握三维物体纹理生成的程序设计。

（2）理解三维物体的透明与阴影生成方法。

2．实验内容

（1）编程绘制具有颜色变化的真实感曲面（必做）。

（2）编程绘制具有凹凸变化的真实感曲面（必做）。

（3）编程绘制带有阴影的三维真实感物体（选做）。

（4）编程绘制具有透明效果的三维真实感物体（选做）。

3．参考内容

参考 8.4 节和 8.5 节。

参 考 文 献

[1] 孙家广，等. 计算机图形学[M]. 3 版. 北京：清华大学出版社，1998.

[2] 张全伙，张剑达. 计算机图形学[M]. 北京：机械工业出版社，2003.

[3] 陈传波，陆枫. 计算机图形学基础[M]. 北京：电子工业出版社，2002.

[4] 罗杰斯. 计算机图形学的算法基础[M]. 梁友栋，等译. 北京：科学出版社，1987.

[5] 唐泽圣，周嘉玉，李新友. 计算机图形学基础[M]. 北京：清华大学出版社，1995.

[6] Opstill. The Render Man Companion, A Programmer's Guide to Realistic Computer Graphics[M]. Upper Saddle River: Addison-Wesley, 1989.

[7] Foley, Dam, Feiner, et al. Introductions to: Computer Graphics[M]. Upper Saddle River: Addison-Wesley, 1993

[8] Foley，Dam，等. 计算机图形学导论[M]. 北京：机械工业出版社，2004.

[9] 金廷赞. 计算机图形学[M]. 杭州：浙江大学出版社，1988.

[10] 潘金贵. 分形艺术程序设计[M]. 南京：南京大学出版社，1998.

[11] Rogers, Alan. Mathematical Elements For Computer Graphics[M]. 2nd ed. New York: McGraw-Hill, 1990.

[12] Donald Hearn, Pauline Baker. 计算机图形学[M]. 2 版. 蔡士杰，等译. 北京：电子工业出版社，2002.

[13] Foley, Dam. 交互式计算机图形学基础[M]. 唐泽圣，周嘉玉，译. 北京：清华大学出版社，1986.

[14] 张彩明，杨兴强，等.计算机图形学[M]. 北京：科学出版社，2005.

[15] 陆玲. 用 VC 开发 Windows 多边形域字符填充类[J]. 华东地质学院学报，1999（4）：338-344.

[16] 陆玲，汤彬. 用 VC 开发 Windows 字符曲线类[J]. 物探化探计算技术，2000（3）：282-286.

[17] 陆玲，艾菊梅. 用 VC 实现位图装饰曲线[J]. 计算机与现代化，2000：83-86.

[18] 陆玲，熊正为，王志畅. 用 VC 实现三维图形 ActiveX 控件[J]. 南华大学学报，2001（4）：63-66.

[19] 陆玲，艾菊梅. 用 VC++实现位图填充多边形区域[J]. 南华大学学报，2003（2）：83-86.

[20] 陆玲. 平面区域简单种子填充算法改进[J]. 南华大学学报，2005（4）：11-13.

[21] 宋辉，曲向丽，宋振龙，等. Visual C++实用培训教程[M]. 北京：人民邮电出版社，2002.

[22] 和青芳. 计算机图形学原理及算法教程（Visual C++版）[M]. 2 版. 北京：清华大学出版社，2010.

[23] 陆玲，王蕾. 基于平面变形的植物花瓣可视化研究[J]. 农业机械学报，2008，39（9）：87-91.

[24] 陆玲，王蕾，杨勇. 基于椭球变形的植物果实造型[J]. 农业机械学报，2007，38（4）：114-117.

[25] 陆玲，周书民. 植物果实的几何造型及可视化研究[J]. 系统仿真学报，2007，19（8）：1739-1741.

[26] Lu Ling，Xu Hongzhen，Song Wenlin，Liu Gelin. Research on Visualization of Plant Fruits Based on Deformation[J]. New Zealand Journal of Agricultural Research. 2007.11.

[27] Lu Ling，et al. A Flower Growth Simulation based on Deformation[J]. 2008 International Symposium on Information Science and Engieering, Dec. 20-22，2008：216-218.

[28] Lu Ling，et al. A Visualization Model of Flower based on deformation[J]. Proceeding of the Second Internation Computers and computing Technologies in Agriculture，18-20 Oct. 2008.

[29] Lu Ling，et al. A Plant Fruit Growth Simulation Based on Deformation[J]. Processings of 2008 International Workshop on Information Technology and Security，Dec. 20-22，2008：150-153.

[30] 陆玲，杨勇.计算机图形学[M]. 北京：科学出版社，2006.

[31] Lu Ling, et al. A simulation method for the fruitage body[J]. Intelligent Information，Control，and Communication Technology for Agricultural Engineering，2009.

[32] 陆玲，杨学东，王蕾. 半透明植物花朵可视化造型研究[J]. 农业机械学报，2010（3）：173-176.

[33] 陆玲，王蕾. 植物叶脉可视化造型研究[J]. 农业机械学报，2011，42（6）：179-183.

[34] 陆玲，李丽华. 植物花色模拟研究[J]. 系统仿真学报，2012，24（9）：1892-1895.

[35] Lu Ling, et al. Simulation research for Petal color[J]. Applied Mechanics and Materials, Vol.667：237-241，2014.

[36] Qi Duoduo, Lu Ling. A Leaf Veins Visualization Modeling Method Based on Deformation[J]. CCIS 525：340-352，2015.

[37] Yang Qing, Lu Ling. Similation Research for Outline of Plant Leaf[J]. CCIS 525：375-385，2015.

[38] 陆玲，桂颖，李丽华. 计算机图形学[M]. 北京：电子工业出版社，2012.

[39] 陆玲. 基于变形的三维真实感植物造型研究[M]. 北京：中国电力出版社，2015.